U0836409

金属切削加工(三)
——数控车削

(第3版)

主　编　付　琳
副主编　邓红梅　胡志恒

重庆大学出版社

内 容 提 要

本书以活动项目的形式，系统地介绍了数控车床的加工工艺、程序编制和数控车床的操作。全书以国产数控系统为主，包括7个项目，主要内容有数控加工工艺、数控编程、GSK928TC数控系统、GSK980TA数控系统、华中HNC-21T数控车削系统等。涉及常用机械零件的编程和加工，国产数控车床操作，为操作其他类型的数控车床打下基础。

本书深入浅出、图文并茂、通俗易懂，并借鉴了澳大利亚先进职教理念：以人为本位，以活动为中心，在动中学的教学理念，采用"项目教学"编写而成。本书可作为中等职业学校的教学用书和数控操作人员的培训教材，也可作为工程技术人员的自学用书。

图书在版编目(CIP)数据

金属切削加工.3，数控车削 / 付琳主编. --3版
.-- 重庆：重庆大学出版社，2021.9(2022.7重印)
中等职业教育机械类系列教材
ISBN 978-7-5624-4223-3

Ⅰ.①金… Ⅱ.①付… Ⅲ.①金属切削—加工工艺—中等专业学校—教材②数控机床—车削—中等专业学校—教材 Ⅳ.①TG506②TG519.1

中国版本图书馆CIP数据核字(2021)第181094号

金属切削加工(三)——数控车削
(第3版)
主 编 付 琳
副主编 邓红梅 胡志恒
责任编辑：曾令维 版式设计：曾令维
责任校对：文 鹏 责任印制：张 策
*
重庆大学出版社出版发行
出版人：饶帮华
社址：重庆市沙坪坝区大学城西路21号
邮编：401331
电话：(023) 88617190 88617185(中小学)
传真：(023) 88617186 88617166
网址：http://www.cqup.com.cn
邮箱：fxk@cqup.com.cn(营销中心)
全国新华书店经销
POD：重庆新生代彩印技术有限公司
*
开本：787mm×1092mm 1/16 印张：13.75 字数：343千
2021年9月第3版 2022年7月第11次印刷
ISBN 978-7-5624-4223-3 定价：38.00元

《金属切削加工(三)——数控车削》教材编写组名单

主　编:付　琳

副主编:邓红梅　胡志恒

编　者:(排名不分先后)

欧　宇　夏小强　彭兴兵

序

当前,为配合社会经济的发展,职业教育越来越受到重视,加快高素质技术人才的培养已成为职业教育的重要任务。随着机械加工行业的快速发展,企业需要大批量的技术工人,机械类专业正逐步成为中等职业学校的主要专业,为培养出企业所需要的技术工人,大多数学校采用了"2+1"三年制教学模式。因此,编写适合中等职业学校新教学模式的特点,符合企业要求,深受师生欢迎,能为学生上岗就业奠定坚实基础的新教材,已成为职业学校教学改革的当务之急。为适应职业教育改革发展的需要,重庆大学出版社、重庆市教育科学研究院职成教所及重庆市中等职业学校机械类专业中心教研组,组织重庆市中等职业学校教学一线的"双师型"骨干教师,编写了该套知识与技能结合、教学与实践结合、突出实效、实际、实用特点的中等职业学校机械类专业的专业课系列教材。

在编写的过程中,我们借鉴了澳大利亚、德国等国外先进的职业教育理念,广泛参考了各地中等职业学校的教学计划,征求了企业技术人员的意见,并邀请了行业和学校的有关专家,多次对书稿进行评议和反复论证。为保证教材的编写质量,我们选聘的作者都是长期从事中等职业学校机械类专业教学工作的优秀的双师型教师,他们具有丰富的生产实践经验和扎实的理论基础,非常熟悉中等职业学校的教育教学规律,具有丰富的教材编写经验。我们希望通过这些工作和努力使教材能够做到:

第一,定位准确,目标明确。充分体现"以就业为导向,以能力为本位,以学生为宗旨"的精神,结合中等职业学校双证书和职业技能鉴定的需求,把中等职业学校的特点和行业的需求有机地结合起来,为学生的上岗就业奠定起坚实的基础。

中等职业学校的学制是三年,大多采用"2+1"模式。学生在校只有两年时间,学生到底能够学到多少知识与技能;学生上岗就业,到底应该需要哪些知识与技能;我们在编写过程中本着实事求是的原则,进行了反复论证和调研,并参照了国家职业资格认证标准,以中级工为基本依据,兼顾中职的特点,力求做到精简整合、科学合理地安排知识与技能的教学。

第二,理念先进,模式科学。利用澳大利亚专家来重庆开展项目合作的机会,我们学习了不少澳大利亚职业教育的先进理念和教学方法,同时也借鉴了德国等其他国家先进的职教理念，汲取了普通基础教育新课程改革的精髓，摒弃了传统教材的编写方法，从实例出发，采用项目教学的编写模式，讲述学生上岗就业需要的知识与技能，以适应现代企业生产实际的需要。

第三，语言通俗，图文并茂。中等职业学校学生绝大多数是初中毕业生，由于种种原因，其文化知识基础相对较弱，并且中职学校机械类专业的设备、师资、教学等也各有特点。因此，在教材的编写模式、体例、风格和语言运用等方面，我们都充分考虑了这些因素。尽量使教材语言简明、图说丰富、直观易懂，以期老师用得顺手，学生看得明白，彻底摒弃大学教材缩编的痕迹。

第四，整体性强、衔接性好。中等职业学校的教学，需要全程设计，整体优化，各教材浑然一体、互相衔接，才能够满足师生的教学需要。为此，充分考虑了各教材在系列教材中的地位与作用以及它们的内在联系，克服了很多教材之间知识点简单重复，或者某些内容被遗漏的问题。

第五，注重实训，可操作性强。机械类专业学生的就业方向是一线的技术工人。本套教材充分体现了如何做、会操作、能做事的编写思想，力图以实作带理论，理论与实作一体化，在做的过程中，掌握知识与技能。

第六，强调安全，增强安全意识。充分体现机械类行业的“生产必须安全，安全才能生产”的特点，把安全意识和安全常识贯穿教材的始终。

本系列教材在编写过程中，得到重庆市教育科学研究院职成教所向才毅所长、徐光伦教研员，重庆市各相关职业学校的大力支持与帮助，在此表示衷心地感谢。同时，在系列教材的编写过程中，澳大利亚专家给了我们不少的帮助和支持，在此表示衷心地感谢。

我们期望本系列教材的出版，能对我国中等职业学校机械类专业的教学工作有所促进，并能得到各位职业教育专家与广大师生的批评指正，便于我们能逐步调整、补充、完善本系列教材，使之更加符合中等职业学校机械类专业的教学实际。

中等职业教育机械类系列教材
编委会

前　言

随着我国经济的快速发展,机械制造业也得到了快速发展,从而带动了数控机床的发展和普及,而重庆是重工业城市,需要大批的数控机床的编程和操作人员。本书是根据教育部“中等职业学校数控技术应用专业领域技术型紧缺人才培养培训指导方案”精神编写而成。

本书从重庆中职现状出发,以国产数控系统为主,着重介绍数控车床的编程和操作。内容深入浅出、图文并茂、通俗易懂,并借鉴了澳大利亚先进职教理念:以人为本位,以活动为中心,在动中学的教学理念,采用“项目教学”编写教材。本书可作为中等职业学校的教材,也可作为自学用书。

全书包括7个项目,主要内容有数控加工工艺、数控编程、GSK928TC数控系统、GSK980TA数控系统、华中HNC-21T数控车削系统等。学习完本书,能够掌握常用机械零件的编程和加工,以及国产数控车床操作,也为操作其他类型的数控车床打下基础。

参加本书编写的有付琳(编写项目5)、欧宇(编写项目6的任务1),胡志恒(编写项目1,2)、夏小强(编写项目7)、邓红梅(编写项目3,4)、彭兴兵(编写项目6的任务2)。付琳担任主编。万昌国认真审阅了此书,并提出了许多宝贵的意见。编者在此表示衷心的感谢!

由于编写的经验不足和编者的水平有限,书中若有不妥之处,恳请读者提出批评和意见,以便修订。

编　者

2015年5月

目　录

项目1　数控车床及数控加工工艺

项目内容

(1)数控车床相关知识;
(2)数控车床加工,有关工艺过程、刀具、切削用量及安全文明生产等知识;
(3)数控车床坐标系的知识;
(4)数控车床的对刀方法。

项目目的

(1)了解数控车床的相关知识;
(2)理解数控车床加工工艺知识;
(3)现场感受数控车削加工的全过程。

项目实施过程

任务1　数控车床相关知识

一、数控机床的含义及类型

数控机床是一种利用数控技术,按照事先安排的工艺流程,实现规定加工动作的金属切削机床。

常用的数控机床,根据加工方式的不同,可分为数控车床、数控铣床、加工中心、数控线切割机床及其他用途的数控加工机床。本书主要介绍数控车床。

二、数控机床加工过程

数控机床的加工过程是在对加工图样进行工艺分析的基础上,将编制好的加工程序输入数控计算机系统(CNC)中,再由CNC系统控制机床各执行部件,完成各种运动,进行工件加工的过程。数控机床的加工过程,如图1.1所示。

三、数控车床

数控车床是具有两轴(X,Y)及两轴以上(C轴)的多坐标轴联动控制系统,能对刀具相对于工件的运动轨迹,进行连续控制,完成带有任意斜率的直线、圆弧或其他非圆曲线的工件加工。

四、数控车床的类别

数控车床按其使用功能,可分为:经济型数控车床、全功能型数控车床和车削中心。

1. 经济型数控车床

经济型(低档)数控车床,如图1.2所示,其特点是:

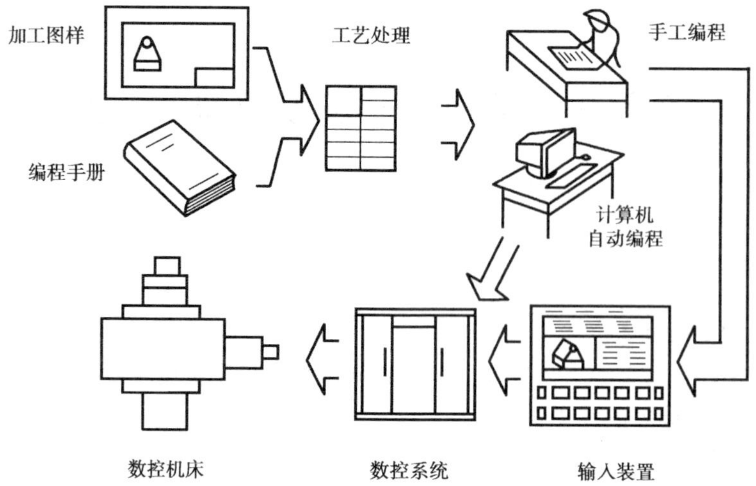

图 1.1　数控机床加工过程

(1)经济型数控车床由普通车床改造而来,机床主体基本沿袭普通车床结构,刀架多沿袭前置方刀架。

(2)位置控制系统,通常为开环或半闭环伺服系统。

(3)主轴控制,采用多速电动机或变频电动机。

(4)进给调速,多采用步进电动机。

(5)与普通车床相比,简化了主传动链和进给运动传动链,减少了振动和噪声。

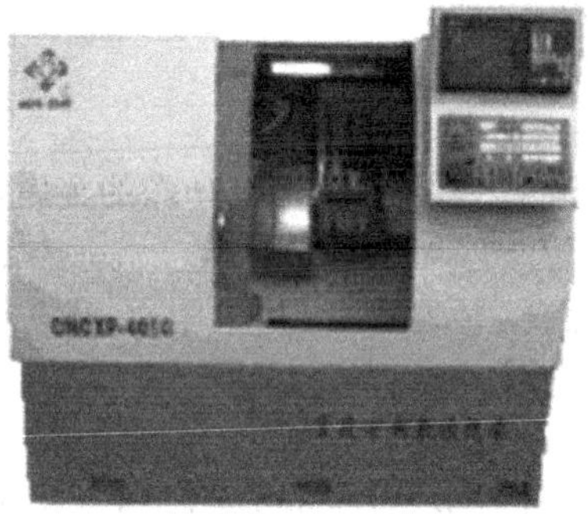

图 1.2　经济型数控车床

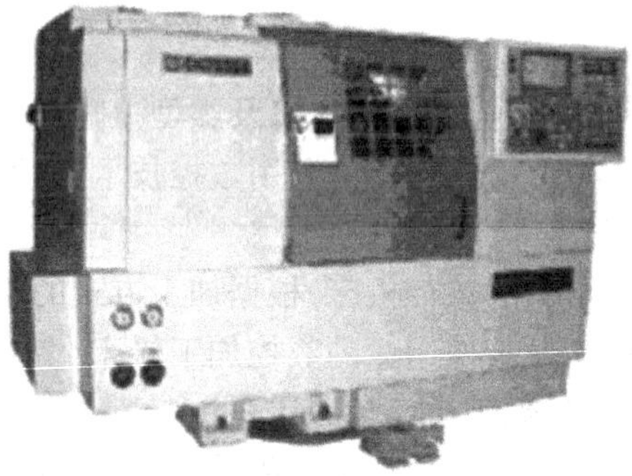

图 1.3　全功能型数控车床

2. 全功能型数控车床

全功能型(中档)数控车床,如图 1.3 所示。其特点是:

(1)机床采用倾斜式导轨、后置转塔刀架。

(2)位置控制系统为闭环伺服系统。

(3)进给控制采用伺服电动机。

(4)机床的各方面性能都大大优于经济型数控车床。

3. 车削中心

车削中心(高档),如图 1.4 所示。它是在全功能型数控车床基础上对机床性能的进一步

提升。具有以下特点:

(1)车削中心是动力刀架,可完成铣削等加工。

(2)车削中心是主轴 C 轴功能,使主轴能实现旋转进给运动。

(3)刀架容量大,有的还带有刀库和自动换刀装置。

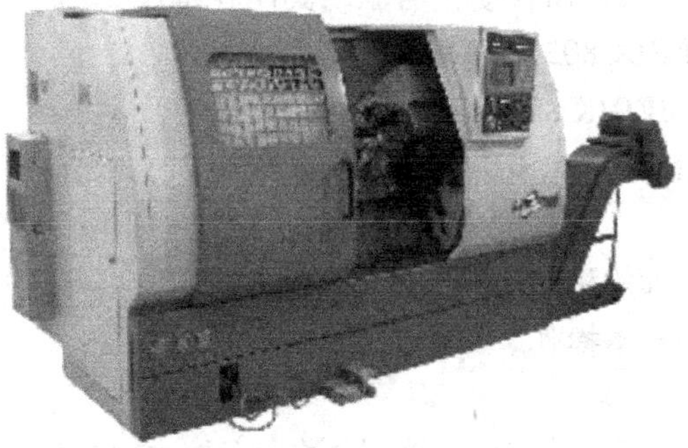

图 1.4　数控车削中心

五、常用数控车床系统介绍

数控系统是指数控机床的程序控制系统,它能逻辑地处理输入到系统中的程序,控制机床运动,并加工零件。

不同的数控系统制造商采用的数控系统不尽相同,但在控制原理上是相近的,掌握好了一种数控系统,也容易举一反三地去学习另一种数控系统。但是,不同的数控系统在数控功能上有一定的差异,且多年来大多数控制造商已经形成了自己的习惯与风格,它们在编程与操作方面都有不同之处。这是在学习中要注意的问题,特别在接触了多个数控系统后,更要区别它们的不同之处,否则会出现意想不到的错误。

1. 几种国产数控系统

经过数十年的发展,国产数控系统从无到有,数控系统制造公司从小到大,在经济型数控系统方面已经占据了相当的国内市场,在中、高档数控系统制造方面已经有了一定的突破。

(1)广州数控系统。广州数控设备有限公司用于数控车床的系统主要有:经济型的 GSK928T 系列、普及型的 GSK980T 系列。

(2)北京凯恩帝数控系统。北京凯恩帝数控技术有限公司用于数控车床的系统主要有:经济型的 K100T 系列,全功能型的 K1000T 系列。

(3)华中数控系统。武汉华中数控股份有限公司开发了具有自主知识产权的华中“世纪星”高、中、低端系列数控系统产品,用于数控车床的系统有:经济型的世纪星 HNC-18i/19i,全功能型的世纪星 HNC-21T/22T。

(4)南京华兴数控系统。南京华兴数控股份有限责任公司用于数控车床的系统主要有:经济型的 WA-21DT。

2. 国外有代表性的数控系统

目前在我国中、高档数控系统中占有主要市场份额的国外代表产品有以下一些。

(1)日本 FANUC(法那科)数控系统。日本富士通公司的 FANUC 数控系统在中国得到广泛应用,在中国的业务由北京 FANUC 机电有限公司办理。应用于车床的数控系统主要有:

①经济型的 FANUC Series 0i MATE B \C。

②全功能型的 FANUC Series 0i B \C。

③高档型的 FANUC Series 18i\19i\21i。

(2)德国 SIENENS(西门子)数控系统。西门子数控系统在中国也有广泛的应用,在中国的业务由西门子(中国)有限公司自动化与驱动集团在推广。用于数控车床的主流产品有:

①经济型的 SINUMERIK 802C,802S。

②全功能型的 SINUMERIK 802D 系列。

③高档的 SINUMERIK 810D,SINUMERIK 840D 系列。

【自己动手 1.1】

(1)简述数控机床品种规格。

(2)观看数控车床的基本操作。

任务2　数控车削加工工艺

课题1　了解加工工艺内容及有关知识

数控车床加工工艺过程与普通车床基本相同,但不同的是数控车床是按预先编制好的程序,在数控系统的控制下自动执行,合理的加工工艺对提高数控车床的加工效率和加工精度是至关重要的。

一、数控车削加工工艺的内容

制订机械加工工艺的依据主要是产品图纸、生产批量、现场加工设备及生产条件等。制订工艺规程的内容和顺序如下:

(1)分析被加工零件,并进行相应的数值计算。

(2)选择毛坯。

(3)工艺过程的设计,包括加工工艺路线的划分、定位基准的选择、加工方法的选择等。

(4)工序设计,包括机床设备的选择、夹具刀具及量具的选择、加工余量的确定、工艺尺寸的计算、进给加工路线的确定、切削用量的确定及工时定额的计算等。

(5)编制工艺文件。

二、数控车削加工工艺分析

车削加工主要用来加工各种回转表面,根据所选用的车刀角度及切削用量的不同,车削可分为粗车、半精车和精车等阶段。

1. 工序划分的原则

工序划分有工序集中原则和工序分散原则。由于数控车床具有多刀自动加工的特点,一般采用工序集中原则,即在一次安装中尽可能多地完成加工内容。不仅保证了各加工表面的位置精度,还减少了装夹辅助时间,提高了生产效率。

2. 加工工艺顺序安排原则

数控车床的加工工艺顺序安排要遵循的原则是:上道工序的加工不能影响到下道工序的定位与夹紧,先内孔加工再外形表面加工,在同一次安装中,应先加工对工件刚性影响较小的工序。

3. 工序进给路线的确定

数控车床的进给路线是指车刀从起刀点开始运动起，直到返回该点并结束加工程序所经过的全部走刀路径。它包括切削加工路径、刀具切入切出等空行程路径。因精加工的进给路线基本上沿其工件轮廓进行，所以这里主要讨论确定粗加工用空行程路径。一般要考虑的原则是：

保证被加工表面的精度和表面粗糙度，使加工路线为最短，以减少空行程时间；尽量简化数值计算的工作量，简化加工程序；对某些重复使用的程序段，应考虑使用子程序。

三、数控车削加工工艺文件

数控加工工艺文件是编程员编制的与程序单配套的有关技术文件，它是操作者必须遵守、执行的规程。常用的数控加工工艺文件有工序卡和加工程序单。

工序卡内容要反映工序设计的内容，是指导数控编程和加工的文件依据。它包括工序简图、加工设备、工艺装备（刀具、量具、夹具）、加工路线及切削用量等。数控车床工序卡见表1.1。

表1.1 数控加工工序卡

<table>
<tr><td colspan="2" rowspan="6">工序简图：</td><td>零件名称</td><td></td><td>夹具名称</td><td></td></tr>
<tr><td>零件图号</td><td></td><td>毛坯材料</td><td></td></tr>
<tr><td>工序名称</td><td></td><td>安装尺寸</td><td></td></tr>
<tr><td>程序编号</td><td></td><td>机床</td><td></td></tr>
<tr><td>数量</td><td></td><td>数控系统</td><td></td></tr>
<tr><td>量具</td><td colspan="3"></td></tr>
<tr><td>工步</td><td>工步内容</td><td>刀具名称及刀号</td><td>刀具补偿</td><td>主轴转速</td><td>进给速度</td></tr>
<tr><td>1</td><td></td><td></td><td></td><td></td><td></td></tr>
<tr><td>2</td><td></td><td></td><td></td><td></td><td></td></tr>
<tr><td>3</td><td></td><td></td><td></td><td></td><td></td></tr>
<tr><td>4</td><td></td><td></td><td></td><td></td><td></td></tr>
<tr><td>5</td><td></td><td></td><td></td><td></td><td></td></tr>
<tr><td>备注</td><td></td><td></td><td></td><td></td><td></td></tr>
</table>

课题2 数控车刀及切削用量

数控车床上所使用的刀具原则上与普通车床所用刀具相同，但更主张使用机夹式硬质合金可转位车刀。数控车床切削用量的表达及选择，也有其自身的特点。

一、对数控车刀的要求

数控车刀与普车使用的车刀大多数基本相同，但数控加工对刀具的要求更高，主要体现在:在刀具材质上要有好的刚度和强度以及高的耐磨性和可靠性,刀具制造上要有高精度的刀具尺寸,以保证大切深和快走刀的粗加工、高精度的精加工,以及适应自动换刀和高速切削的需要。

为保证上述要求,并减少刀具刃磨及换刀时间,方便对刀操作,在数控车床上应尽可能选用机夹式硬质合金可转位车刀。为进一步适应高速切削,目前正在推广切削性能更好、采用气相沉积技术制造的硬质合金涂层刀具。

二、机夹式硬质合金可转位车刀

1. 机夹式硬质合金可转位车刀的结构形式

数控车床上常用的结构形式如图 1.5 所示,主要由刀体、刀片、刀垫和刀片夹紧机构组成。

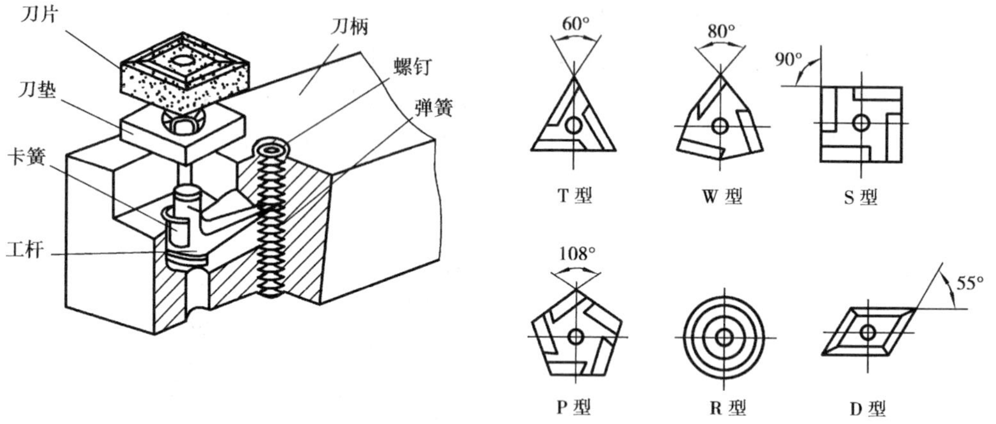

(a) 机夹式硬质合金可转位车刀的结构　　(b) 常用机夹式可转位车刀刀片形状

图 1.5　机夹式硬质合金可转位车刀

2. 刀片型号的表示方法

机夹式可转位刀片有大量的规格品种,根据 ISO 标准对机夹式可转位刀片型号的规定,刀片型号使用字母和数字来区分,如图 1.6 所示。

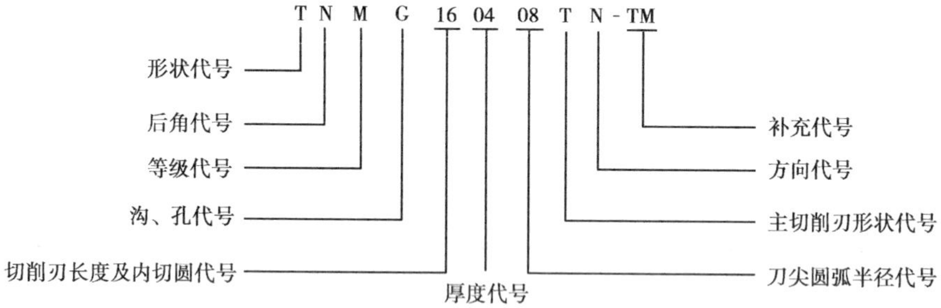

图 1.6　机夹式可转位刀片型号

其中:

左起:第一位字母为形状代号,表示刀片的形状,常用的如图 1.5(b) 所示;

第二位字母为后角代号;

第三位字母为等级代号,表示刀片的制造精度等级;

第四位字母为沟、孔代号，表示刀片的表面形状，如断屑槽和安装孔；

第五、六两位数字为切削刃长度及内切圆代号。

中间：两位数字为厚度代号，表示刀片厚度。

右起：第一、二两位字母为补充代号，表示刀片适用材料及使用工艺特性；

第三位字母为主切削刃形状代号，表示切削刃的特征，如负倒棱等；

第四、五两位数字为刀尖圆弧半径代号。

根据上面的规则，图1.5所示的机夹式可转位刀片的型号表示：正三角形、后角为0°、M级制造精度等级、具有中间圆孔和双面断屑槽、内切圆直径为16 mm、主切削刃有负倒棱、无切削方向规定、钢用半精加工。

具体刀片型号的表示方法，请参见有关手册。

三、数控车削的切削用量

对于高效率的数控加工来说，切削用量决定着加工时间、刀具寿命和加工质量。经济的、有效的加工方式，要求必须合理地选择切削用量。切削用量有三个要素：

1. 背吃刀量 a_p

粗车时，背吃刀量主要受机床刚度的限制，在车床刚度允许的情况下，尽可能地增大背吃刀量，这样可以减少走刀次数，提高加工效率。

精车时，背吃刀量主要受表面粗糙度和尺寸精度的限制，对于精度要求较高的零件，要留有足够的精加工余量，数控车床加工的精加工余量可比普通车床加工的余量小一些。

2. 进给量

数控车床与普通车床相比，除了有转进给的概念外，还有分进给的概念。

（1）转进给 f 。工件每转一转，车刀沿走刀方向移动的距离，单位：mm /r。

（2）分进给 v_f。刀具沿走刀方向的绝对移动速度，单位：mm/min。

（3）两种进给速度的换算。$v_f = f \cdot n$，n 为工件转速 r/min。

进给速度的大小影响到工件表面粗糙度质量和加工效率，粗加工时，应选择较大的进给量；精加工时，在保证表面质量的前提下，尽量选择大一点的进给量。

3. 切削速度 v 的选择

编程人员在确定切削用量时，要根据加工性质、背吃刀量、进给量及刀具耐用度来选择切削速度 v（单位：m/min）。切削速度确定后，再根据公式：$n = 1\,000v/(\pi \cdot D)$（$n$ 的单位为 r/min；D 的单位为 mm）计算出主轴的转速。

在经济型数控车床上车螺纹时，推荐的主轴转速为：$n \leqslant 1\,200P - k$。

式中：P——工件螺距，mm。

k——保险系数，一般取80。

【自己动手1.2】

（1）数控机床上使用机夹式可转位硬质合金刀具有什么好处？

（2）某一数控车床加工零件，设工件转速为600 r/min，使用的分进给为 $v_f = 100$ mm/min，请计算转进给是多少？

课题3　数控车床的保养及安全生产

一、数控车床的保养

为了使数控车床能保持良好的状态,除了发生故障需及时修理外,做好日常的维修保养工作是非常重要的。不同型号的数控车床保养的内容和要求不完全一样,其共同性的日常保养内容有:

1. 每天的保养工作

(1)每班开机时,做好各导轨面的清洁润滑,有自动润滑系统的机床,要定期检查,及时添加润滑油。

(2)每天检查主轴箱自动润滑系统工作是否正常,定期更换主轴箱润滑油。

(3)停机时要除去工件或刀具上的切屑,养成良好的习惯。

(4)每天下班前做好清洁卫生,清扫切屑,擦净导轨上的冷却液,防止导轨生锈。

2. 平时检查内容

(1)检查电器柜中冷却风扇的工作是否正常,风道过滤网有无堵塞。

(2)检查主轴驱动带,调整松紧程度。

(3)检查导轨镶条松紧程度,调节好间隙。

(4)检查液压系统有无异常噪声,工作油面的高度是否合适,压力表的指示是否正常,管路及各接头有无泄漏。

(5)检查各运动部件的机械精度,减少形状和位置偏差。

二、数控车床安全生产规则

(1)机床的开机、关机顺序,一定要按照机床说明书的规定操作。

(2)进行自动加工时,要关闭防护罩。

(3)机床正常运行时,严禁打开电气柜门,禁止按动“急停”、“复位”按钮。

(4)数控机床在使用中要由专人负责,他人不得随意动用机床。机床在加工状态下,操作者不得离开机床,以免发生意外。

(5)在程序编制上、对刀操作上,要特别小心,程序必须在经过严格校验后,才能进入自动运行,注意防止撞刀事故的发生。

(6)在加工过程中,一旦发生异常情况,应立即按下“急停”按钮,以确保安全。

(7)机床发生故障,操作者要注意保留好现场,并及时向维修人员说明情况。

(8)不得随意更改数控系统内制造厂或本单位设定的各种参数。

三、数控车床发生撞刀的原因分析

数控车床是自动加工机床,如果程序出错、操作失误以及机床带病工作,就很容易发生撞刀事故,导致严重的后果,特别是初学者更容易出现这方面的问题。下面就数控车床撞刀的原因进行分析。

1. 编程错误导致的撞刀

(1)直接用精车程序去加工本应先粗车的毛坯件,导致切入深度过大;使用快速移动“G00”指令与工件毛坯直接接触,易碰坏刀尖。

(2)快速退刀的移动轨迹与工件发生干涉(如切槽后的退刀及车孔后的退刀)。

(3)没有理解各种循环指令的循环起点与循环终点的坐标位置,导致程序错误。

(4)换刀点离工件过近,换刀时出现碰撞。

2. 操作错误导致的撞刀

(1)上机调试程序时未进行的图形模拟操作。

(2)手动试切工件时,快速移动刀具不小心撞上工件,忘记已处于快速状态,就试切工件。

(3)建立工件坐标系时,发生错误,导致工件原点位置错误。

(4)用G92(有的系统是G50)建立工件坐标系,在运行程序之前,刀具刀位点没有到达G92指定的位置,导致启动程序后的工件原点偏离正确位置。

(5)对刀建立刀补时,操作错误导致刀补值出错,换刀点后,刀位点不在正确位置上。

(6)交接班没有就当前程序、当前工件原点、刀具补偿状态,交接清楚,贸然自动运行程序,导致错误。

3. 数控机床错误导致的撞刀

由数控系统错误导致撞刀的原因很多,其中坐标轴突然失控,导致撞刀是一个严重的问题。数控系统不稳定,过于频繁地操作数控系统,坐标轴快进速度过快,都容易出现此类错误。

任务3　数控车削编程基础知识

课题1　数控加工编程过程与数控车床坐标系

一、数控编程的概念

要在数控车床上自动加工零件,必须事先编制好加工程序。先通过对零件图样进行工艺分析,然后用规定的程序格式和数控代码,编制出体现工艺过程的数控加工程序,这个过程称为数控编程。数控编程分为手工编程和自动编程(计算机辅助编程)两类。

手工编程是靠人工完成的编程。手工编程与自动编程相比,虽然难以对付复杂零件的编程,但在数控车床编程情况下,由于车削工件为回转类零件,一般只涉及两个坐标轴,对于一般难度的零件,用数控系统提供的各种指令来完成程序编制也并不麻烦,因此,在生产现场数控车床编程多用手工编程。

二、数控编程的过程

数控编程包括三个阶段:图样分析阶段、工艺分析阶段和数控编程阶段,如图1.7所示。

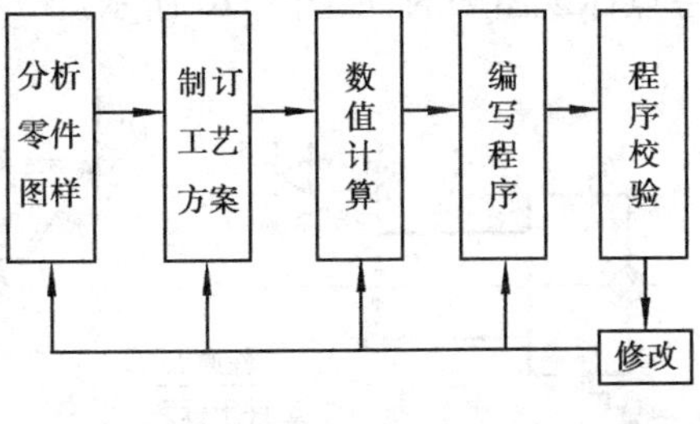

图1.7　数控车削加工的编程过程

建立机床坐标系是为了确定刀具、工件在机床中的位置,确定机床运动部件的位置及运动

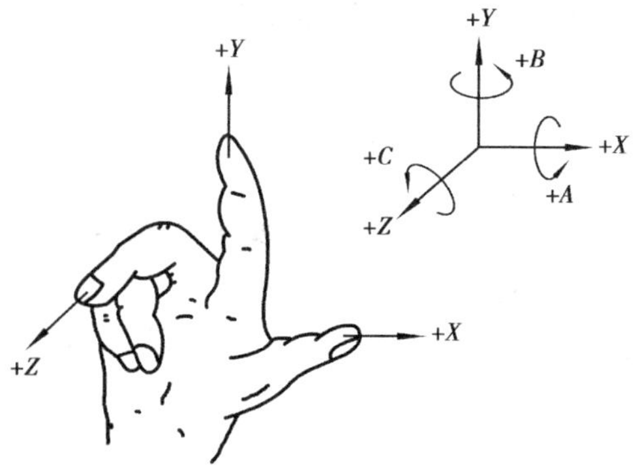

图 1.8 右手直角笛卡尔坐标系

范围。

三、数控车床的坐标系及方向

国标中规定机床坐标系采用右手直角笛卡尔坐标系,如图 1.8 所示。

对于数控车床:

1. Z 轴

与"传递切削动力"的主轴轴线重合,平行于车床纵向导轨,其正向为远离卡盘的方向。

2. X 轴

在工件的径向上,平行于车床横向导轨,其正向为远离工件中心的方向。

横向水平导轨和倾斜导轨两种布置的数控车床坐标系,如图 1.9(a)、1.9(b)所示。

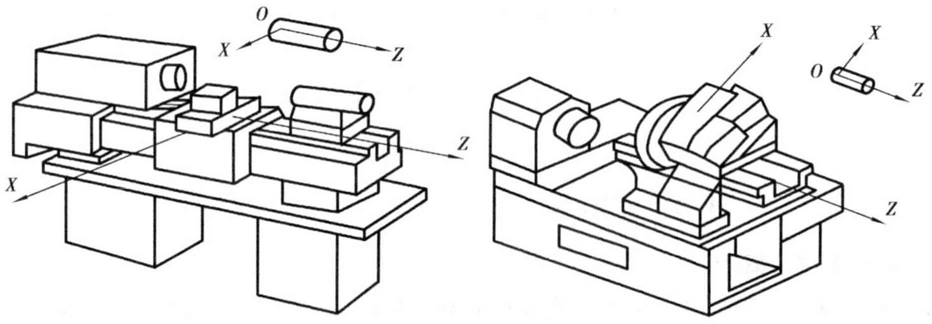

(a) 横向导轨水平布置的坐标轴方向　(b) 横向导轨倾斜布置的坐标轴方向

图 1.9 横向导轨两种布置的数控车床坐标系

四、机床零点与机床参考点

机床零点(机械原点),它是机床上的一个固定点,其位置是由机床设计和制造厂家确定,通常设置在卡盘某端面的中心上,不允许用户改变。机床零点是机床坐标系、工件坐标系、机床参考点的基准点。

机床参考点是机床坐标系中一个固定不变的位置点,通常设置在机床各轴的正向极限位置上,机床零点是由机床参考点体现出来的,如图 1.10 所示。

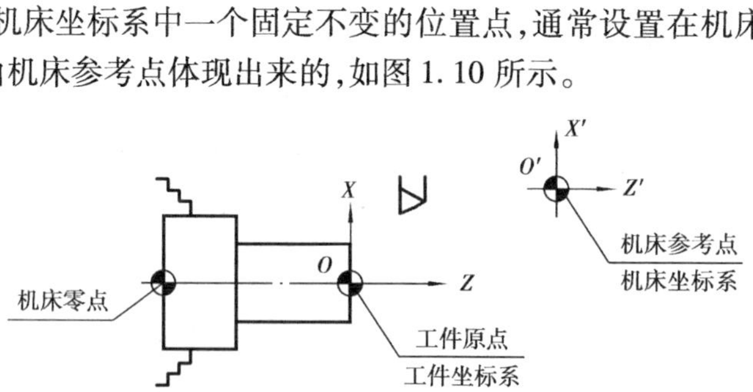

图 1.10 机床坐标系与工件坐标系

多数数控机床把机床参考点的坐标值设为零，此时机床原点与机床参考点重合，如果机床参考点位于各轴的正向极限位置，机床坐标系中各轴的绝对坐标值均为负值。

对机床进行“回零”操作，就是使各轴回到机床参考点，对基准进行重新核定，可以消除由各种原因产生的基准偏差，因此采用增量式测量的数控机床，在开机时都要求进行“回零”操作。

五、工件原点与工件坐标系

在编程时，以工件原点建立起来的坐标系叫工件坐标系，也叫编程坐标系。与机床坐标系不同，工件坐标系是由编程人员设定的。

对于数控车床，工件坐标系的原点多数选在工件的右端面中心上，选择时一般要考虑以下原则：

(1)所选的原点要便于数值计算，减少错误，以利于编程。

(2)尽量选在工件的设计基准或工艺基准上，便于测量和检验。

(3) *X* 轴方向的原点，选在工件回转轴线上。

(4) *Z* 轴方向的原点，一般设在工件表面。

编程坐标系与机床坐标系的关系，如图1.8所示。

六、绝对坐标与增量坐标

所有坐标值均以机床参考点或工件原点计量的坐标系称为绝对坐标系。在这个坐标系中移动的尺寸称为绝对坐标，也叫绝对尺寸，所用的编程指令称为绝对坐标指令。

运动轨迹的终点坐标是相对于起点计量的坐标系称为增量坐标系，也叫相对坐标系。在这个坐标系中移动的尺寸称为增量坐标，也叫增量尺寸，所用的编程指令称为增量坐标指令。

绝对坐标与增量坐标的对照，如图1.11所示。

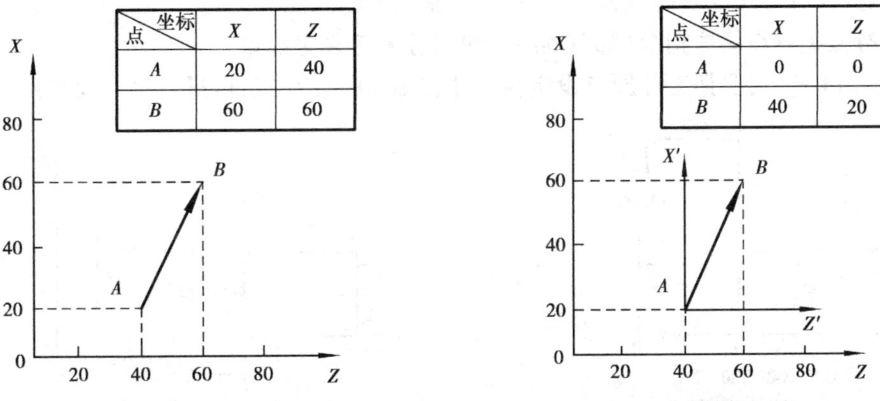

(a)绝对坐标系　　(b)增量坐标系

图1.11　绝对坐标与增量坐标

课题2　数控车床的对刀

一、对刀

在数控车床上进行“对刀”操作有两个目的：一是建立工件坐标系，二是获得刀具的位置补偿值。

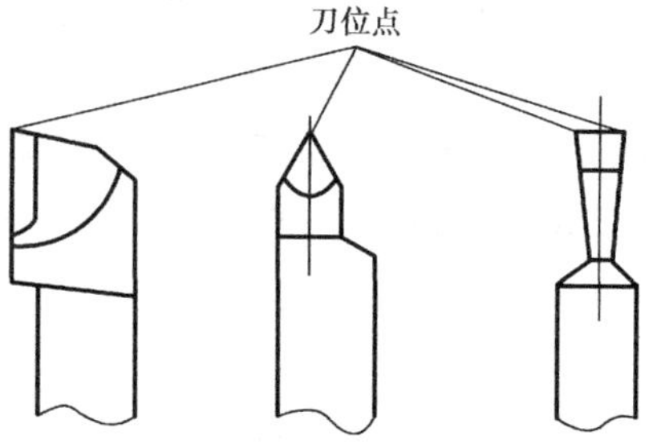

图 1.12　常用车刀的刀位点

对刀有手动试切对刀和自动对刀两种,经济型数控车床一般是采用手动对刀,本书只介绍手动对刀方法。

数控编程的实质是描述刀具刀位点的运动轨迹,刀位点是在编制加工程序时用以表示刀具位置的特征点。数控车床所使用的刀具大都为尖形车刀,一般以车刀刀尖为刀位点。常用车刀的刀位点,如图 1.12 所示。

二、建立工件坐标系

在数控车床上建立工件坐标系有多种方法,不同数控系统所采用的主要方法也有不同,这里介绍常见的几种方法。

1. 用预置寄存指令(如"G92")设定工件坐标系

如图 1.13 所示,如果要把工件原点设定在工件右端面中心 *O* 点,可进行以下操作:

(1)换上基准刀(如 1 号刀)。

(2)分别试切工件外圆和端面,并分别记下测量值。

(3)通过计算,把基准刀的刀位点,手动移动到距离工件原点一个自行指定的坐标位置(如 *A* 点 X40,Z20)。

(4)在程序的首段,使用预置寄存指令:G92 X40 Z20。

(5)自动运行程序,数控系统把工件坐标系原点,设置在工件的右端面中心 *O* 点上。

这种方法是通过刀具当前的位置 *A* 点,间接确定出工件坐标系原点 *O*。要注意的是:在运行程序之前,必须确保刀具的刀位点位于 G92 指定的位置上(如 *A* 点),否则会出现意想不到的结果,因此这种方法在实际操作中,目前不太常用。

2. 用存储型零点偏置指令(如"G54 ~ G59")设置工件坐标系

如图 1.14 所示,要把工件原点设定在工件右端面中心 *O* 点,可进行以下操作:

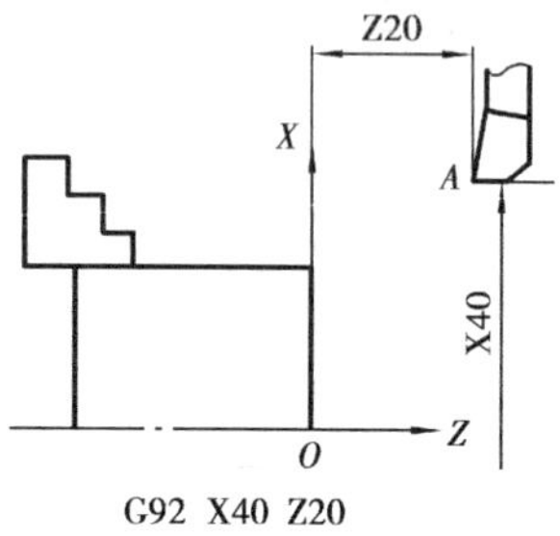

图 1.13　用 G92 指令,建立工件坐标系

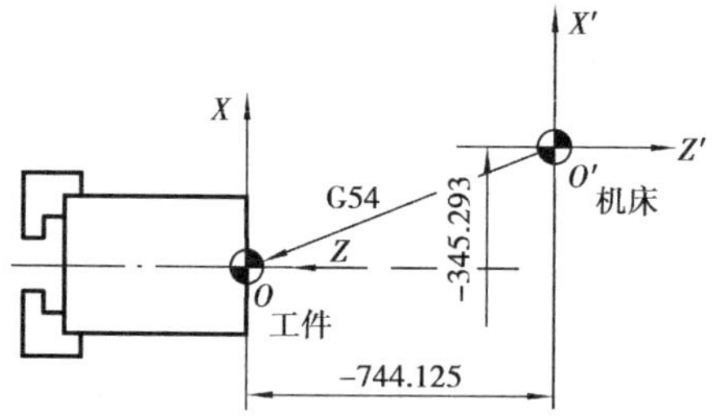

图 1.14　用 G54 指令,建立工件坐标系

(1)进行系统回零操作。

(2)换上基准刀(如 1 号刀)。

(3)分别试切工件外圆、端面,并分别记下测量值。

(4)借助数控显示屏上显示的机床坐标系坐标值,计算出工件原点在机床坐标系中的坐标值。

(5)然后进入数控面板上的 MDI 方式,在工件坐标系页面,选择一个工件坐标系(如

G54），并输入前述工件原点在机床坐标系中的坐标值，数控系统就保存了这个工件坐标系的零点位置。

（6）在程序中使用工件坐标系调用指令（如 G54），则数控系统就把这个工件坐标系的零点偏置到需要的位置上。

这种方法多用于数控铣床和加工中心，在数控车中使用比较麻烦。

3. 通过绝对型刀具位置补偿方式确定工件坐标系

这种方法是：

（1）进行系统回零操作。

（2）用每一把车刀，分别试切工件外圆、端面，并分别记下测量值。

（3）进入数控系统的 MDI 方式、刀具偏置页面，在“试切直径”和“试切长度”位置，分别输入测量值，数控系统就自动计算出每把刀具的刀位点相对于工件原点的机床绝对坐标。

（4）在程序中调用带有刀具位置补偿号的刀具功能指令（如“T0101”）后，即建立起工件坐标系。

这种方法相当于将每一把车刀，都建立起了各自相对独立的工件坐标系。由于操作简单，不需要计算，因此，这种方法已成为当前数控车床应用的主流方式。

三、非基准刀的刀具位置补偿

1. 非基准刀的刀具位置补偿的原因

上述建立工件坐标系的“1”，“2”两种方法，都是先用基准刀（如 1 号刀）建立起工件坐标系。而对于非基准刀（如 2 号刀），车刀安装时，由于不易保证车刀的刀位点与基准刀的刀位点完全一致，这样非基准刀与基准刀的刀位点在 X 向和 Z 向都有一个偏差值。

$$\Delta X_2 = T_{2X} - T_{1X}$$
$$\Delta Z_2 = T_{2Z} - T_{1Z}$$

同时刀具磨损后，刀位点也会发生变化。为了保证刀架换成非基准刀以后，仍能使用由基准刀建立起来的工件坐标系，就需要在换刀后，系统要对前述的“偏差值”即刀偏值进行自动补偿，如图 1.15 所示。

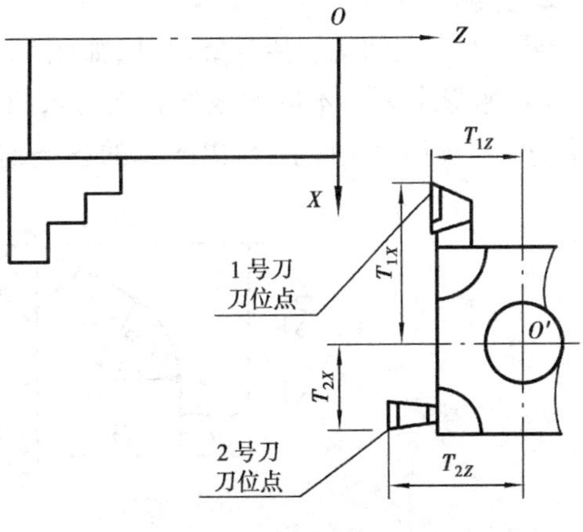

图 1.15　刀具位置补偿

2. 非基准刀的刀具位置补偿的方法

获得非基准刀刀偏值的对刀方法是（以 2 号刀为例）：

（1）用 2 号刀分别试切工件外圆（X 向）、端面（Z 向），并记下测量值。

（2）计算出当前刀号的刀位点相对于基准刀刀位点在 X 向和 Z 向的差值（刀偏值 ΔX_2 和 ΔZ_2）。

（3）把刀偏值 ΔX_2 和 ΔZ_2 分别输入到数控系统中的刀具偏置页面中去（一般系统可以自动计算刀偏值）。

（4）在程序中调用带有刀具位置补偿号的刀具功能指令后，系统就会移动刀架完成刀偏

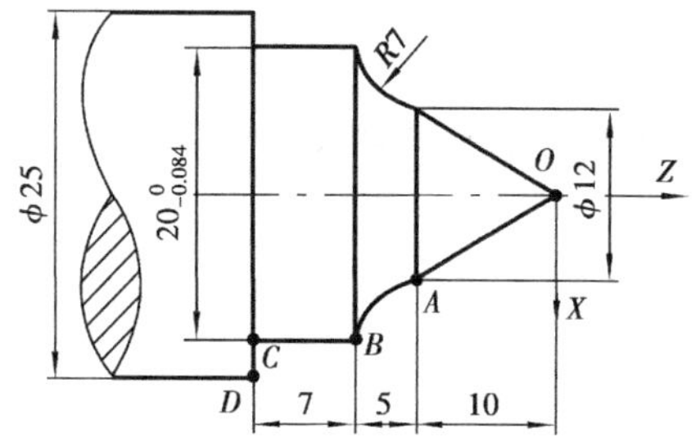

图 1.16

值的自动补偿。

【自己动手 1.3】

若以图 1.16 所示零件的右端面锥尖为工件坐标系原点(X 坐标以直径来表达),请写出:

(1)基点 O,A,B,C,D 在工件坐标系中的绝对坐标值。

(2)在基点 O,A,B,C,D 中,后一点相对于前一点的增量坐标值。

课题 3　数控编程时坐标值的计算

在手工编程中,数值计算占有较大的工作量,编程人员应掌握一定的计算技巧,才能准确快捷地完成数值计算工作。数值计算,主要是计算零件的基点、节点或圆心的坐标值。

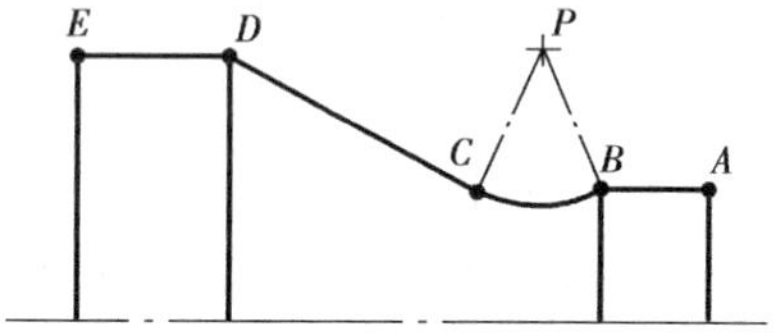

图 1.17　基点

基点是指零件轮廓几何素线交点、切点的坐标值,如图 1.17 所示。节点是非圆曲线加工中的拟合中间点。

在中等复杂程度的零件数控加工中,数值计算主要是基点、圆心坐标的计算。数值计算的方法很多,这里介绍几种常用的方法。

一、平面几何及三角函数计算法

1. 特点

这种方法主要是应用三角形的一些性质定理、三角函数公式,进行数值计算。其特点是分析直观,但过程很麻烦。

2. 例题

例 1.1　已知编程用轮廓尺寸,如图 1.18(a)所示,求基点的相关尺寸。

(1)解题分析。本题的数学意义为求两条相交直线与一已知半径公切圆的切点坐标。分析图,如图 1.18(b)所示,作出图示的各条辅助线。

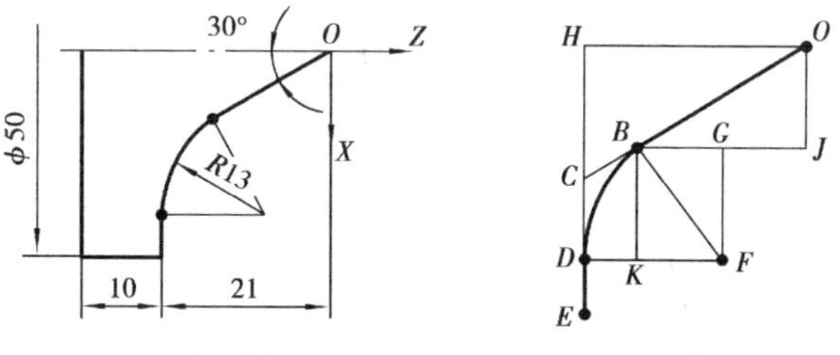

(a)零件图　(b)分析图

图 1.18　例 1.1 题的图形

(2)解题过程。其过程如下:

已知$\angle HOC = 30°$,则:$\angle OBJ = \angle BFG = \angle HOC = 30°$,且可直接算出 $GJ = 8$ mm;

在直角$\triangle BGF$ 中,已知 $BF = 13$ mm、$\angle BFG = 30°$,可解得 $GF = 11.26$ 和 $BG = 6.5$,可计算

$BJ = BG + GJ = 14.5$ mm；

在直角⊿ OJB 中，已知 BJ 和∠OBJ，可解得 $OJ = -8.37$ mm；

计算结果：

根据以上计算，可得切点 B，D 及圆心 F 的绝对坐标为(设为半径编程)：

$F(-8, -19.63)$，$B(-14.5, -8.37)$，$D(-21, -19.63)$

二、平面解析几何计算法

1. 特点

这种方法是通过建立零件轮廓要素的数学方程来求解基点坐标。其特点是数学表达形式简单，分析中间环节少，但比较抽象，且解方程有一定的麻烦。数控机床加工的零件轮廓多为直线和圆弧构成，这里只介绍用直线和圆的方程，求解基点坐标的计算方法。

2. 例题

例 1.2　已知编程用轮廓尺寸，如图 1.19(a)所示，求基点的相关尺寸。

(1)解题分析。本题的数学意义为求 R 圆外一已知点 A 与圆的切点 B 的坐标。分析图，如图 1.19(b)所示。

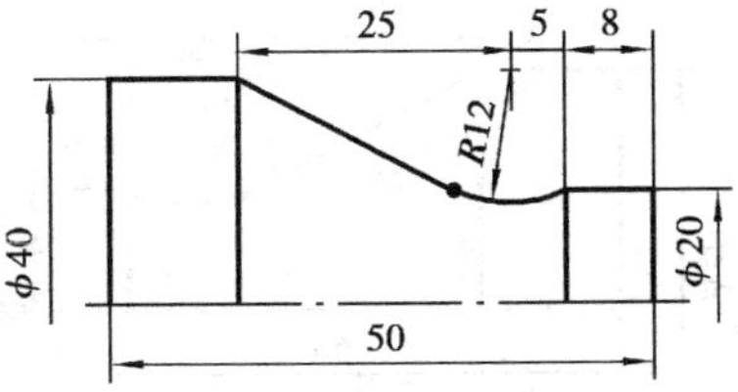

(a)零件图

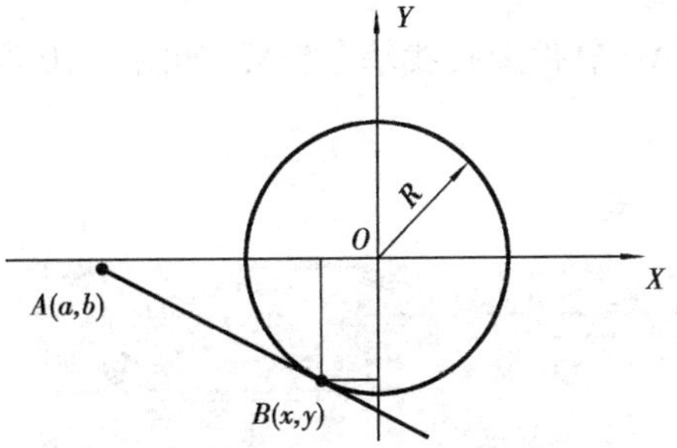

(b)分析图

图 1.19　例 1.2 题图

(2)解题过程。其过程如下：

为了分析方便，把 $R12$ 圆的圆心，设为直角坐标系原点，先求出点 $A(a,b)$ 的坐标值为 $A(-25, -0.9087)$。

建立 R 圆的方程为：

$$X^2 + Y^2 = R^2 \tag{1}$$

建立点 A 到 R 圆的切线方程为：

$$aX + bY = R^2 \tag{2}$$

联立解方程组(1)和(2)得：

$$Y = \frac{2bR^2 \pm \sqrt{4b^2R^4 - 4(a^2 + b^2)(R^4 - a^2R^2)}}{2(a^2 + b^2)}$$

$$X = \frac{R^2 - bY}{a}$$

代入已知参数，计算得切点 B 的坐标为：$B(-5.3699, -10.7314)$，舍去不合题意的另一切点。

三、利用 CAD 绘图软件查找基点坐标

1. 特点

这种方法是利用 CAD 强大的精确绘图功能,快捷查找各基点的坐标值。其特点是:快捷精确,无论是二维图形还是复杂的三维图形,只要能准确画出图形,无需复杂计算,可以用鼠标直接点出任意一基点的坐标值,所得出坐标值的精度可达到相当高的精确程度。这种方法实用性非常强,是值得推广的好方法。

2. 方法介绍

绘图软件。显示图形基点的坐标值是一般绘图软件的基本功能,无论是国外的 AUTO-CAD 等大型绘图软件,还是国内的大雄机械 CAD 等软件,都能很好地应用。

3. 操作步骤

(1)在 CAD 软件上,准确地画好零件图相关的轮廓几何要素。

(2)把 CAD 软件上的坐标系原点,平移到工件坐标系原点上。

(3)把鼠标移动到要求的基点上(打开捕捉功能)。

(4)在屏幕上直接读出所求的基点坐标值。

4. 例题

在 CAD 软件上查找基点坐标,如图 1.20 所示。

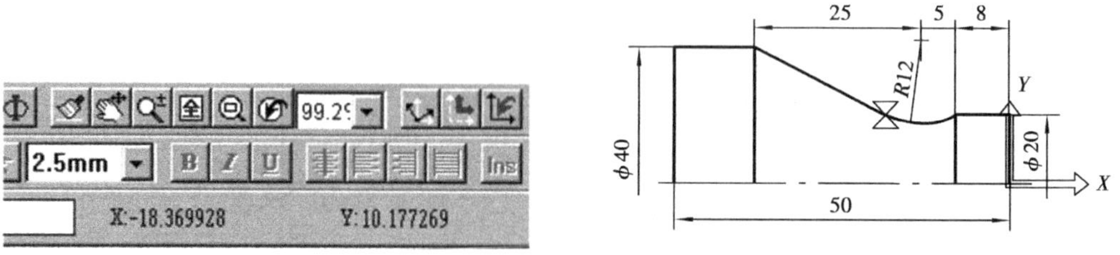

(a) (b)

图 1.20 在大雄机械 CAD 软件上查找基点坐标

【自己动手 1.4】

(1)用所学的任意两种数值计算方法,确定如图 1.21 中所示的 *A*,*B* 两个基点及 *R*15 圆弧圆心的位置。

(2)用所学的任意两种数值计算方法,确定如图 1.22 中所示的切点位置。

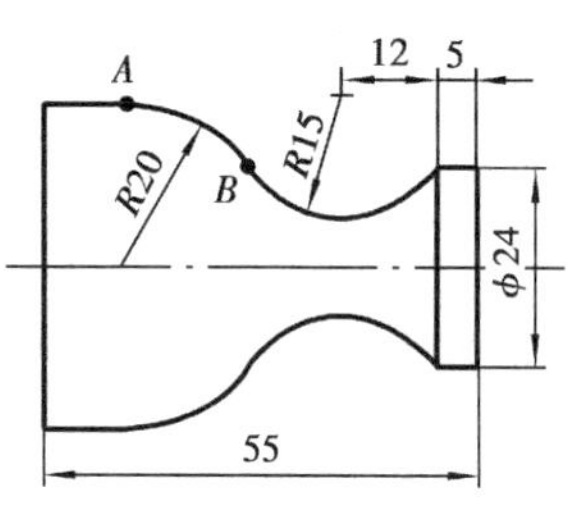

图 1.21 第(1)题图

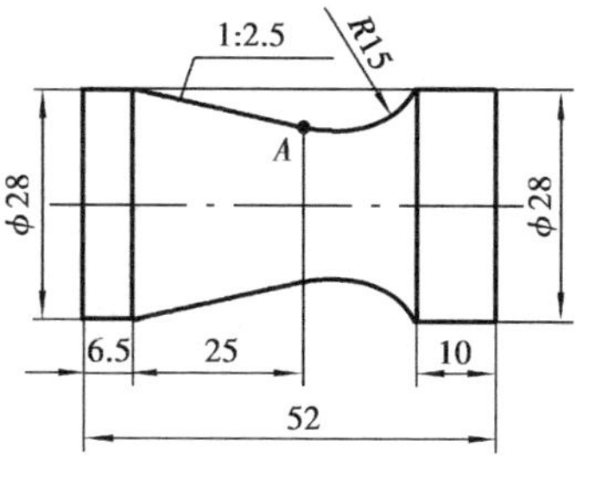

图 1.22 第(2)题图

项目2　数控车床编程基础

项目目的

(1)理解数控车床程序的结构与格式。
(2)掌握数控车通用基本编程指令。
(3)会用数控车基本编程指令,完成简单零件的程序编制。

项目内容

(1)程序结构与标准编程指令。
(2)数控车通用基本编程指令(非循环类指令)。
(3)数控车基本指令的编程与操作实训。

项目实施过程

任务1　程序的结构及标准编程指令

课题1　程序的结构及格式

数控代码是国际ISO标准代码,我国也制定了相应的JB—3208-1999标准代码。由于多年来大多数控制造商已经形成了自己的习惯与风格,使用自定的标准来开发数控代码,标准代码没有得到广泛应用。这里将具有共性的数控车床通用代码进行归纳讲解,在后面具体的数控系统学习中,对本项目中已涉及的通用代码将不再详细介绍。

一、程序的结构

每种数控系统都有一定的编程格式,编程人员必须严格按照机床编程说明书中规定的格式进行编程。一个完整的数控程序由程序号、程序内容和程序结束这三部分组成,如图2.1所示。

二、程序字

表达程序内容的最小单元,是数控程序具体的指令代码。它由表示地址的地址字和数字构成,如上面的程序字“*X*20.5”中,“*X*”是代表*X*轴的地址字,“20.5”是代表*X*轴坐标值的数字。

常见的地址字有:程序段号N、准备功能字G、尺寸字、进给功能字F、主轴转速功能字S、刀具功能字T和辅助功能字M。常用的地址字的含义,见表2.1。

```
O0010                                   程序名
N10 T0101
N20 G94 G00 X31 Z1 S600 M03
N30 G80 X26 Z-19.9 I-2.6 F80
N40 X22 Z-19.9 I-2.6                     程序内容
N50 X20.5 Z-19.9 I-2.6
N60 G80 X20 Z-20 I-2.6 F60
N70 G00 X100 Z50
N90 M05
N80 M02                                  程序结束
```

图 2.1　程序的结构

表 2.1　常用地址字的含义

地址字	含　义
N	行号标识,通常后跟 4 位数字
G	准备功能字,用于机床进行加工运动和插补方式的功能字
M	辅助功能字,用于控制机床在加工操作时做一些辅助动作的开/关功能字
T	刀具功能字,表示刀具刀号和刀补值的功能字
S	主轴功能字,表示主轴转速的功能字
F	进给功能字,表示刀具刀位点进给速度的功能字
X,Y,Z	坐标尺寸字
U,V,W	第二坐标尺寸字,在很多系统中,U,V,W 表示分别平行于 X,Y,Z 的增量坐标字
I,J,K	坐标尺寸字,表示有关圆弧圆心的坐标参数

三、程序段

程序的主体由若干程序段组成,每个程序段又由若干个程序字构成。

程序段的最前面是程序段号(有的系统可省略不写),如:N0080。程序的运行顺序是按照程序段排列的先后,而不是按程序段号的大小来运行的。为了便于修改程序时能方便地插入程序段,程序段号之间最好有一定的间距,如:N10010,N10020。

在同一程序段中,各程序字的排列顺序要求并不严格。有的程序字是续效字(如"G01"等),如果在上一段中已经出现了,就可以省略不写。

例如:N20 G00 X31 Z1 S600 M03

课题 2　准备功能 G 指令

准备功能是用来指令机床进行加工运动和插补方式的功能,按我国 JB—3208-99 标准规定,准备功能 G 代码是由"地址字 G + 数字"组成,共 100 种(G00 ~ G99)。见表 2.2。

表2.2 准备功能G指令

代码	组别		功能	代码	组别		功能
	模态	非模态			模态	非模态	
G00	*a*		点定位	G50	#(*d*)	#	刀具偏置0/-
G01	*a*		直线插补	G51	#(*d*)	#	刀具偏置+/0
G02	*a*		顺时针方向圆弧插补	G52	#(*d*)	#	刀具偏置-/0
G03	*a*		逆时针方向圆弧插补	G53	*f*		直线偏移,注销
G04		*	暂停	G54	*f*		直线偏移X
G05	#	#	不指定	G55	*f*		直线偏移Y
G06	*a*		抛物线插补	G56	*f*		直线偏移Z
G07	#	#	不指定	G57	*f*		直线偏移XY
G08		*	加速	G58	*f*		直线偏移XZ
G09		*	减速	G59	*f*		直线偏移YZ
G10 ~ G16	#	#	不指定	G60	*b*		准确定位1(精)
G17	*c*		XY平面指定	G61	*b*		准确定位1(中)
G18	*c*		ZX平面指定	G62	*b*		快速定位(粗)
G19	*c*		YZ平面指定	G63		#	攻螺纹
G20 ~ G32	#	#	不指定	G64 ~ G57	#	#	不指定
G33	*a*		螺纹切削,等距离	G68	#(*d*)	#	刀具偏置,内角
G34	*a*		螺纹切削,增距离	G69	#(*d*)	#	刀具偏置,外角
G35	*a*		螺纹切削,减距离	G70 ~ G79	#	#	不指定
G36 ~ G39	#	#	永不指定	G80	*e*		固定循环注销
G40	*d*		刀具补偿/刀偏注销	G81 ~ G89	*e*		固定循环
G41	*d*		刀具补偿-左	G90	*j*		绝对尺寸
G42	*d*		刀具补偿-右	G91	*j*		增量尺寸
G43	#(*d*)	#	刀具偏置--- +	G92		#	预置寄存
G44	#(*d*)	#	刀具偏置--- -	G93	*k*		时间倒数,进给率
G45	#(*d*)	#	刀具偏置--- +/+	G94	*k*		每分钟进给
G46	#(*d*)	#	刀具偏置--- +/-	G95	*k*		主轴每转进给
G47	#(*d*)	#	刀具偏置--- -/-	G96	*i*		恒线速度
G48	#(*d*)	#	刀具偏置--- -/+	G97	*i*		每分钟转数(主轴)
G49	#(*d*)	#	刀具偏置--- 0/-	G98 ~ G99	#	#	不指定

提示

• #号:如选用作特殊用途,必须在程序格式中说明。

• 如在直线切削控制中没有刀具补偿,则从 G4 到 G52 可指定作其他用途。

• 在表中左栏括号中的字母“(*d*)”表示:可以被同栏中没有括号的“*d*”所注销或代替,也可以被有括号的字母“(*d*)”所注销或代替。

• G45 到 G52 的功能,可用于机床上任意两个量预定的坐标。

• 数控装置中没有 G53,G59—G63 功能时,可以指定作其他用途。

• 相关说明:

1)组别。功能相近的一组代码称同组代码,如代码 G00,G01,G002,G03 等,都属于表中的 a 组代码。同组代码不能出现在同一程序段中。

2)模态指令。又称续效指令,是指一经程序段中指定,就一直有效,直至被程序中出现同组的另一指令或被其他指令取消才失效的指令。

3)初始状态。某些 G 功能有多种选择,初始状态是指某种数控系统在通电后或复位后的状态。比如:公制单位与英制单位、毫米单位与微米单位、绝对坐标与增量坐标、直径编程与半径编程、分进给与转进给等。

课题 3　辅助功能 M 指令及其他功能指令

一、辅助功能 M 指令

辅助功能 M 指令是用于控制机床在加工操作时,做一些辅助动作的“开/关”功能。按我国 JB 3208—1999 标准规定,辅助功能 M 代码是以地址 M 为首,后跟两位数字组成,共 100 种(“M00”—“M99”)。常用辅助功能解释如下。

1. M00 程序停止

程序执行到 M00 指令段后,程序暂停在本段,进给停止。按下控制面板上的循环启动键,可取消 M00 状态,程序继续向后执行。本指令可用于中途需要进行手动调整的地方。

2. M01 选择程序停止

该指令的作用与 M00 相似。所不同的是:当预先按下操作面板上的“任选停止”按钮后,程序执行到 M01 指令段时,程序停止;如果不按“任选停止”按钮,则相当于 M01 无效。

3. M02 程序结束

该指令用于程序全部结束,主轴停转、进给停止、切削泵关闭。

4. M03,M04,M05

分别控制主轴顺时针旋转、主轴逆时针旋转及主轴停止。

5. M06

用于具有刀库的数控机床的换刀功能。

6. M08,M09

分别控制切削液开、切削液关。

7. M30

程序结束并返回程序首段。

二、其他功能指令

1. 进给功能 F 指令

表示刀具的刀位点运动时的进给速度，由地址字 F 和后面几位数字构成。进给速度的单位由每个数控系统所采用的进给速度指定方法决定。如分进给 F100 表示进给速度为 100 mm/min；转进给 F0.15 表示进给速度为 0.15 mm/r。

2. 主轴转速功能 S 指令

由地址字 S 和后面几位数字构成。转速单位为 r/min。如 S600 表示主轴转速为 600 r/min。

3. 功能 T 指令

由地址代码 T 和几位数字组成。刀具功能字的数字是指定刀号，具体含义由具体系统决定。

大多数数控系统都支持 G，M 代码的缩写，即在 G，M 代码后面的两位数值字中，只要第十位数字是 0，都可省略不写。例如：G0—G0，G01—G1，G03—G3，M00—M0，M03—M3。要注意，个位的 0 绝不能省略，如 G90 不能省略成 G9。

【自己动手 2.1】

（1）阅读表 2.4 中所列的数控车程序，认识程序中常见地址字的含义，并请同学们相互抽问回答。

（2）在数控程序段中，为什么同组地址字不能出现在同一段中？

（3）“M00”与“M01”有什么异同？

任务2　基本编程指令

课题1　数控车削工件引例

这里举一个简单的零件加工实例，作为基本编程指令学习内容的示例。因本项目不涉及数控系统中的粗车循环指令（这部分内容将在具体的数控系统中学习），为配合本项目的学习内容，本例只涉及精车工序。

一、零件分析

零件图样，如图 2.2 所示。

该工件毛坯采用 45#钢 $\phi32\times41$，已经过粗车，各加工表面留有 0.5 mm 的单边余量。该零件精度要求不高，只是在安装工件时，要注意校正。

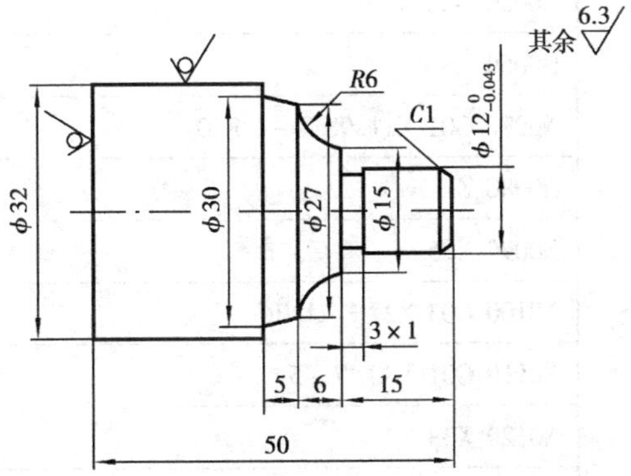

图 2.2　零件图样

二、数控工艺分析

该零件的加工工序卡，见表 2.3，工件用三爪自定心卡盘装夹，安装尺寸为距卡爪 35 mm 处；工件坐标系设在工件右端面中心处。其中的工序简图、加工工步、使用的刀具、切削用量参数,见表 2.3。

表 2.3　零件工序卡

工序简图		零件名称	引例零件	夹具名称	三爪卡盘
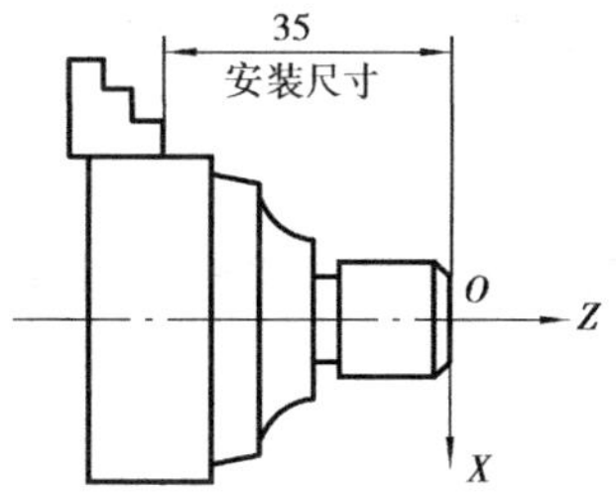		零件图号		毛坯材料	45#ϕ32 ×41
		工序名称	精车	安装尺寸	
		程序编号	%10	机床	
		数量	50	数控系统	HNC-21T
		量具	0.02 mm 游标卡尺,*R* 样板		
工步	工步内容	刀具名称及刀号	刀具补偿	主轴转速	进给速度
1	车平右端面	93°右偏刀 T1		恒线速 S80	F50
2	从右至左精车外轮廓	同上　T1		同上	F60
3	切槽	3 mm 切槽刀 T2		转速 S300	F30
备注	切槽刀以左刀尖对刀				

三、精车程序

本例以华中 HNC-21T 编程,其参考程序见表 2.4。

表 2.4　引例零件数控精车程序

程　序	注　释
%10	程序名
N0010 T0101	换 1 号刀,确定其坐标系
N0020 G96 S80 M03	设恒线速 S80 m/min,主轴正转
N0030 G00 G42 X13 Z0	快速到达车端面起点,刀尖圆弧半径右补偿
N0040 G01 X0 F50	精车端面
N0050 G00 Z1	*Z* 向退出
N0060 X8	*X* 向退至倒角起点
N0070 G01 X11.98 Z－1 F60	倒角
N0080 Z-15	精车外圆
N0090 X15	精车小阶台
N0100 G03 X27 Z-21 R6	精车 *R*6 逆圆弧
N0110 G01 X30 W－5	精车锥度
N0120 X33	精车外台阶
N0130　G40　G00 X100 Z50	快速回换刀点,取消刀尖圆弧半径补偿

续表

程 序	注 释
N0140 T0202	换2号切槽刀,确定其坐标系
N0150 G00 X28 Z-15 G97 S300	快速至切槽起点,恒线速取消,转速 S300 r/min
N0160 G01 X10 F30	切槽
N0170 G01 X13 F150	退刀
N0180 G00 X100 Z50	回换刀点
N0200 M05	主轴停
N0210 M02	程序结束

课题2 基本编程指令

一、快速点定位G00与插补(G01,G02,G03,G33)

G00,G01,G02,G03及G33都是同组的模态指令,即同时只能有一个有效。

1. 快速点定位指令G00

(1)功能。使刀具从当前点快速移动到程序段中给定的坐标位置。

(2)格式。G00 X____ Z____。

(3)示例。如图2.3所示,点*A*是当前刀位点,点*B*(15,2)是将要到达的编程坐标点。程序段:"G00 X15 Z2",将使刀具快速从*A*点,快速地移动到*B*点。

提示

- G00的移动速度,可以在数控系统的参数中设定。
- 编程时,要注意避免刀具以G00的速度去接触工件,以防止碰坏刀尖。
- G00的移动轨迹并非总是最短路径,如图2.3所示,刀具从*A*点快速移动到*B*点的轨迹,也可能是折线*A*-*C*-*B*。

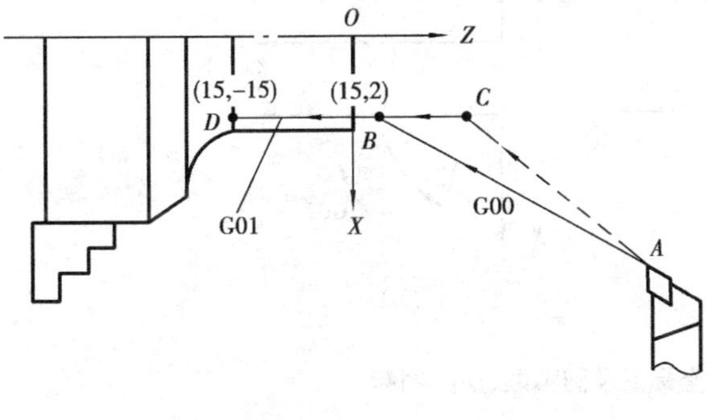

图2.3 G00,G01指令的应用举例

2. 直线插补指令G01

(1)功能。使刀具从当前点以指定的进给速度,移动到程序段中给定的坐标位置,用于对工件进行切削加工。

(2)格式。G01 X __ Z __ F __。

(3)示例。如图 2.3 所示,若 B 点是当前刀位点,点 $D(15,-15)$ 是将要到达的编程坐标点。

程序段:"G01 X15 Z-15 F50",将使刀具刀位点从 B 点作直线插补,进给到 D 点。

提示

- 格式中的 F 也是模态代码,即到新的 F 指令出现为止,其指令一直有效。

3. 圆弧插补指令 G02,G03

(1)功能。使车床在坐标平面内执行圆弧插补运动,切削加工出圆弧轮廓。

(2)格式。G02(G03) X __ Z __ R __ F __。

或 G02(G03) X __ Z __ I __ K __ F __。

式中:

①G02(G03)表示顺(逆)时针圆弧插补指令;

②X,Z 表示圆弧终点坐标;

③R 表示圆弧半径;

④I,K 表示圆弧起点指向圆心的增量坐标。

提示

- 在根据右手定则确定的坐标系中,由圆弧所在平面的两根坐标轴之外的第三根坐标轴的正向往负向看,顺时针为 G02,逆时针为 G03,如图 2.4(a)所示。
- 对于数控车床,有前置刀架和后置刀架两种情况,这两种情况下的判断方法,如图 2.4(b)所示。
- 有的数控车床系统在采用前置刀架的情况下,为编程直观起见,使用了左手坐标系,其 G02,G03 的判断方法与右手坐标系正好相反,如图 2.5 所示。

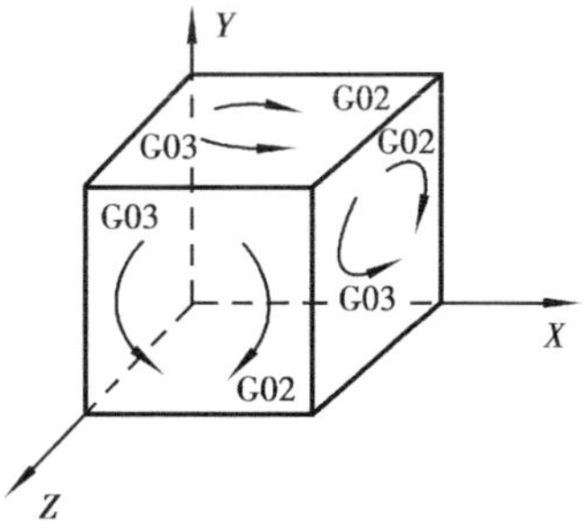

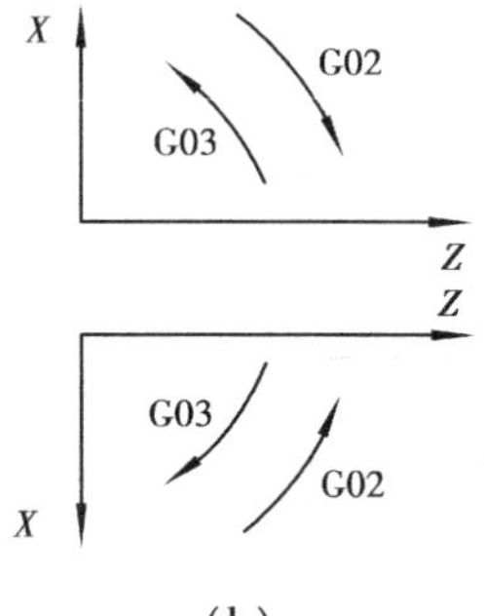

图 2.4 右手坐标系及圆弧顺、逆的判断

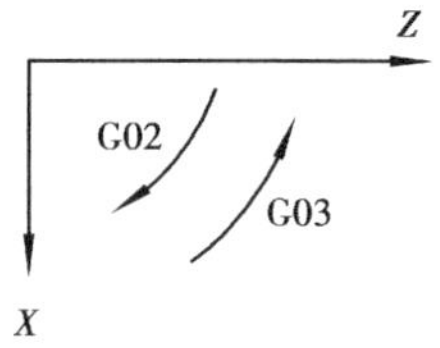

图 2.5 左手坐标系

4. 圆弧插补指令方式

圆弧插补指令有用 R 编程和用 I,K 编程两种方式。

(1)数控车床多用 R 编程方式,当圆弧的圆心角小于 180°时,R 值取正,否则取负(数控车少见)；

(2)I,K 编程,多用于数控铣床编程；

(3)示例:图2.2中的圆弧插补部分,圆弧起点坐标为(15,-15),圆弧终点坐标为(27,-21),如按GSK928TC数控系统,因采用左手坐标系,圆弧为逆圆,则程序段为:G03 X27 Z-21 R6 F50。

5. 等螺距螺纹插补指令G33(FANUC,GSK系统为G32)

(1)功能。不同的数控系统对等螺距螺纹插补指令的作用、代码及格式有一定的差异,一般表示单刀切削螺纹。

(2)格式。G32 Z __ K(I)__。(以GSK928TC系统加工圆柱螺纹为例)

式中 Z——每次切螺纹走刀终点的绝对(或增量)坐标；

P(I)——螺纹导程(I 为英制螺纹的每英寸牙数)。

提示

• 每完成一次螺纹切削动作,都必须具备四个指令动作(四个程序段):G00(每次 X 向进刀);G32(单刀螺纹切削);G00(X 向退刀);G00(Z 向返回),如图2.6所示。

由于螺纹深度必须分几次切削完成,而每描述一次切削动作,需要四个程序段,因此采用单刀螺纹指令编程非常麻烦,相比之下,不如采用数控系统提供的螺纹切削循环指令要方便得多。

• 螺纹加工编程时,要注意相关的工艺知识。

1)切削时的导入长度 δ_1 及切出长度 δ_2,如图2.6所示。在数控车床上车削螺纹时,要保证恒定的主轴转速,在主轴启动及停止期间,因升速及降速会导致螺距误差。一般取导入长度 δ_1 为一倍螺距,且 >1.3 mm。

2)为了保证螺纹尺寸精度及表面质量,螺纹加工要分数次进给,每次进给的背吃刀量由螺纹牙型深度(减去精加工余量)按递减规律分配。常用公制螺纹的进给次数与背吃刀量,可参考表2.5。螺纹加工前,应使螺纹的顶径加工到:外螺纹 $d = d - 0.2165 \times P$;内螺纹 $D = D - 1.299 \times P$。

表2.5 常用公制螺纹的进给次数与背吃刀量 单位:mm

公制螺纹								
螺距		1.0	1.5	2.0	2.5	3.0	3.5	4.0
牙深(半径量)		0.649	0.974	1.299	1.624	1.949	2.273	2.598
背吃刀量及切削次数(直径量)	1次	0.7	0.8	0.9	1.0	1.2	1.5	1.5
	2次	0.4	0.6	0.6	0.7	0.7	0.7	0.8
	3次	0.2	0.4	0.6	0.6	0.6	0.6	0.6
	4次		0.16	0.4	0.4	0.4	0.6	0.6
	5次			0.1	0.4	0.4	0.4	0.4
	6次				0.15	0.4	0.4	0.4
	7次					0.2	0.2	0.4
	8次						0.15	0.3
	9次							0.2

(3)示例。如图2.6所示的螺纹加工。前述螺纹切削一般需要数次走刀才能完成,G32是单刀螺纹切削指令,而每完成一次走刀要有四个程序段构成一次循环,这里仅列出第一次走刀循环的程序,如图2.7所示。

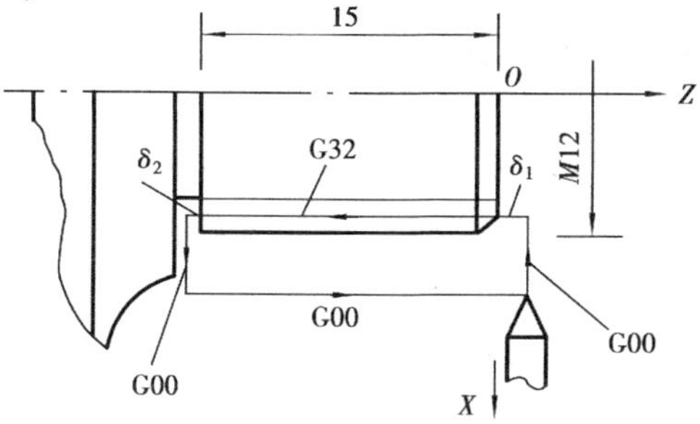

图2.6　单刀螺纹切削指令G32

```
……
N0100 G00 X14 Z3        ;螺纹车刀快速到达走刀起点(留有导入长度δ1=3 mm)
N0120 G00 X11.2         ;X向快速到达第一刀切深直径量0.8 mm
N0130 G32 Z-16 P1.75    ;Z向车螺纹走刀(含切出长度δ2=1 mm)
N0140 G00 X14           ;X向快速退刀
N0150 G00 Z3            ;Z向快速返回走刀起点
```

图2.7　第一次走刀循环的程序

课题3　延时暂停指令G04

一、延时暂停指令G04

1. 功能

G04的作用是使程序在所指定的时间内暂停,暂停期内仅是刀具停止进给,而主轴继续旋转,暂停时间一到,程序继续往后执行。

2. 格式

G04 P ________。

提示

• 延时暂停指令G04用于程序中需要刀具在某处保持一定时间,如切槽刀在工件上切到槽底时,让刀具暂停几秒钟,可以使槽底车圆并光整。要注意G04与程序暂停指令M00的区别:

(1)M00使程序暂停后,没有暂停时间限制,直到操作者按下数控面板上的"循环启动"按钮,程序才继续运行;表示暂停时间的地址字P及时间单位在不同的数控系统中有不同的规定,应以具体系统的要求来进行。

(2)G04是非模态指令,只在所在的程序段内起作用。

二、刀尖圆弧半径补偿指令G41,G42,G40

1. 刀尖圆弧半径补偿的缘由

任何一把尖形车刀都有一定的刀尖圆弧半径r,如图2.8所示。刀尖圆弧的存在,对于提高工件表面质量和提高刀具寿命是有好处的。但是,在数控车床上,如需要用两轴联动加工工件轮廓时,比如车锥度、圆弧等,会出现轮廓失真。因为实际起作用的刀位点与对刀时的刀位点(假想刀尖)有差异,而在数控编程时是按假想刀位点来描述刀尖的运动轨迹,导致加工出来的轮廓失真,在精车时出现这种情况,就会影响工件的尺寸精度或形状精度,如图 2.9 所示。对于要求不高的零件加工,上述误差可以忽略,否则就应进行刀尖圆弧半径补偿。

针对这个问题,目前大多数数控车系统都具有对刀尖圆弧半径进行自动补偿的功能,在精车时,保证了加工的尺寸精度和形状精度。

在已知刀尖圆弧半径的情况下,将其值输入到数控系统中,在编程时,通过调用刀尖圆弧半径补偿指令,可以对加工误差进行自动补偿。

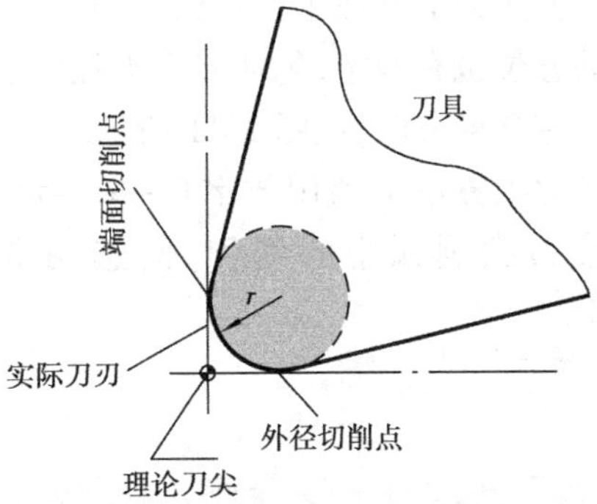

图 2.8　刀尖刀位点与刀尖圆弧半径

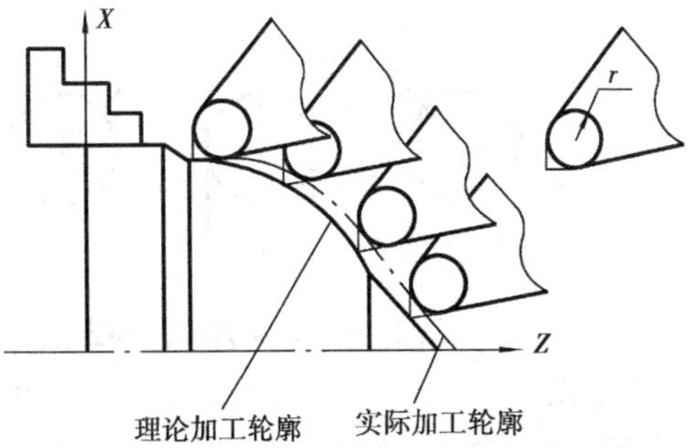

图 2.9　刀尖圆弧半径对曲面加工的影响

2. 刀尖圆弧半径补偿指令的应用

(1)指令。G41,G42,G40。

(2)格式。建立刀补　G41/(G42) G01 X __ Z __ F __

……

取消刀补　G40 G00 X __ Z __

(3)含义。G41 为刀尖半径左补偿,G42 为刀尖半径右补偿。其判断方法,如图 2.10 所示,在右手坐标系下,面对着第三轴正向,沿刀具进给方向看,刀具在编程轨迹的左侧为左补偿,如图 2.10(a);沿刀具进给方向看,刀具在编程轨迹的右侧为右补偿,如图 2.10(b)。

G40 为取消刀尖半径补偿。

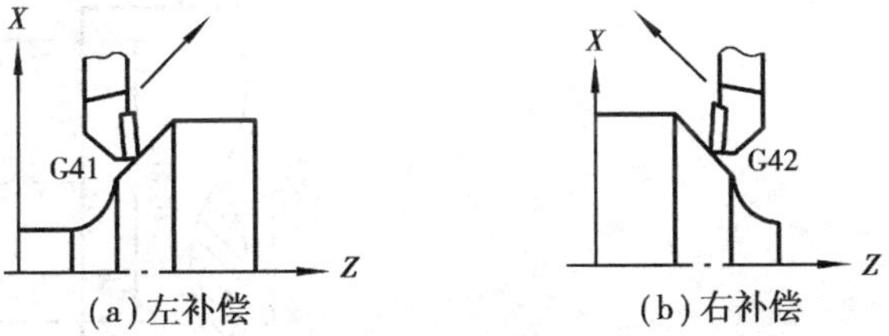

图 2.10　刀尖圆弧半径补偿

提示

• G41,G42,G40 要在 G01,G00 程序段中出现,即要在直线插补及点定位过程中建立或取消刀补。

• G41 或 G42 要与 G40 成对使用。本次使用了刀补,使用完毕后应取消补偿,否则会引起后续加工误差。若要在 G41 与 G42 之间进行转换,也应先经过 G40 的取消。

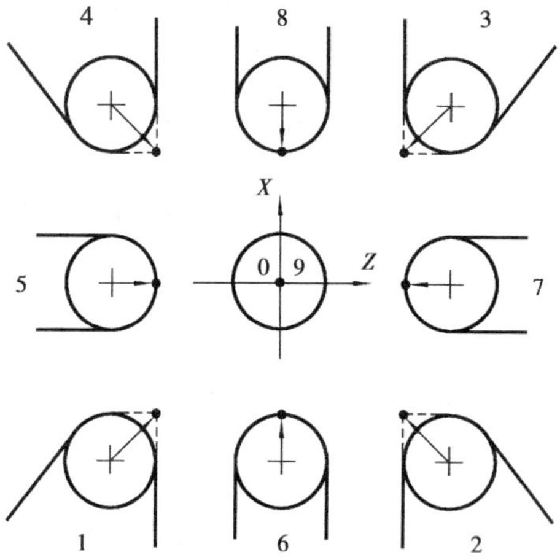

图 2.11　刀尖方向的规定

(4)输入刀尖圆弧半径补偿值。在使用刀尖圆弧半径补偿前,要先在数控系统中输入相应的补偿值:即刀尖圆弧半径 r 值和刀尖方位 T 值。

刀尖圆弧半径 R 值可以通过测量或估计得到。

使用刀尖圆弧半径补偿功能时,对刀尖的方位也有规定,包括刀尖半径中心在内共有 9 种方向,如图 2.11 所示。

刀尖方位 T 值用数字 0 ~ 9 表示,如果按刀尖圆弧中心编程,则选用 0 或 9 号。

提示

- 每把刀具的补偿各不相同,要分别输入。各种数控车系统输入刀尖半径补偿值的界面有一定差异,操作时应以具体系统的要求来进行。

【自己动手 2.2】

(1)如图 2.12 所示的数控车加工,采用右手坐标系,刀具进给方向如箭头所示,请你想一想:车削图中的圆弧部分,在 G02 与 G03 指令中,你选哪一个?若要进行刀尖圆弧半径补偿,在 G41 与 G42 指令中,你又选哪一个?

(2)请你比较 M00 指令与 G04 指令的异同。

(3)请你用基本数控指令写出如图 2.13 所示零件的精加工程序,工件坐标系原点设在工件右端的锥尖上。要求使用恒线速功能和刀尖圆弧半径补偿功能。

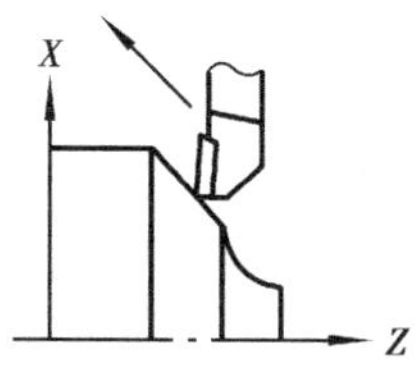

图 2.12　第(1)题图

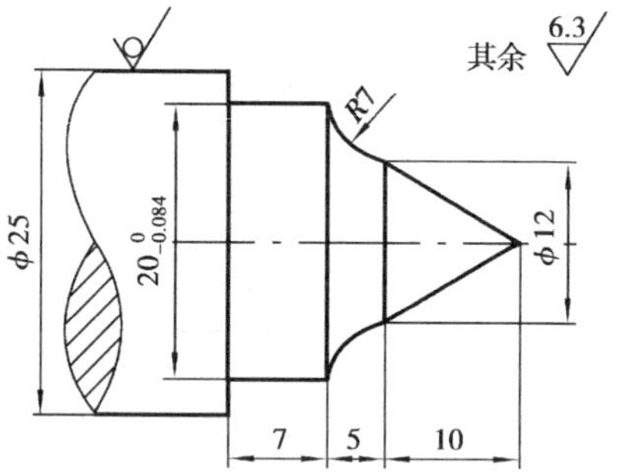

图 2.13　第(3)题图

(4)编制如图 2.14 所示零件的数控车加工程序,工件坐标系原点设在工件右端的圆弧圆心上。

(5)编制如图 2.15 所示零件的数控车加工程序,工件坐标系原点设在工件右端中心上。

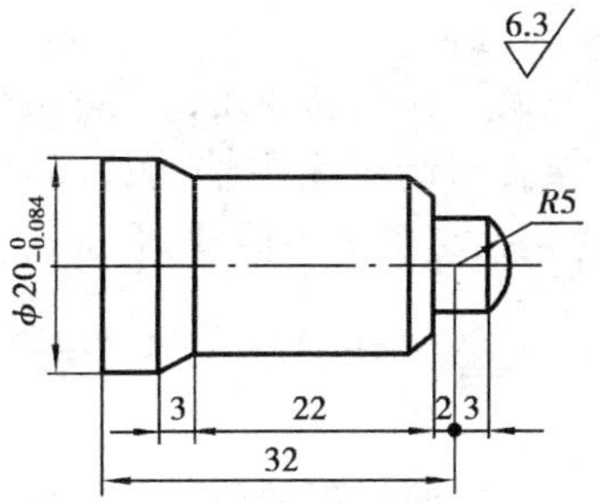

图2.14 第(4)题图

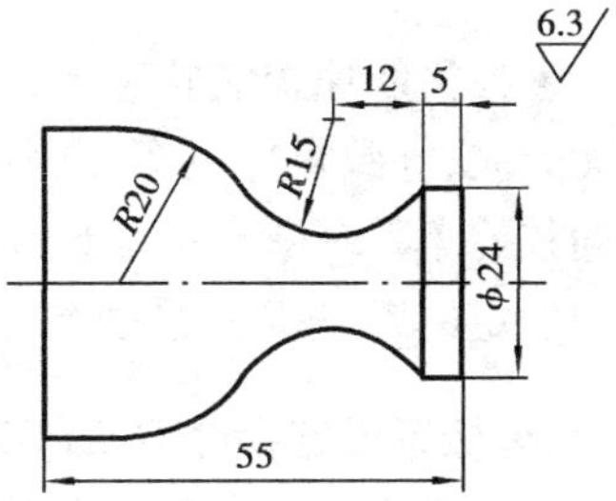

图2.15 第(5)题图

三、G90(G91)、G94(G95)、G96(G97)指令

这几组指令都对应了两种可以相互切换的模态状态。

1. 绝对(增量)坐标方式 G90(G91)

编程时一般多用绝对坐标方式,G90 表示绝对坐标编程方式的切换。有时为了编程方便,也使用增量坐标方式来编程,G91 表示增量坐标方式的切换。

有的数控车床系统,如 FANUC 及其类似的系统,不使用 G90,G91 指令表达坐标,而用坐标字 X,Z 直接表示绝对坐标,用第二坐标字 U,W 表示对应方向的增量坐标。有的数控系统则对上述表达方式同时兼容,如 HNC-21T。

2. 分进给与转进给(G94 与 G95)

G94 表示分进给,单位为 mm/min;G95 表示转进给,单位为 mm/r。

提示

- 有的数控车系统的开机初始状态为转进给,如 FANUC;有的则为分进给,如 HNC-21T。

3. 恒线速启用(取消)G96(G97)

(1)原因。在切削端面、锥度、圆弧等沿走刀方向上直径不断变化的表面时,如果主轴的转速恒定不变,则切削速度 v 就在不断变化,外缘处 v 大、接近中心处 v 小,导致工件里外表面粗糙度不一致。当工件直径变化越大时(如车大端面),这种现象就越明显。在普通车床上,这种情况是无法避免的。

(2)原理。在采用无级变速主轴的数控车床上,可以采用恒线速控制主轴,来解决这个问题。启用恒线速后,若设定的切削速度为 v,当刀具所处的直径 D 变化时,数控系统根据公式:

$$v = \pi Dn / 1\ 000$$

自动调节主轴转速 n,使 D 与 n 的乘积不变,达到切削速度 v 保持不变的目的。

(3)格式。恒线速启用 G96 S __

……

恒线速取消 G97 S __

(4)含义。G96 表示恒线速启用,后面的 S 表示设定的恒定切削速度,单位是 m/min。G97 表示恒线速取消,后面的 S 表示取消恒线速控制后的主轴转速,单位是 r/min。

提示

• 在恒线速控制状态下,若刀具正处于工件轴线上,根据上式主轴转速在理论上要趋向无穷大,导致机床飞车。因此,在使用恒线速之前,必须要限制机床主轴的最高转速。不同数控车系统限定主轴最高转速的方式有所不同,有的用系统参数来设定,有的可在程序中设定(如 FANUC 系统)。

四、坐标系设定指令 G92(G50)、G54 ~ G59

编程人员在编制数控车程序时,通常把工件坐标系选定在方便编程的位置。*X* 向设置在工件轴线上,而 *Z* 向通常设置在工件端面上,如设置在工件右端面中心或左端面中心,也可设在其他位置。

当工件安装在数控车床上后,如果不在机床上设定工件坐标系,刀具就不能实现预定的加工轨迹,因此,有关工件坐标系的设定是数控编程人员和操作人员都必须重视的工作。编程人员要考虑具体数控机床设定工件坐标的方式,操作人员的任务是要把程序中的工件坐标系通过对刀操作在机床上建立起来。

1. G92 指令

G92 指令(在 FANUC 及其类似系统中是 G50)是用预置寄存方式来设定工件的坐标系,G92(G50)指令必须单独出现在程序的首段。

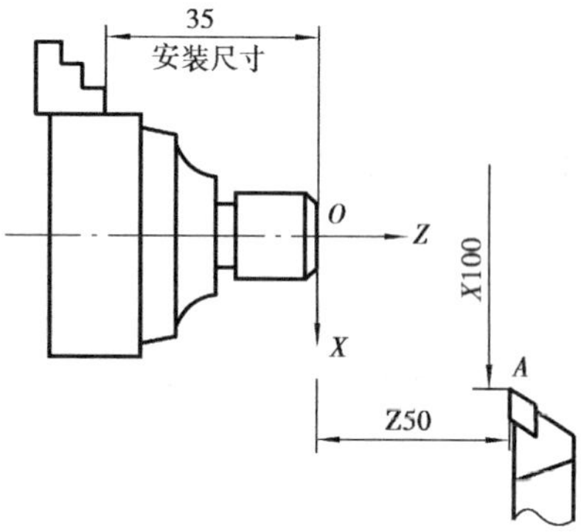

图 2.16　G50 指令应用举例

(1)格式。G92(G50) X __ Z __

(2)示例。如图 2.16 所示的零件,要将工件坐标系原点设置在工件右端面中心 *O* 点上,设基准刀的刀位点 *A* 位于距离 *O* 点 *X* 正向为 100 mm(直径量)、*Z* 正向为 50 mm。

在编程时,需要在程序的首段编写:

N0010 G92 X100 Z50

(3)含义。G92 的含义是:把工件坐标系的原点 *O*,设置在距离刀具刀位点 *A* 的 *X* 负向 100 mm(直径量),*Z* 负向 50 mm 处。

提示

• 实现这次设置的先决条件是刀具的刀位点 *A*,必须事先位于距离 *O* 点 *Z* 正向 50 mm、*X* 正向 100 mm(直径量)的位置上。

如何在数控车床上把基准刀的刀位点 *A* 准确地移到距离 *O* 点 *X* 正向 100 mm(直径量)、*Z* 正向 50 mm 的位置上,在本书“项目 1　任务 3”有关 G92(G50)的对刀操作中已经有过详细的叙述,这里不再重述。

2. G54 ~ G59 指令

G54 ~ G59 指令是用存储型零点偏置指令设置的工件坐标系,这种方法是通过对刀操作(见项目 1　任务 3),最多可以存储 6 个各自独立的工件坐标系,以备程序调用,广泛用于数控铣床和加工中心。

五、子程序的概念

在编程过程中，有时会遇到一组程序段，在一个程序中多次重复出现，或者在几个程序中都能使用它。这样的程序段就可以做成单独命名的“子程序”，以备主程序调用。如图2.17所示的重复切槽动作，可以使用子程序来编程。

在数控编程，特别是在数控铣床和加工中心编程中，广泛地应用子程序，简化程序。

子程序的独立存在，可以由主程序中的某个程序段，用代码重复调用。子程序运行结束时，用代码返回到主程序，调用它的程序段之后，子程序还可以多重嵌套调用其他子程序，各重子程序的关系，如图2.18所示。

不同数控系统使用子程序的代码及格式有所不同，使用前，应以具体数控机床的编程说明书为准。

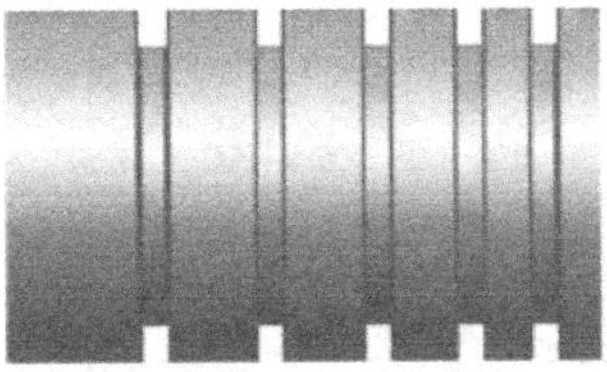

图2.17 具有重复结构的工件

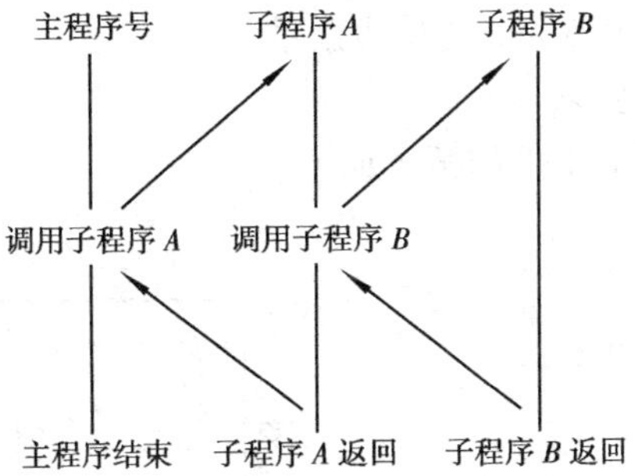

图2.18 子程序的嵌套调用

【自己动手2.3】

(1)有关恒线速指令的格式：G96 S __和 G97 S __，在后面都有一个程序字：S __，这两个S的含义是相同的吗？

(2)观察一台具体的数控车床，请说明这台机床在G90(G91)、G94(G95)、G96(G97)这几对指令中，哪些是开机默认值？

(3)请用基本数控指令，写出如图2.19所示零件的精加工程序，要求使用恒线速功能和刀尖圆弧半径补偿功能。

(4)请用基本数控指令，写出如图2.20所示零件的精加工程序，要求车螺纹。

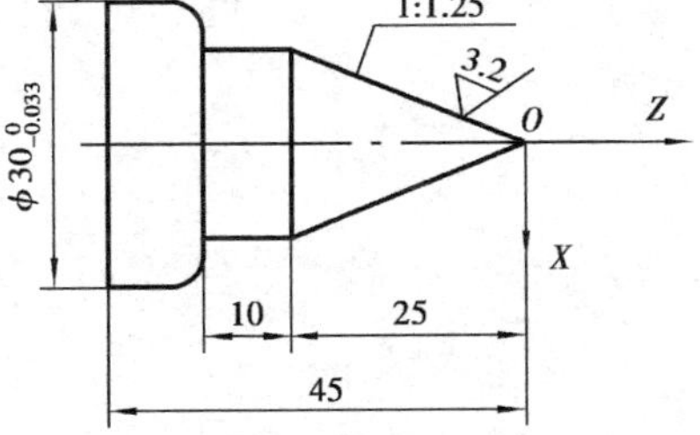

图2.19 第(3)题图

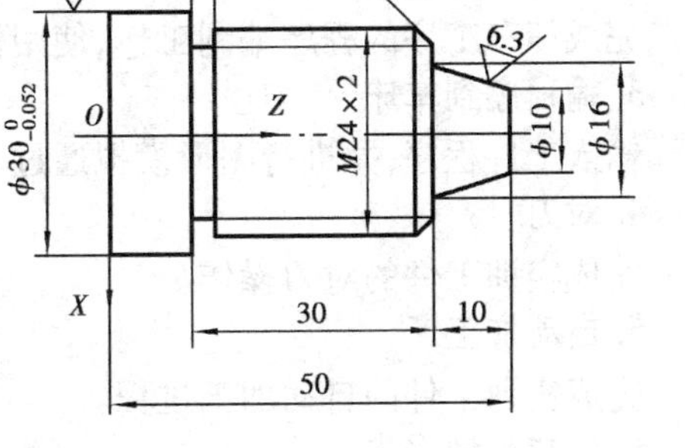

图2.20 第(4)题图

课题4　用基本编程指令编程实训

一、实训目的

理解一个完整的零件数控加工过程，即数控工艺分析、程序编制、上机操作全过程。为后面深入学习具体数控系统的编程及操作打下基础，具体要求是：

(1)认识数控程序的结构，理解数控程序的编制过程；

(2)理解基本数控指令的含义，熟悉其编程方法；

(3)在教师的指导下，通过上机操作，了解数控车床的对刀过程及自动加工过程。

二、实训零件图及要求

1. 实训零件图样

实训零件样，如图2.21所示，毛坯为45#钢棒料(或石蜡棒)经粗车后的半成品，各加工表面留有0.5 mm的单边余量。

2. 要求

完成工件的精车加工。

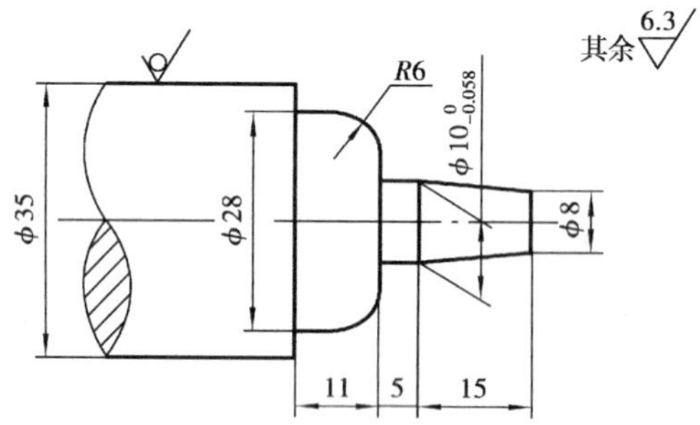

图2.21　实训零件图

3. 数控工艺分析

该工件用三爪自定心卡盘装夹，安装尺寸为距卡爪60 mm处；工件坐标系设在工件右端面中心处。

三、实训内容

1. 分析加工零件的数控工艺，填写零件精车工序卡

完成加工零件的数控工艺分析过程，在实训报告上填写零件精车工序卡，包括所使用的机床数控系统、工序简图、加工工步、使用的刀具、切削用量参数等。

2. 编制程序，模拟调试

完成精车工序的程序编制工作，使用模拟软件调试通过，并记录在实训报告书上。

3. 输程序到车床

输入工件程序，并进行图形模拟通过。

4. 对刀

完成实训工件的对刀操作。

5. 自动加工

完成实训工件的自动加工过程。

6. 完成实训报告

完成本次实训报告，并记录本次实训所遇到的问题。

项目3　GSK928TC数控车床操作

项目内容

(1)GSK928TC数控系统操作面板；
(2)GSK928TC数控系统操作方式。

项目目的

(1)熟悉数控车床装置各按键的作用；
(2)熟练掌握手动工作方式下的操作，能熟练地进行对刀操作；
(3)熟练掌握程序建立、程序输入、程序修改的操作方法；
(4)掌握自动工作方式下，运行程序的各种方式，能进行图形显示方式下的空运行操作。

任务1　初步认识GSK928TC系统

一、GSK928TC数控系统的技术指标

GSK928TC数控系统的技术指标，见表3.1所示。

表3.1　GSK928TC数控系统的技术指标

项　目	指　标
最小设定单位	0.001 mm
最小移动单位	*X*轴：0.000 5 mm；*Z*轴：0.001 mm
最大移动速度	15 000 mm/min
切削速度	5～6 000 mm/min
可存储程序数	100个(24 kB)
控制刀位数	四工位(可扩展至八工位)

二、操作面板简介

GSK928TC数控系统的操作面板，如图3.1所示。

1.液晶显示器

数控系统的人—机对话界面。分辨率为320×240点阵，如图3.2所示。

2.输入编辑键

在面板右上方，如图3.3所示，输入各类数字及字母。

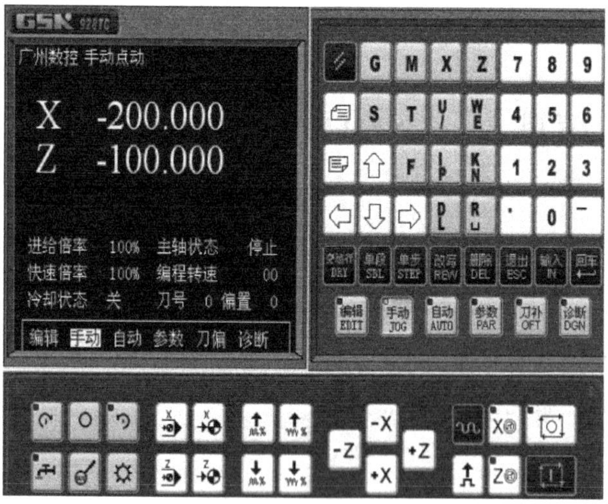

图 3.1　GSK928TC 数控系统的操作面板

图 3.2　液晶显示器

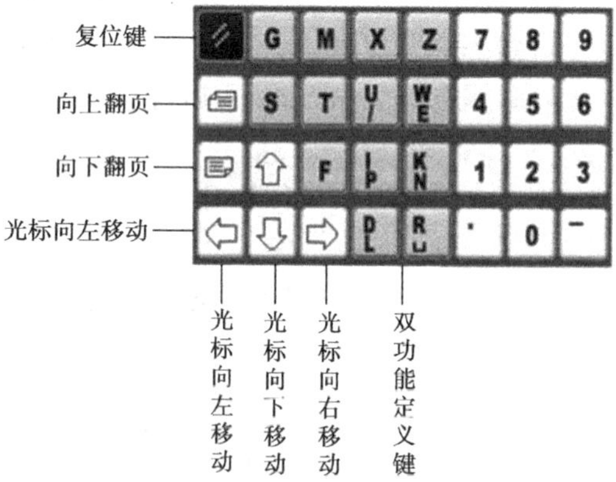

图 3.3　输入编辑键

3. 编辑状态选择键

包括:改写、删除、退出、输入、回车等键。各键含义,如图 3.4 所示。

图 3.4　编辑状态选择键

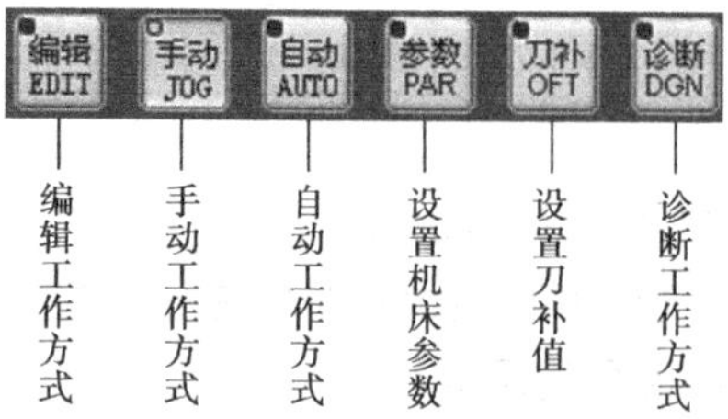

图 3.5　工作方式选择键

4. 工作方式选择键

包括:编辑、手动、自动、参数、刀补、诊断六种工作方式,如图 3.5 所示。

5. 循环启动及进给保持键

(1)“循环启动”键:。自动运行中,启动程序,开始自动运行。

(2)“进给保持”键:。手动或自动运行中,电机减速停止。程序运行及运行过程中,暂停程序运行。

6. 功能键

根据《数控机床形象化符号》标准,设置了以下形象化符号功能键,按下功能键,完成相应功能。各键符号、含义,如图3.6所示。

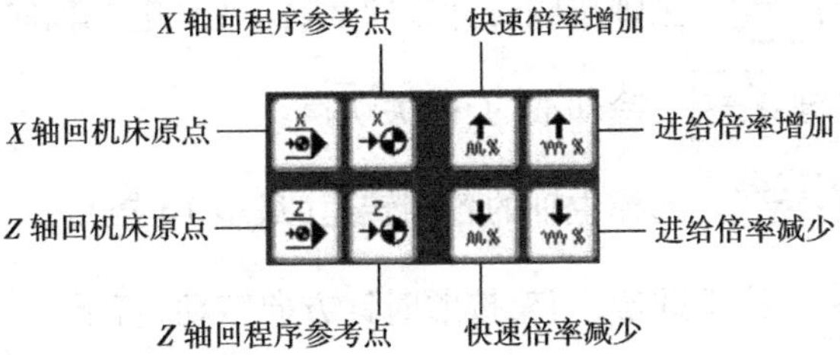

图3.6 功能键

功能键还包括空运行、单段两键。

(1)“空运行”键:。如果在自动工作方式中,选择空运行方式,程序运行时,机床坐标轴不移动,S,M,T功能无输出,用于模拟程序。在编辑工作方式中,按此键可将光标直接移到本行行号之后的第一个字符。

(2)“单段/连续”键:。在自动工作方式中,选择单段/连续的运行方式。

7. 手动轴控制键

“手动方向控制”键,如图3.7所示,该键控制手动移动刀架的方向。

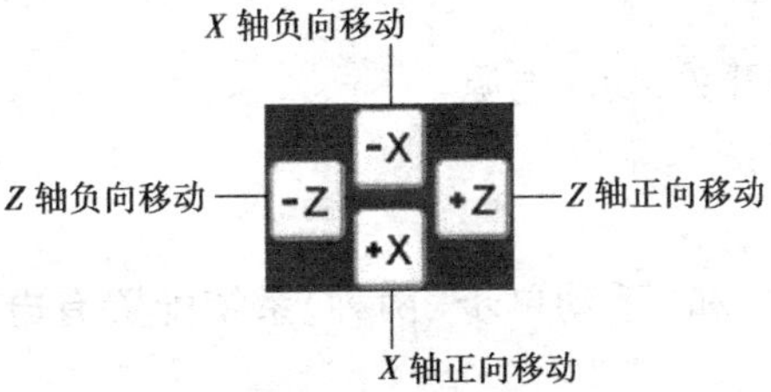

图3.7 手动方向控制键

(1)“快速/进给”键:。手动运行时,快速移动速度和进给速度转换,按下此键,表示快速。按手动轴控制键,刀架将快速移动。

(2)“单动步长选择”键:。单步或手轮工作方式中,选择移动步长。

(3)“X 轴手轮选择”键:。X 轴手轮选择。

(4)“Z 轴手轮选择”键:。Z 轴手轮选择。

(5)“单步/点动”键:。在手动工作方式中,单击该键,可以进行“单步/点动”进给方式的切换。

8. 手动换刀及辅助功能键

直接选择下一个刀位及控制机床,完成各类辅助功能。其含义如下:

(1)“主轴正转”键:。主轴按逆时针方向转动。(从电机轴向观察)。

(2)“主轴停止”键:。主轴停止运转。

(3)“主轴反转”键:。主轴按顺时针方向运转。(从电机轴向观察)。

(4)“冷却液控制”键:。冷却液的开/关切换。

(5)“主轴换挡”键:。选择主轴的各挡转速(最多16挡)。

(6)“换刀键”:。按下此键,刀架按顺时针方向转动,将下一号刀转到加工位。

任务2　熟悉GSK928TC系统手动工作方式

课题1　系统开机、关机及手动移动

一、系统的开机、关机

1. 开机操作

按下数控系统电源开关,接通电源,数控系统显示初始画面,当在显示“广州数控”的过程中,按“删除”键以外的任意键,将显示本系统使用的软件版本号,再按任意键,系统进入正常工作方式。

2. 关机操作

(1)按下数控系统电源开关,切断电源。

(2)断开机床总电源开关。

二、手动移动

手动移动有“手动点动”和“手动单步”两种,系统配置有电子手轮时,还可以选择手轮控制。

按键,手动进入手动工作方式,屏幕上方显示“手动点动”,如图3.8所示。初始方式为点动方式,按“单步”键,可以进行“手动点动”和“手动单步”方式的相互切换。

1. 手动点动

在“手动点动”进给方式中,按住“手动进给方向”键不放开,机床拖板就按所选的坐标轴及方向连续移动,按键放开,机床拖板减速停止,“手动点动”的移动速度,按选定的快速或进给速度执行。手动进给方向键,见图3.6。手动点动的移动速度,见表2.2设置。按键,再按键,屏幕显示,如图3.9所示。

P17 后面的数字,为手动点动方式下 Z 轴移动的速度,为 50 mm/min。P18 后面的数字,为 X 轴移动的速度,为 50 mm/min。此参数中的数字是当进给倍率为 100% 时,手动点动的移动速度。

按四个进给方向键,刀架分别向左、右、前、后移动。

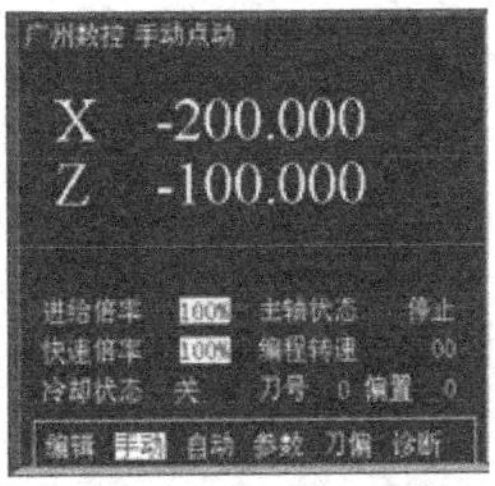

图 3.8　手动点动

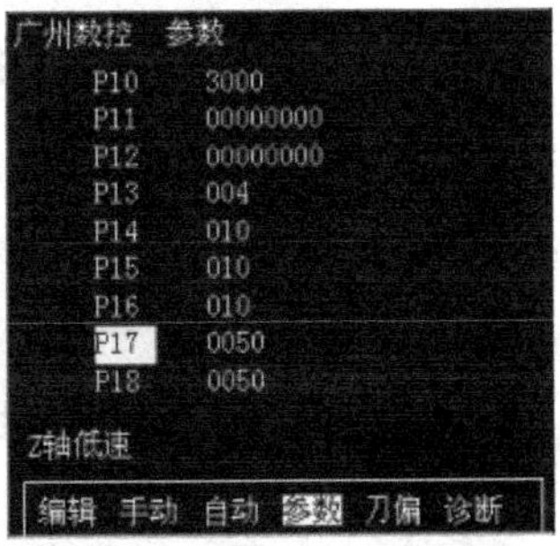

图 3.9　屏幕显示内容

图 3.10　手动单步

2. 手动单步进给

在手动方式下,按"单步"键,进入手动单步进给方式,屏幕上部显示"手动单步"字样,如图 3.10 所示。机床拖板每次的移动距离是按事先选定好的步长,手动单步进给的步长,分为 0.001,0.01,0.1,1.0,10.0,50.0 共 7 级可选。按[键]键,可以选择各级步长,每按一次键,步长递减一级,到最后一级时,又返回第一级,如此循环。每按一次手动进给方向键,刀架就在所选的坐标轴及方向上,移动一个选定步长的距离。

3. 手动进给速度调节

在手动点动方式下:

(1)按[键]键一次,进给速度倍率增加一挡,每挡增加 10%,从 0% 开始,增加到 150%。

(2)按[键]键一次,进给速度倍率减小一挡,分别有 25%,50%,75%,100% 四个挡。

例如:需要调节手动进给速度为 70 mm/min。其操作如下:

按[键]键四次,直到进给速度倍率显示为 140% 为止。

4. 手动快速移动及速度调节

(1)手动快速移动方式。按下[键]键,显示屏上进给倍率的数字反白显示,如图 1.8 所示的白色,系统进入快速移动状态,此时按下进给方向键,刀架会快速移动。

(2)手动快速移动速度选择。快速移动的速度,可按[键]、[键]键,进行调节:

①按[键]键一次,快速移动的速度增加一挡,到 100% 时,不再增加。

②按[键]键一次,快速移动的速度减小一挡,到 25% 时,不再减小。

【自己动手 3.1】

(1)在手动点动方式下,进行手动进给,使刀具沿 X 轴正向进给速度为 30 mm/min,沿 Z 轴负向进给速度为 65 mm/min。

(2)在手动点动方式下,用快速方式移动刀架,并调节快速速度倍率。

(3)在手动单步方式下移动刀架,每步移动距离分别为 10 mm,1 mm,0.1 mm,0.01 mm。

课题 2　辅助功能的手动操作

一、手动 MDI 功能

在手动方式下,可以通过输入 M 代码,使系统执行相应的 M 功能。

1. 操作方法

按[M]键,屏幕上显示:"M",再输入一位或二位数字,按[回车]键,系统就执行相应的 M 功能。如按[退出]键,则不执行 M 功能。

2. 例题

依次按[M]、[0]、[3]、[回车]键,则启动主轴正转。

3. M 代码

M03,M04,M05,M08,M09,M10,M11,M21,M22,M23,M24,M41,M42,M43,M78,M79。这些指令的功能与自动方式下的指令功能完全相同。

二、手动主轴控制

手动方式下,可以通过按键、键、键,控制主轴的正、反转和停转。

1. 按键

主轴顺时针转动,屏幕显示主轴状态为正转,LED 指示灯亮。

2. 按键

主轴停止转动,屏幕显示主轴状态为停止,LED 指示灯灭。

3. 按键

主轴反时针转动,屏幕显示主轴状态为反转,LED 指示灯亮。

三、手动主轴转速控制

1. 机械换挡时,主轴转速的控制

当机床的主轴为机械换挡方式时,参数 P12 的 MDSP=0,此时主轴的转速可有两种输出:

(1)当参数 P11 的 SCOD=0 时,主轴转速共有四个挡位:S1,S2,S3,S4。S0 为全部输入无效。

主轴转速控制的操作方法如下:

依次按[S]、[4]、[回车]键,系统输出 S4 信号,屏幕显示"编程转速　S04"。此时手动启动主轴,主轴的转速为第四挡。

(2)通过主轴换挡键,控制主轴的转速。通过主轴换挡键,来转换主轴的转速。按

键一次，主轴转速按照 S1，S2，S3，S4（SCOD = 0 时）或 S0 ~ S15（SCOD = 1 时）的顺序循环输出。

2. 变频主轴转速的控制

当机床主轴电机是变频电机时，可以直接输入转速值来控制主轴的转速。操作如下：

按S键，输入所设的转速数值，再按回车键，启动主轴后，主轴按所输入速度转动。

四、手动冷却液控制

在手动方式下，通过按键，来控制冷却液的开关。

按动该键，冷却液在“开/关”之间相互切换，屏幕上有相应的显示。按键上方的指示灯在冷却液开时灯亮，关时灯灭。

五、手动换刀控制

转换刀位有两种方式：

1. 按转换刀位键

每按一次，刀位旋转到下一个刀位号，屏幕上显示相应刀位号。

2. 从键盘输入换刀指令“T ＊#”

如输入：T 22，则表示刀位转到 2 号刀，并执行 2 号刀补。

T 10，则表示刀位转到 1 号刀，并撤销刀具补偿。

提示

- ＊表示需要转到的刀位号，#表示刀补号。

【自己动手 3.2】

（1）在手动方式下进行手动换刀、冷却液和润滑液的开关、机床主轴的正反转和停止练习。

（2）在手动方式下，通过输入 M 代码使主轴正转、反转和停转。

（3）输入代码，使主轴转速为 1 000 r/min（变频主轴），或者输入代码使主轴转速为最低挡。

（4）在手动方式下，输入换刀指令，使第三号刀位转到加工位，并执行第三号刀补。

课题3 设置工件坐标系

一、设置坐标系的含义

设置坐标系，通俗地说，就是让数控系统知道编程原点的所在位置。在用自动方式加工零件前，必须设置工件坐标系。在因某些特殊原因造成失步而使实际位置与工件坐标系位置不符时，也应重新设置工件坐标系。本书中工件原点的位置，均设在工件的端面圆心处。设置工件坐标原点的操作如下。

二、*X* 方向原点的设置

1. 装夹试切工件

在机床上装夹好试切工件，选择加工中使用的第一把刀。

2. 试切一小段外圆

选择合适的主轴转速,启动主轴。在手动方式下移动刀具,在试切工件上切一小段外圆。如图3.11所示。

3. 测量所切的外圆的直径

(1) X 轴不动,沿 Z 方向将刀具移动到安全位置,停止主轴旋转。

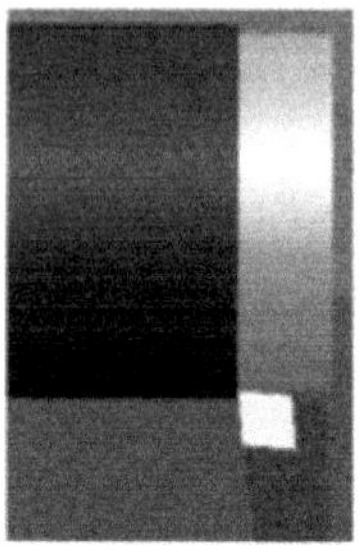

图3.11　切外圆

(2)测量所切出的外圆的直径。

4. 输入测量的直径值

(1)按 输入 键,再按 X 键,屏幕显示"设置 X",如图3.12(a)所示。

(2)输入测量的直径值,如:48.661,屏幕显示:"设置 X48.661"如图3.12(b)所示。

(3)按 回车 键,系统自动设置好 X 轴方向的工件原点位置,屏幕显示,如图3.12(c)所示,此时刀架中心点位置在 X48.661处,即原点在轴心处。

如在输入过程中出现错误,可按 退出 键,取消 X 轴的工件坐标设置,重新进行设置。

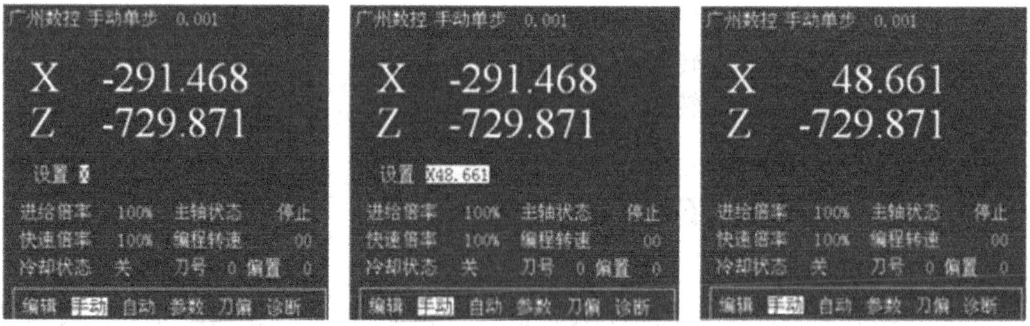

(a)设置 X 坐标　　(b)输入直径值　　(c) X 轴原点

图3.12　X 轴工件坐标原点设置

三、Z 方向原点设置

1. 试切工件端面

再次启动主轴,在手动方式下试切工件端面。

2. Z 轴方向,建立原点

(1) Z 轴不动,沿 X 方向将刀具移动到安全位置,停止主轴旋转。

(2)按 输入 键,再按 Z 键,屏幕显示"设置 Z",如图3.13(a)所示。

(3)输入0,屏幕显示,如图3.13(b)。

(4)按 回车 键,系统自动设置好 Z 轴方向原点位置(工件右端面),屏幕显示,如图3.13(c)所示。

以上操作完成后,就建好了工件坐标系,工件坐标系的原点被设置在工件端面中心处。

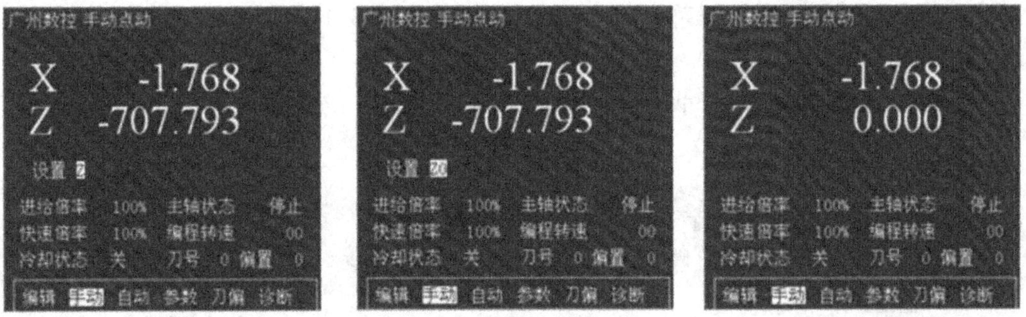

(a)设置 *Z*　　(b)输入0　　(c) *Z* 轴方向原点建立

图3.13　*Z* 轴工件坐标原点设置

提示

- 如按 退出 键,则取消 *Z* 轴的工件坐标设置。

【自己动手3.3】

在车床上装夹一棒料毛坯,尺寸为 $\phi35 \times 100$,并在刀架的一号刀位上,装夹一外圆车刀,设置该零件的工件坐标系。

课题4　手动对刀操作(设刀补值)

一、设刀补值的原因

加工一个零件常需要用几把不同的刀具,由于刀具安装位置有变化和刀具尺寸的变化,每把刀转到切削位置时,其刀尖所处位置跟第一把刀并不完全重合,即会产生刀具偏置,通过对刀操作,可让系统自动算出各把刀的偏置量,形成刀补值,在使用各把刀时,只需在换刀时调用各刀的刀补值,就可让刀具处于正确的位置。本书只介绍试切对刀的操作方法。

二、*X* 轴对刀操作

必须在设置好工件坐标系后,方可进行对刀操作。

1. 试切一小段外圆

(1)在机床上装夹好试切工件,选择一把刀具。

(2)输入:T * 0,撤销原刀偏。

提示

- "*"为所选择刀的刀号。

(3)选择合适的主轴转速,启动主轴。

(4)在手动方式下,移动刀具在工件上切一小段外圆。

2. 测量所切台阶的直径

(1)在 *X* 轴不移动的情况下,沿 *Z* 方向将刀具移动到安全位置,使主轴停止转动。

(2)用游标卡尺测量所切台阶的直径。

3. 设置 *X* 轴刀补值

(1)按 键,屏幕显示:"刀偏X",如图3.14(a)所示。

(2)输入测得的直径值,屏幕显示:“刀偏X#####”,如图3.14(b)所示。

(3)按回车键,屏幕显示“T * X”,如图3.14(c)所示。

提示

- “#”为输入的直径数字。
- “ * ”表示当前的刀位号。

(4)按回车键,系统自动计算 *X* 轴方向的刀偏值,并将计算出的刀偏存入“ * ”对应的 *X* 轴刀偏参数区。

如按退出键,则取消 *X* 轴刀偏值的设置。

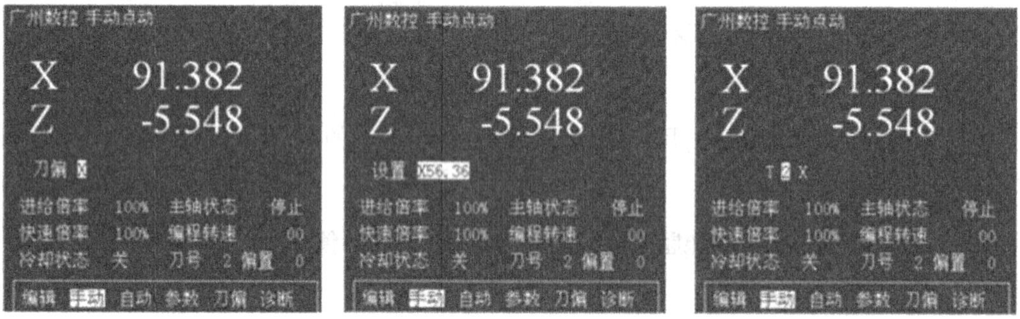

(a)刀偏 *X*　(b)输入直径值　(c)*X* 刀补号

图3.14　设置X轴刀补值

三、*Z* 轴对刀操作

1.移动刀具,接触端面

(1)再次启动主轴。

(2)在手动方式下,慢慢移动刀具,接触工件端面,直到碰到端面,听声音,或观察是否有铁屑飞出。

2.设置 *Z* 轴刀补号

(1)在 *Z* 轴不移动的情况下,沿 *X* 方向将刀具移动到安全位置,停止主轴旋转。

(2)按K N键,屏幕显示“刀偏Z”,如图3.15(a)所示。

(3)输入0,屏幕显示“刀偏Z0”,如图3.15(b)所示。

(4)按回车键,屏幕显示“T *Z”,如图3.15(c)所示。

(5)按回车键,系统自动计算所选刀具在 *Z* 轴方向的刀偏值,并将计算出的刀偏值存入当前刀号对应的 *Z* 轴刀偏参数区。

换刀后,重复上述步骤,对好其他刀具。

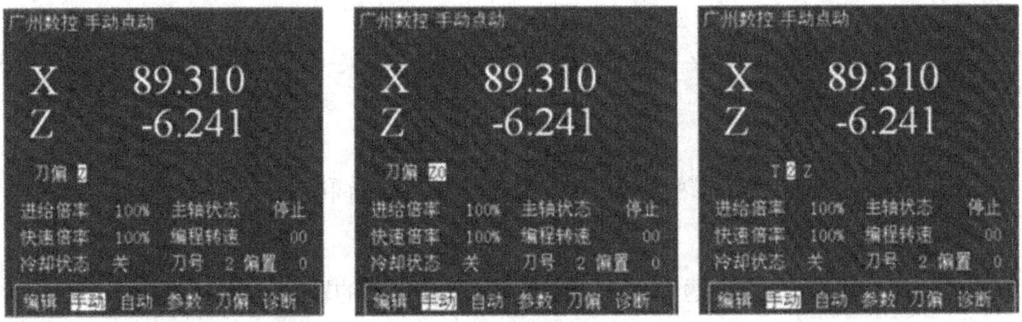

(a)刀偏 *Z* (b)输入0 (c)*Z* 刀补号

图3.15 设置 *Z* 轴刀补值

提示

- “ * ”表示当前的刀位号；
- 当工件坐标系没有变动的情况下，可以通过上述过程对除第一把刀以外的任意一把刀，进行对刀操作。在刀具磨损或调整一把刀时，操作非常快捷、方便。

四、查看或修改刀补

在刀偏工作方式下，可以查看和修改刀补值。

1. 操作方法

(1)按[刀补]键，进入刀补设置界面，如图3.16所示。

(2)按[⇩]，或者按[⇧]键，选择所要修改的刀补号。

2. 操作示例

如需将光标停留在T5Z处，则：

(1)按[输入]键。

(2)输入刀补值0.5。则5号刀的 *Z* 向刀补值，被输入并显示出来，如图3.17所示。

3. 取消刀补

不按[回车]键，而按[退出]键，则取消刀偏计算及存储。

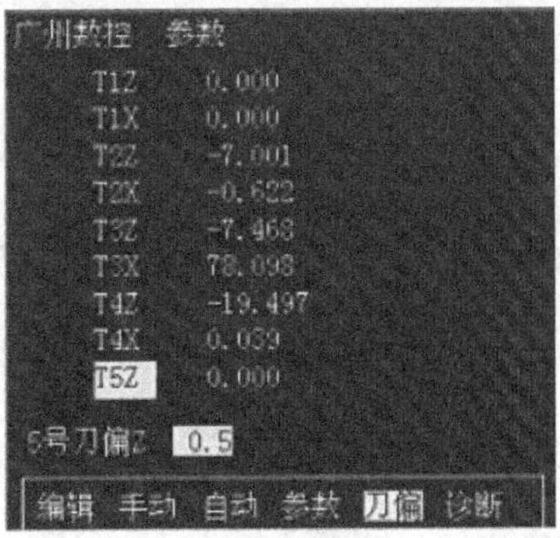

图3.16

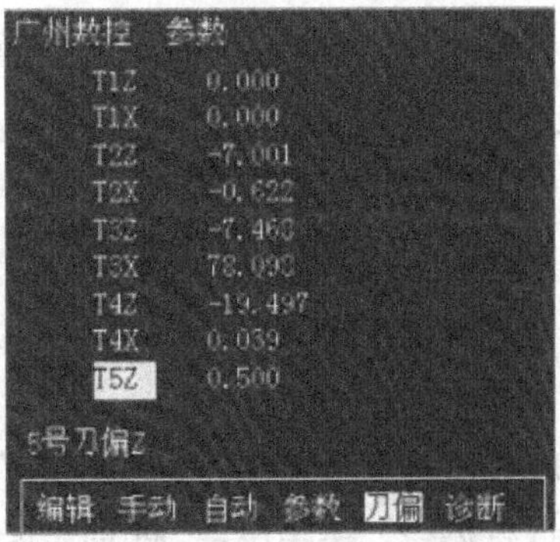

图3.17

【自己动手3.4】

在刀架的2号刀位上,装夹一把切断刀,3号刀位上,装夹一把螺纹刀,设置2号刀和3号刀的刀补值。

任务3　熟悉GSK928TC系统编辑工作方式

课题1　程序的建立及程序内容的输入

一、程序输入和修改的进入

按编辑EDIT键,系统进入编辑工作方式,可进行程序的输入和修改。

二、建立新程序

1. 显示程序清单

在编辑工作方式下,按输入键,系统进行编辑工作方式,屏幕上显示系统中已有的程序清单,如图3.18(a)所示。

2. 产生程序号

(1)方法。从键盘输入两位程序目录清单中不存在的程序号,作为新程序号。

(2)示例。如输入0 6,如图3.18(b)所示,按回车键,则系统自动产生第一个顺序号N0000,进入新程序%06的编写,如图3.18(c)所示。

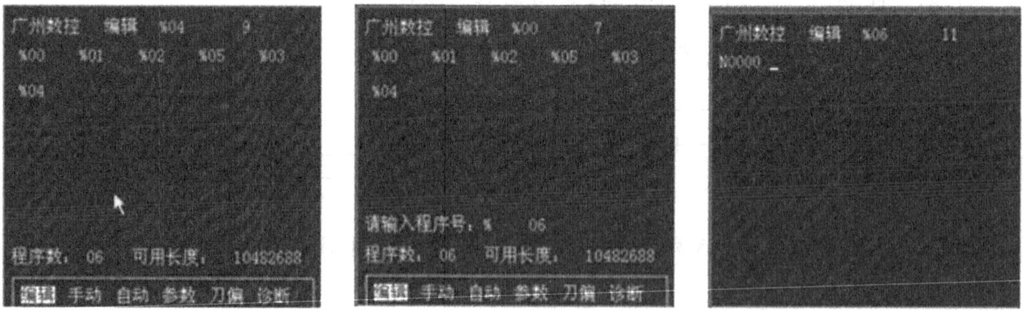

(a)零件程序目录　(b)输入程序号　(c)自动产生第一个顺序号

图3.18　建立新程序

三、输入程序内容

1. 顺序号自动生成

在第一个顺序号后面,输入第一段程序内容。每输完一个程序段,按回车键,系统自动产生下一个程序段号"N0002",如图3.19(a)所示。

2. 程序内容的输入方法

(1)显示器上显示顺序号"N0002"后,通过键盘输入第二段程序内容。

(2)每输完一段程序后,按回车键,结束本段输入。

(3)系统自动产生下一个程序段顺序号,并继续输入程序内容。

(4)输入完最后一行程序,按退出键,结束程序内容的输入,如图3.19(b)所示。

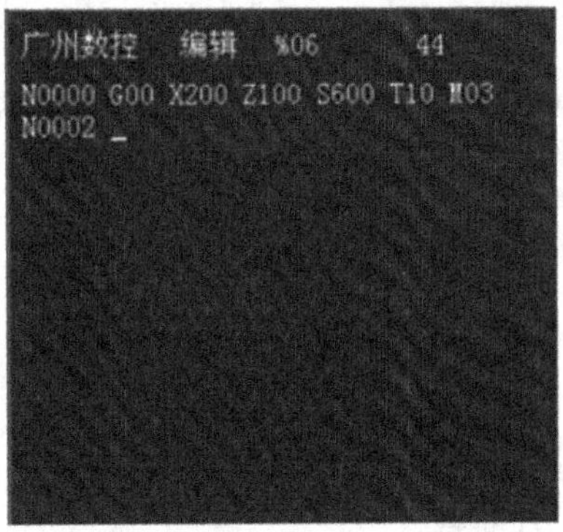

(a)程序段号自动生成

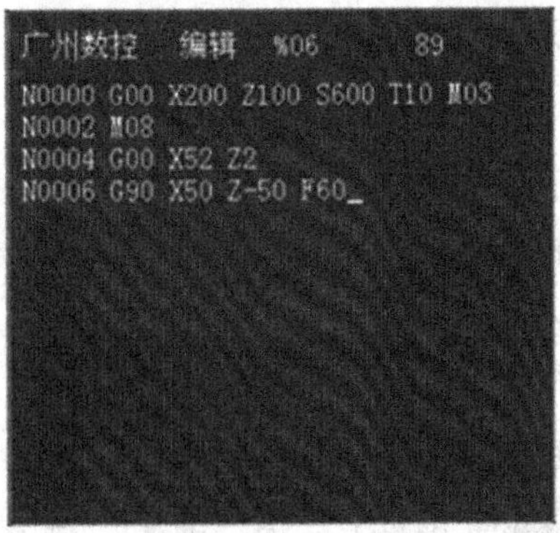

(b)按回车继续输入

图3.19 输入程序的内容

提示

- 每一个程序段只显示40个字符,超过40个字符时,只显示程序段的前40个字符。按⇨键,程序段显示向左缩进一个字符。但每行最多不能超过255个字符,否则系统不接受以后输入的内容。显示器每一屏可以显示13行程序段,超过13行时,将自动向上移动。

四、程序行的插入

1.作用

在两个程序行之间插入一个或多个程序行。

2.操作方法

(1)按⇩键,或⇧键,将光标移动到两个程序段中的前一个程序段上。

(2)按住⇨键,直到光标移动到最后一个字符后面,或按单段SBL键,直接将光标移到最后一个字符后面。

(3)按回车键,系统自动在两个程序段之间产生一个新程序段顺序号(此顺序号增量的大小为P16号参数1/4的整数值,如果仍不够,可修改下一行的行号),并空出一行。

(4)输入需要插入程序段的内容。

(5)输完所有内容后,若需要插入多个程序行,则按回车键,若只插入一个程序行,则不需要此操作。

课题2 零件程序的选择、删除、输入和输出

一、零件程序的选择

1.操作方法

(1)按编辑EDIT键,进入零件程序目录检索状态。

(2)按 输入IN 键,从键盘输入需要选择的程序号,该程序号必须是在程序目录中存在的。

2. 操作示例

如:输入 0 1 后,按 回车 键,则系统进入编辑工作状态。可以继续编辑或修改程序%01,如图 3.20 所示。

二、零件程序的删除

1. 操作方法

(1)进入编辑状态后按 输入IN 键。

(2)从键盘输入需要删除的程序号。

(3)按 删除DEL 键,屏幕上显示:"确认?",如图 3.21 所示。

(4)按 回车 键,系统将该程序删除,如按其他任意键就可取消删除。

2. 操作示例

删除%05 号程序。

(1)按 输入IN 键。

(2)再依次按 0 → 5 → 删除DEL → 回车 键。就可将程序 %05 删除。

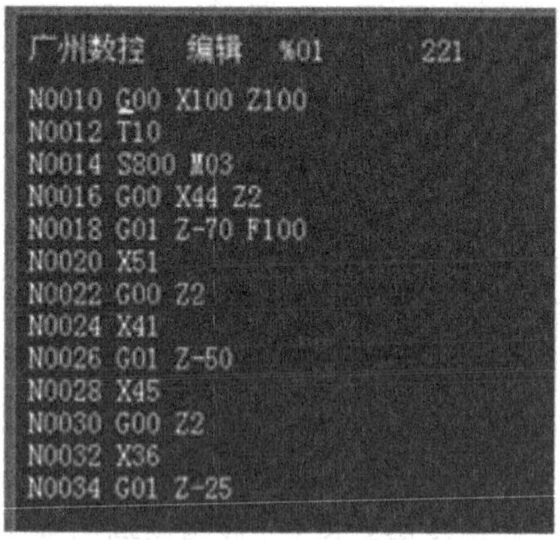

图 3.20 程序选择

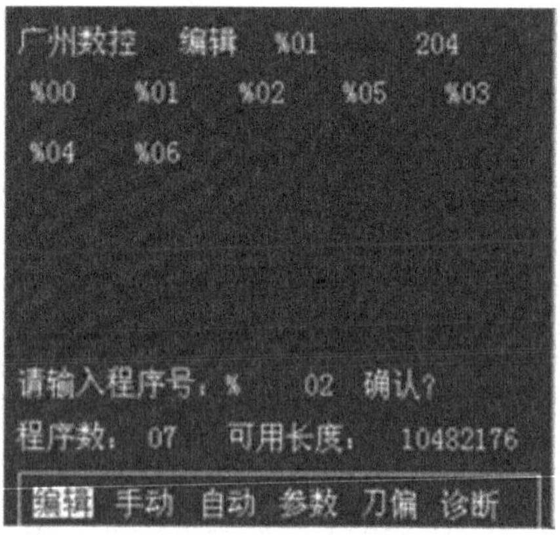

图 3.21 零件的删除

三、零件程序的输出

1. 作用

可将数控装置里的程序输出到外部的计算机。

2. 操作方法

(1)在断电状态下,用通讯电缆将计算机和数控系统连接起来。

(2)打开数控系统电源,并选择编辑工作方式。

(3)按零件程序的选择方法,选择一个需要输出的程序。

(4)按 W/E 键,屏幕显示:"发送准备!"。

(5)使计算机处于接收等待状态。

(6)按回车键,屏幕上显示:“发送…”。此时系统开始将程序输入到计算机里。

(7)发送结束后,屏幕上显示:“发送完毕!”。

(8)按任意键回到编辑工作方式。

提示

• 在发送过程中如要中断发送,可按退出ESC键中断发送。

四、零件程序的输入

1. 作用

将外部计算机中的程序输入到数控系统。

2. 操作步骤

(1)确认已接好通讯电缆线,系统处于编辑工作方式。

(2)按R键,屏幕上显示:“接收准备!”。

(3)使计算机处于输出方式。

(4)按回车键,屏幕上显示:“接收…”。外部计算机中的程序开始输入到数控系统中。

(5)接收结束后,屏幕上显示:“接收完毕!”。

(6)按任意键回到编辑工作方式。

(7)在零件程序清单中,显示所输入的程序名。

提示

• 外部计算机里要输入到数控系统里的程序名必须为%ab(ab 为两位数字),且不能跟数控系统中已有的程序同名。

【自己动手3.5】

(1)建立一个新程序,程序名为%10,输入以下内容。

```
N0010 G00 X100 Z50;
N0020 M03 T10 S300;
N0030 G00 X38 Z0;
N0040 G01 X-0.5 F60;
N0050 Z2;
N0060 G00 X35;
N0070 G01 Z-14 F100;
N0080 M05    T10;
N0090 G00 X100 Z50;
N0100 M02;
```

(2)将上题的程序%10,从数控系统中删除。

任务4　熟悉GSK928TC系统自动工作方式

课题1　自动工作方式中功能键的说明

一、单段/连续运行方式切换键

每接一次单段键,运行方式在单段和连续方式之间切换一次,同时屏幕上显示所选的运行方式,当运行方式为单段时显示“自动连续”时,按一次该键,屏幕显示变为“自动单段”,此时程序运行方式为单段运行。再按一次该键,运行方式又变成自动连续。

所谓单段运行,是指系统在运行加工程序时,每运行完一个程序段就停下来,按键,系统继续运行下一程序段。

二、空运行/加工运行切键

每按一次空运行键,自动运行就在机床锁住和加工运行方式之间切换一次。在机床锁住方式下,空运行键的指示灯亮;在加工运行方式下,空运行键的指示灯灭。

在机床锁住方式下,程序运行时,刀架不移动,其他辅助功能控制无效。

三、程序运行键

在单段运行方式下,按一次键,系统执行一段程序。如是循环指令,则执行循环指令中的一个动作。

在连续运行方式中,按一次键,系统将程序从头至尾执行一次。

四、进给保持键

在程序运行过程中,按键,刀具的移动,减速停止,屏幕右上方显示“暂停!”按运行键,继续执行程序没完成的部分。如果按退出ESC键,程序不再执行,并返回程序第一段。

课题2　程序在加工运行过程中的显示

一、说明

无论是空运行还是自动运行,均可以在屏幕上显示程序的运行过程,包括:运行过程的坐标显示、加工零件的二维图形或者刀尖的运动轨迹显示。这样就可以方便地监控程序的运行状态,防止事故的发生。

二、加工运行过程的坐标显示

进入自动运行方式后,系统自动选择的显示方式为坐标显示。如图3.22所示,显示内容为:

(1)程序在加工运行过程中的动态坐标。

(2)当前执行程序段(前面有＊号的程序段)的内容和下一个程序段的内容。

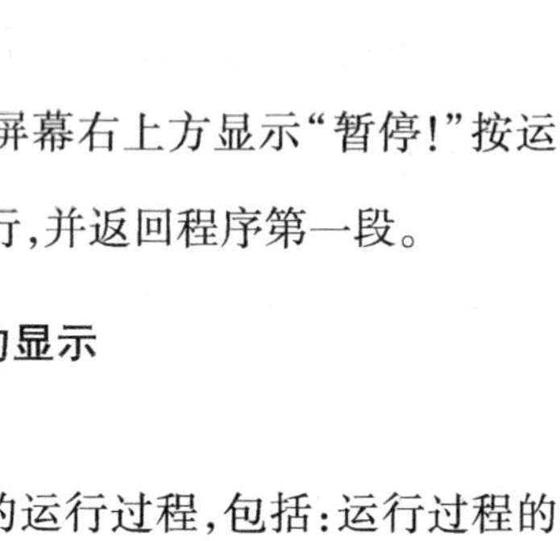

图3.22　自动运行的坐标显示方式

(3)主轴、冷却液、转速、刀具等机床的辅助功能状态。

(4)进给速度倍率。

三、加工运行中的图形显示

1. 显示出毛坯的二维图形及模拟刀具图形

在自动方式下,按 T 键,系统会按设定的毛坯尺寸,显示出毛坯的二维图形及模拟刀具图形,如图3.23(a)所示。

2. 显示模拟加工过程

在此方式下,先按键,再按键,则可在空运行方式下启动程序,图中的车刀会按程序的运动,模拟加工过程,以便检查程序的正误。

3. 显示二维图形或刀尖轨迹

(1)在图形显示方式下,按 Z 键,可以选择显示二维图形或显示刀尖轨迹,如图3.23(b)所示。

(2)按 Z 键,可以在这两种显示方式之间相互切换。

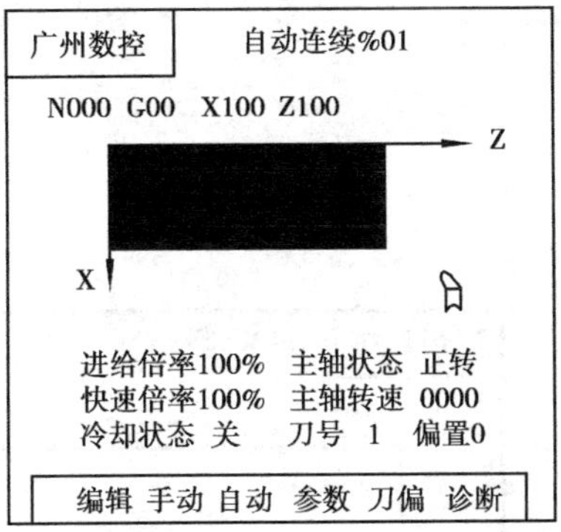

(a)图形显示方式

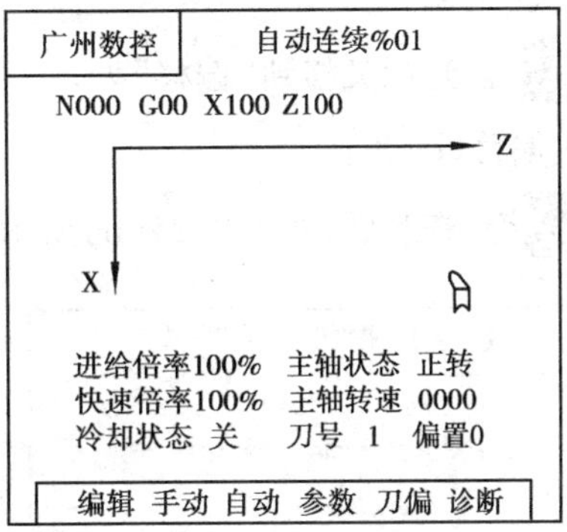

(b)刀尖轨迹显示

图3.23　自动方式中的图形显示

四、图形显示参数的设置(毛坯尺寸的设置)

由于系统显示区域限制,对于不同尺寸的零件,必须有不同的比例,方能显示出零件的完整形状。操作者可以对毛坯的长度、直径、刀具起始偏移以及显示比例四个数据进行设置。在图形显示方式或坐标显示方式下,按回车键,可以进行以上四个参数的设置。

1. 图形显示数据的含义

(1)长度。加工零件毛坯的总长度。单位:mm。

(2)直径。毛坯的外圆直径。单位:mm。

(3)偏移。指工件编程原点与毛坯起点间,在 Z 方向上的差值。

2. 示例

零件毛坯尺寸,如图3.24所示。在图形显示方式下,设置毛坯的尺寸。

有两种情况:

(1)工件原点设在端面1上,则偏移值应输入100(常用);

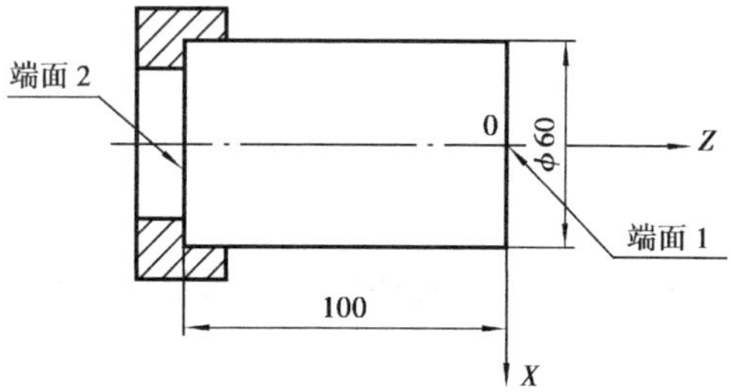

图 3.24　毛坯尺寸设置

(2)工件原点设在端面 2 上,则偏移值应输入 0。

3. 显示比例

比例是屏幕显示零件的图形大小与实际毛坯大小的比值。如果零件毛坯尺寸过大,则选择缩小的比例;如果零件毛坯尺寸过小,则选择放大的比例,以便使屏幕上显示的图形,大小合适,便于观察。

4. 图形显示数据的输入

在自动方式工作中,按回车键(在刀架没有移动的状态下或暂停状态下),屏幕上显示的图形,如图 3.25(a)所示。此时光标位于第一个数据“长度”处:

(1)用数字键输入长度数据;

(2)按回车键,系统接受输入数据,并显示出来,光标自动移向“直径”处;

(3)输入直径 62;

(4)按回车键,光标又移到“偏移”处;

(5)输入偏移量 100;

(6)按回车键,修改后,如图 3.25(b)所示。

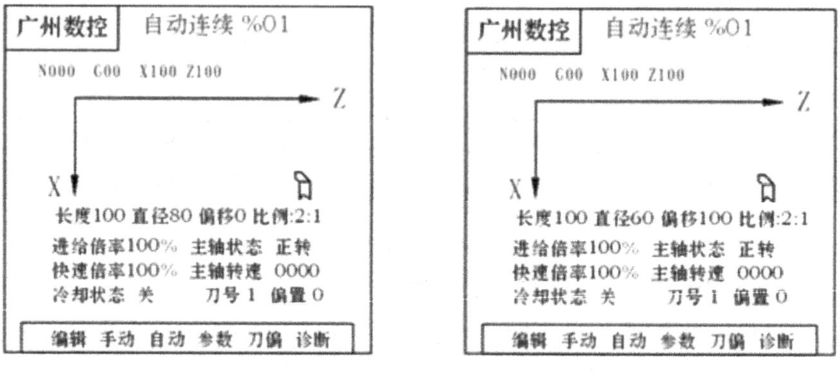

(a)图形显示参数的设置　　(b)修改后的图形显示参数

图 3.25　图形显示数据的设置

数据修改完后,按退出ESC键,可返回到图形显示方式,屏幕上毛坯图形尺寸会按设置被刷新显示。

如果设定的显示比例不合适,图形大小超过显示屏大小,系统会提示“XZ 超限”,此时应减小显示比例。

提示

● 比例不能用数字键输入，系统默认的比例为2∶1，如要修改，按【回车】键，待光标移到比例处后，按【⇧】键，比例增大一挡，按【⇩】键，比例缩小一挡。

● 系统的比例有：4∶1，3∶1，2∶1，1∶1，1∶2，1∶3，1∶4 共七挡。操作者可根据零件的大小选择合适的比例，以获得最好的显示效果。

● 刀具的起始位置应在工件毛坯的显示范围之外，否则不能正确地显示加工轨迹。

【自己动手3.6】

在自动方式下，进入图形显示方式，并设置合适的毛坯参数。毛坯尺寸为：$\phi 50 \times 200$。

课题3　加工程序的自动运行

一、机床的“空运行”运行方式（锁住）

1. 作用

在用自动运行加工工件之前，必须用“空运行”方式，观察屏幕上的坐标数据与实际情况是否相符，程序的段与段之间的关系是否正确，以避免因程序输入错误造成的不良后果。如果“空运行”后，程序无误，就可以切换到自动运行方式下运行程序，加工零件。

在空运行方式下，也可将显示方式切换成图形显示方式，观察空运行状态下零件二维图形随刀具的移动而变化的情况，可以更直观地检查程序的正确性。

2. 操作方法

（1）按【空运行 DRY】键一次，灯亮后，就可以进行空运行。空运行时，刀架不会移动，刀架的坐标值会随着程序的运行发生变化。

（2）按【T】键，就进入图形显示方式。

（3）在图形显示方式下，按【Z】键，则可以在二维图形显示方式和刀尖轨迹显示方式之间切换。

（4）再按一次【空运行 DRY】键，灯灭，则退出空运行状态。

二、机床的“自动”运行方式

1. 从加工程序的第一行开始运行

进入“自动”运行方式时，系统自动将待运行程序的第一行，作为将要运行的程序，并将前两行的内容显示在屏幕上。第一行程序前面有“*”。

按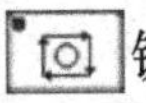键，启动程序自动运行，工件会被自动加工。在加工过程中，屏幕上始终显示两行程序，第一行为正在运行的程序，第二行为将要运行的程序。在当前运行的程序段号前显示“*”。

2. 从加工程序的指定行开始运行

加工时，有时需要从加工程序中间的某一行开始运行。此时刀架允许停在任意位置。操作步骤如下：

（1）确定需要开始运行的指定程序行。如使用 G50 定义坐标系，并要使用从指定行开始运行时,请先单段执行 G50,再选择所需运行的程序段。

(2)按输入键,系统显示当前运行程序的第一行,并在屏幕右上方显示:“程序段号”。

(3)按⇧⇩键,系统将显示上一段或下一段程序内容。

(4)按退出键,系统退出选择,仍显示原来的程序段。

(5)当选择到所需的程序段时,即屏幕上第一行显示的程序是需要开始执行的程序段时,按回车键,屏幕显示:“运行?”。如果要运行,则按键,系统将自动计算所选程序的终点坐标,并按本程序段指令,运动到程序段起点,也就是上一程序段的终点。

(6)再按键,程序将从所选择的程序段开始执行程序。

提示

- 所指定的程序行,不能在固定循环或复合循环体以及子程序中,否则运行结果无法预料。
- 从指定行开始运行时,所选择的程序段最好为直线移动或 S. M. T,当选择 G02/G03 指令执行时,必须保证刀具和系统的坐标均停留在圆弧的起点上,否则不能保证加工出的圆弧符合要求。

三、加工程序的单段运行和连续运行

1. 单段运行

编好的程序经过“空行程”运行检验之后,在加工第一个工件的时候,为保证安全,可选择单段运行方式,进一步检查程序是否正确。

(1)按单段键,进入单段运行方式,屏幕上显示“自动单段”,如图 3.26 所示。

(2)在单段运行状态下,按键一次,系统执行一段程序,操作者可观察机床的运行是否和预想的动作一致。

①如果一致,就再按键,继续执行下一段程序。

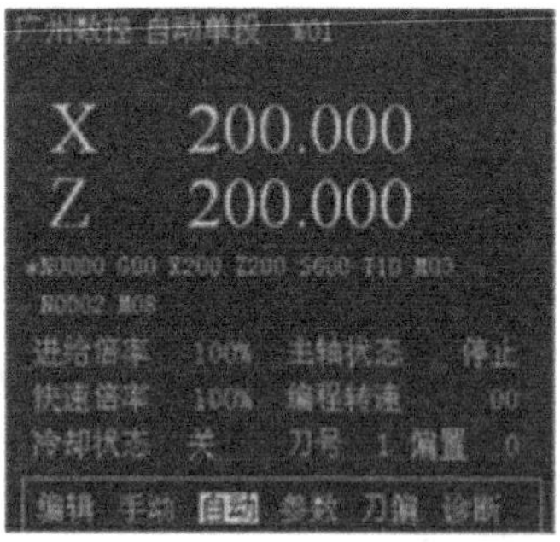

图 3.26 单段运行方式

②如果不一致,就应该停止程序的运行,返回换刀点,检查原因,修改程序直到程序无误。

2. 连续运行

在单段运行完成,加工无误之后,再按单段SBL键,就进入连续运行方式,用连续运行方式加工零件。

【自己动手 3.7】

(1)在空运行方式下,进入图形显示模式,运行程序%10。

(2)取下工件,进入坐标显示模式,用单段运行方式,运行程序%10。

(3)在坐标显示方式下,用连续运行方式,运行程序%10。

课题4 自动方式中的手动操作

一、辅助功能的手动操作

自动方式下,机床的主轴、冷却液、高低速等辅助功能,均可在没有执行程序时,以手动按键方式操作。其中冷却液控制,可以在程序运行过程中操作。

1. 按键

主轴顺时针转动,屏幕显示主轴状态正转,LED 指示灯亮。

2. 按键

主轴停止转动,屏幕显示主轴状态停止,LED 指示灯灭。

3. 按键

主轴反时针转动,屏幕显示主轴状态反转,LED 指示灯亮。

4. 按键

冷却液在“开/关”之间相互切换,冷却液开时,屏幕显示冷却液“开”,LED 指示灯亮。冷却液关时,屏幕显示冷却液“关”,LED 指示灯灭。

5. 按键

主轴电机在 S01 ~ S04 四挡之间相互切换,并显示相应主轴转速挡位。如果是无级变速电机,该功能键不起作用。

提示

• 换刀功能,不能在自动运行方式中手动操作。

二、速度倍率修调

在自动方式下或程序运行过程中,均可以通过改变速度倍率来改变程序的运行速度。

1. 进给倍率

实际进给速度 = F × 进给倍率。

2. 快速倍率

(1) X 轴实际快速速度 = 参数 P05 × 快速倍率。

(2) Z 轴实际快速速度 = 参数 P06 × 快速倍率。

三、进给保持

1. 按键

刀架运动减速停止,屏幕上显示“暂停!”。

2. 按键

程序继续执行余下的程序部分。如按

键,程序退出进给保持状态,未执行的程序不再

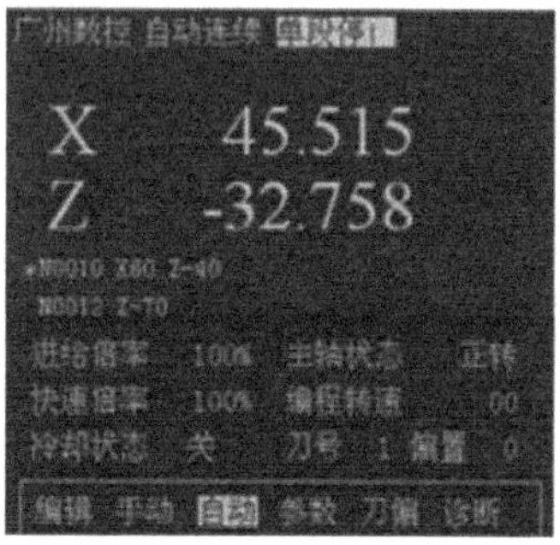

图 3.27　单段停止

执行,并自动切换成单段运行方式。程序自动返回第一行。

四、单段停止

在连续运行方式的运行程序过程中,按单段SBL键,程序在当前程序段执行完后,暂停下一段程序执行,屏幕上显示:"单段停!",如图 3.27 所示。

单段停止后,按键,程序继续运行。如按退出ESC键,程序退出单段停止状态,返回自动运行方式,但程序处于停止状态。

提示

- 如在执行固定循环指令中,按单段SBL键,单段停在固定循环的某一个步骤之后。
- 在单段运行方式的运行程序过程中,按单段SBL键无效。

【自己动手 3.8】

(1)在自动方式下,没有运行程序时,分别按、、、键,观察主轴转动情况和切削液情况。

(2)在运行程序过程中(不安装工件),分别按、、、键,观察刀架移动速度是否改变。

(3)刀架上不装工件,在连续方式下运行程序%01,在运行到 N0030 程序段时,按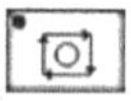键,再按键,观察运行情况。

(4)在连续运行程序%10 时,运行到程序段 N0050 时,按单段SBL键,再按退出键,观察发生的现象。然后从程序段 N0040 开始运行程序。

项目4　GSK928TC编程

项目内容

(1)介绍GSK928TC数控系统常用的G代码和M代码;
(2)介绍S,F,T的功能;
(3)编程实例。

项目目的

熟悉本系统常用编程代码的功能,能灵活应用G00,G01,G02,G03,G33,G90,G92,G71,G93,G22-G80等代码,编制各类零件的加工程序。

任务1　认识指令代码及其功能

课题1　G代码和M代码

一、G代码

GSK928TC数控系统的G功能代码,如表4.1所示。

表4.1　GSK928TC数控系统G功能表

指　令	功　能	模态	编程格式	说明
G00	快速移动	*	G00 X(U) Z(W)	
G01	直线插补	*	G01 X(U) Z(W) F	F:5～6 000 mm/min
G02	顺圆插补	*	G02 X(U) Z(W) R F G02 X(U) Z(W) I K F	F:5～3 000 mm/min
G03	逆圆插补	*	G03 X(U) Z(W) R F G03 X(U) Z(W) I K F	F:5～3 000 mm/min
G33	螺纹切削	*	G33 X(U) Z(W) P(E) I K	
G32	攻牙循环		G32 Z P(E)	
G90	内、外圆固定循环	*	G90 X(U) Z(W) R F	
G92	螺纹切削循环	*	G92 X(U) Z(W) P(E) L I K R	
G94	内、外圆锥面循环	*	G90 X(U) Z(W) R F	
G71	外圆粗车复合循环		G71 X I K F L	

续表

指　令	功　能	模态	编程格式	说明
G72	端面粗车复合循环		G72 Z I K F L	
G74	端面钻孔循环		G74 X(U) Z(W) I K E F	
G75	内、外圆切槽循环		G75 X(U) Z(W) I K E F	
G22	局部循环开始		G22 L	
G80	局部循环结束		G80	
G50	设置工件绝对坐标系		G50 X Z	
G26	*X*,*Z* 轴回参考点		G26	按 G00 方式快速移动
G27	*X* 轴回参考点		G27	按 G00 方式快速移动
G29	*Z* 轴回参考点		G29	
G04	定时延时		G04 D	
G93	系统偏置		G93 X(U) Z(W)	
G98	每分进给	*	G98 F	1 ~ 6 000 mm/min
G99	每转进给		G99 F	0.01 ~ 99.99 mm/r

提示

- 表中带"*"的指令为模态指令,即在没有其他 G 指令的情况下一直有效。
- 表中指令在每个程序段,只能有一个 G 代码。
- 通电及复位时,系统处于 G00,G98 状态。

二、M 代码

与大多数控系统一样,GSK928TC 的 M 功能,也是用来控制机床的某些动作的开和关,以及加工程序的运行顺序。本系统常用的 M 代码,如表 4.2 所示。

表 4.2　GSK928TC 数控系统 M 功能表

指令	功　能	编程格式	说　明
M00	暂停等待启动	M00	按运行键再启动
M02	程序结束	M02	
M20	程序结束,返回第一段循环加工	M20	
M30	程序结束,并主轴、关切削液	M30	
M03	主轴顺时针转动	M03	
M04	主轴逆时针转动	M04	
M05	关主轴	M05	
M08	开切削液	M08	

续表

指令	功能	编程格式	说明
M09	关切削液	M09	
M10	工件夹紧	M10	
M11	工件松开	M11	
M41	主轴换第一挡	M41	
M42	主轴换第二挡	M42	
M43	主轴换第三挡	M43	
M78	尾座前进	M78	
M79	尾座后退	M79	
M97	程序转移	M97 P	由P指定转移入口程序段号
M98	子程序调用	M98 P L	由P指定子程序所在程序段号 由指定调用子程序的次数
M99	子程序返回	M99	

提示

- 每个程序段只能有一个M代码,前导0可以省去。
- M指令与G指令在同一个程序段中时,按以下顺序执行:

(1)M03,M04,M08优先于G指令执行;

(2)M00,M02,M05,M09,M20,M30后于G指令执行;

(3)其余M指令,只能单独在一个程序段中,不能与其他G指令或M指令共处一段。

课题2　S,T,F功能

一、S功能——主轴功能

1. 控制多挡主轴电机

当参数P12的最后一位参数为0时,S功能控制换挡主轴电机,此时又分为两种情况:

(1)当参数P11第4位为0时,主轴控制为4挡,为S1~S4。

(2)当参数P11第4位为1时,主轴控制为16挡,为S0~S15。

2. 控制变频电机

当参数P12的最后一位参数为1时,S功能控制变频电机,可以实现主轴电机的无级调速。

指令格式:S★★★★。(★★★★为主轴转速,单位:r/min)。

二、T功能——刀具功能

加工一个工件,一般需要几把不同的刀具,由于刀具尺寸的不同、安装位置的不同、或有磨损,每把刀即使处于相同的坐标位置时,其刀尖的位置并不相同。因此,系统必须设置换刀和刀具补偿功能。

1. 指令格式

T a b

2. 含义

(1)a 表示刀具号(范围为 0 ~ 4)。

①a 为 0 时,表示不换刀,只进行刀具补偿。

②1 ~ 4 对应四工位电动刀架上的四把刀。

③使用六工位或八工位刀架时,为 1 ~6 或 1 ~ 8 号刀。

(2)b 表示刀具补偿号,又叫刀偏号。

本系统最多可以选择八把刀,八组刀偏值。在一般情况下刀偏号和刀具号应同号,如:T11,T22,T33,T44 等。

三、F 功能——刀具切削速度功能

1. 指令格式

F****,或者 F**.**。

(1)当进给速度用每分进给(G98)时,用 F****表示,为 0 ~9 999 mm/min;

(2)当进给速度用每转进给(G99)时,用 F**.**表示,为 0.01 ~ 99.99 mm/r。

2. 注意事项

(1)F 值是模态值,指定后,如果不改变,可以不再写。系统通电复位后,为每分进给(G98)状态。

(2)刀具切削速度 = 进给倍率 × *F*(每分进给)或

刀具实际切削速度 = 进给倍率 × 主轴转速 × *F* (每转进给)

任务 2 常用代码编程实例

课题 1 G02,G03,G33,G90,G92 指令

一、G02,G03 指令(圆弧插补指令)

1. G02,G03 的方向判断

GSK928TC 系统一般采用前置刀架,坐标系如图 4.1 所示。

(1)G02 为顺圆弧,刀具按顺时针方向运动。

(2)G03 为逆圆弧,刀具按逆时针方向运动。

2. 指令格式

G02(G03) X(U) Z(W) R F。

3. 指令含义

(1)"X(U)/ Z(W)"为圆弧终点坐标;

(2)"R 为圆弧半径。

4. 编程举例

用 G02 或 G03 指令,编制如图 4.2 所示两工件的精加工程序。走刀方向为从右向左,程

序如表 4.3 所示。

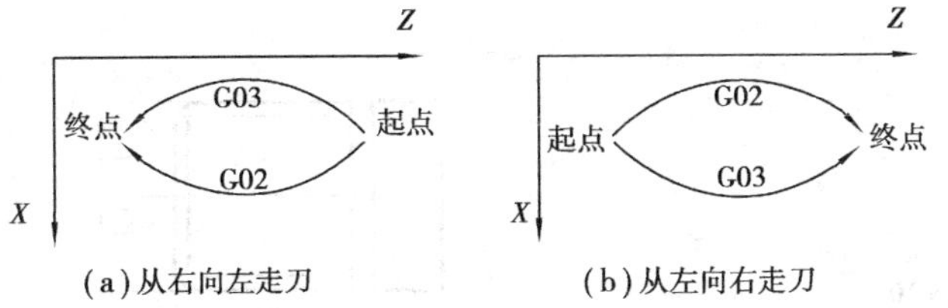

图 4.1　圆弧插补方向判断

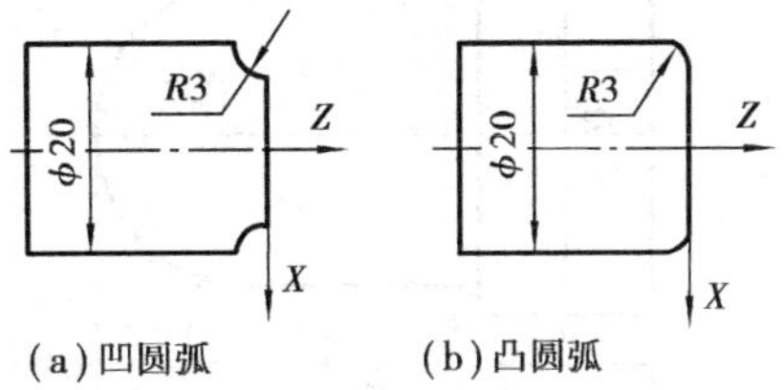

图 4.2　圆弧编程举例图样

表 4.3　圆弧编程

	凹圆弧	凸圆弧	说明
从右向左走刀	N0070 G01 X14 Z0 F50	N0070 G01 X14 Z0 F50	移动到圆弧起点(14,0)处
	N0080 G03 X20 Z-3 R3	N0080 G02 X20 Z-3 R3	圆弧插补
从左向右走刀	N0070 G01 X20 Z-3 F50	N0070 G01 X20 Z-3 F50	移动到圆弧起点(20,-3)处
	N0080 G02 X14 Z0 R3	N0080 G03 X14 Z0 R3	圆弧插补

提示

- 本篇中所有程序实例均以前置刀架为准。

【自己动手 4.1】

用直线插补和圆弧插补指令,编写如图 4.3 所示工件的精加工程序。

二、G33 指令(螺纹切削指令)

1. 指令格式

G33　X(U) Z(W)　P(E)。

2. 指令含义

(1)X(U)Z(W)。螺纹终点的绝对/相对坐标。省略 X 时,为直螺纹。

(2)P。公制螺纹导程。单位:mm;范围:0.25~100 mm。

(3)E。英制螺纹导程。单位:牙/英寸;范围:100~4 牙/英寸。

(4)G33 指令可以加工公、英制等螺距的直螺纹,锥螺纹,内螺纹,外螺纹等常用螺纹。

3. 编程举例

编制加工如图 4.3 所示螺纹的程序。螺纹导程:1 mm,牙深:0.65 mm。

加工程序,见表 4.4 所示。

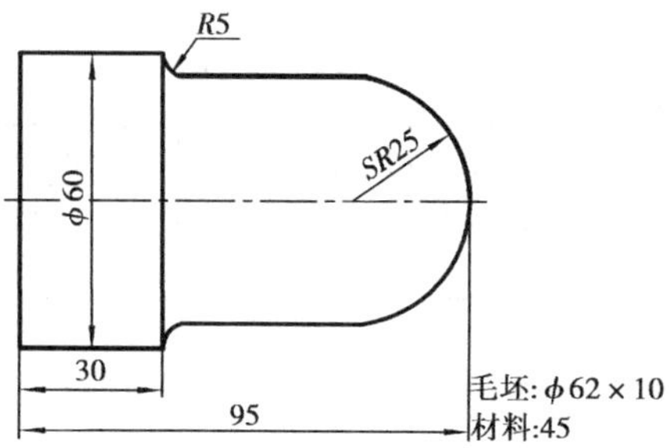

图 4.3 图样

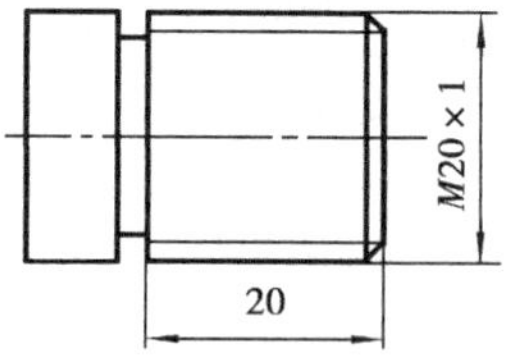

图 4.4 加工螺纹的图样

表 4.4 用 G33 指令,车削如图 4.3 所示螺纹的加工程序

N0005 G00 X20 Z2	; 接近工件
N0010 G01 X19.17 F100	; 第一次进刀 0.7 mm(直径量)
N0020 G33 Z-20 P1	; 第一次螺纹切削
G00X22	
N0030 X22	; X 向退刀
N0040 Z2	; 回起始位置
N0050 G01 X18.77	; 第二次进刀 0.4 mm
N0060 G33 Z-20 P1	; 第二次螺纹切削
G00X22	
N0070 X22	; X 向退刀
N0080 Z2	; Z 回起始点
N0090 G01 X18.57	; 第三次进刀 0.2 mm
N0010 G33 Z-20 P1	; 第三次螺纹切削
G00X22	
N0110 X22	; X 向退刀

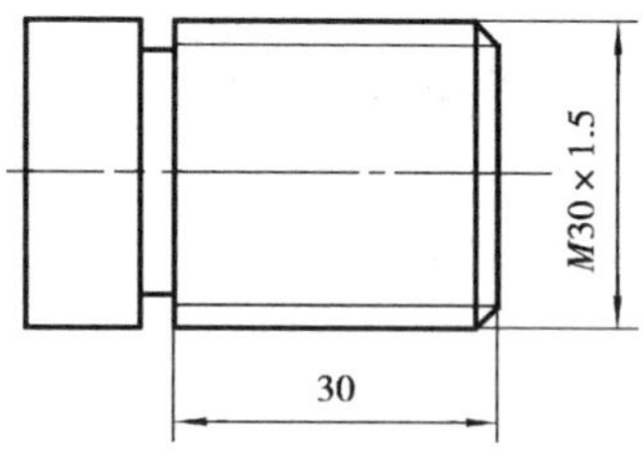

图 4.5

【自己动手 4.2】

用螺纹切削指令,编写如图 4.5 所示工件的螺纹加工程序。

三、G90 指令(内、外圆固定循环指令)

1. 指令格式

G90 X(U) Z(W) R F。

2. 指令含义

(1)X(U) Z(W)。 柱(锥)面终点位置,两轴坐标必须齐备,相对坐标不能为零。

(2)R。循环起点与循环终点的直径之差。省略 R 时,为圆柱面切削。

(3)F。切削速度。

3. G90 循环执行过程

如图4.6所示,G90循环的过程如下:

(1)*X* 轴从 *A* 点快速进给到 *B* 点。(点画线表示快速进给)。

(2)*X*,*Z* 轴以 *F* 速度从 *B* 点切削到 *C* 点。(无 *R* 时 *X* 轴不移动)。

(3)*X* 轴以 *F* 速度从 *C* 切削到 *D* 点。

(4)*Z* 轴快速移动到 *A* 点。(循环起点)。

4. G90 应用举例

(1)车削阶梯轴。如图4.7所示,该阶梯轴的切削余量很大,如用G01编程,程序会很烦琐,而用G90编程,则程序段会大大减少。

①每次进刀3 mm,以后每次进刀均为1 mm(吃刀量1 mm);切削速度 *F* 为100 mm/min。

②加工程序,见表4.5所示(省略前后部分及程序段号)。

表4.5 用G90指令,车削如图4.7所示阶梯轴的加工程序

```
…
G00 X30 Z2           ; 快速定位到 A 点
G90 X26 Z-60 F100    ; 第一次进刀,执行循环 A B1 C1 D A
X24                  ; 第二次进刀,执行循环 A B2 C2 D A
X22                  ; 第三次进刀,执行循环 A B3 C3 D A
X20                  ; 第四次进刀,执行循环 A B4 C4 D A
…
```

③每循环一次,车刀均会退回到 *A* 点,执行完上面程序后,车刀仍停留在 *A* 点。

④*A* 点→*B*1(*B*2,*B*3)点和 *B*1(*B*2,*B*3)点→*C*1(*C*2,*C*3)点,车刀以切削速度(*F*)走刀。

⑤*C*1(*C*2,*C*3)点→*D* 点→*A* 点过程中(图中点画线),车刀作快速移动。

(2)车削圆锥轴,如图4.8所示。

①以每次 $R = -4$ mm进刀,切削速度 *F* 为60 mm/min。

②加工程序,见表4.6。

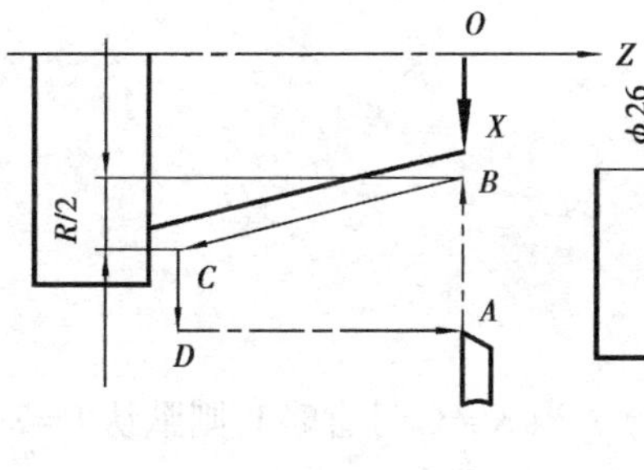

图4.6 G90循环

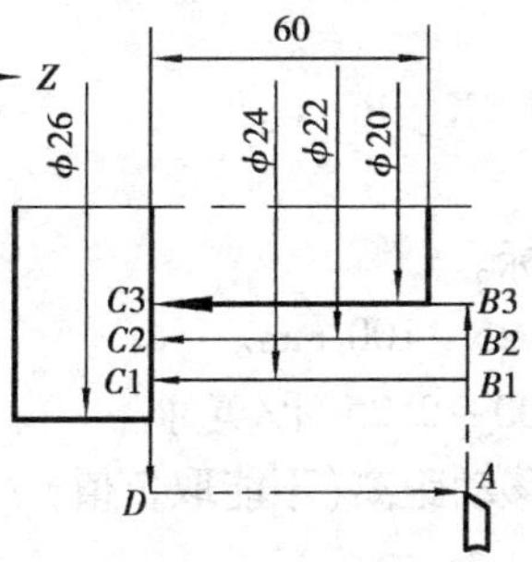

图4.7 用G90车削阶梯轴过程图

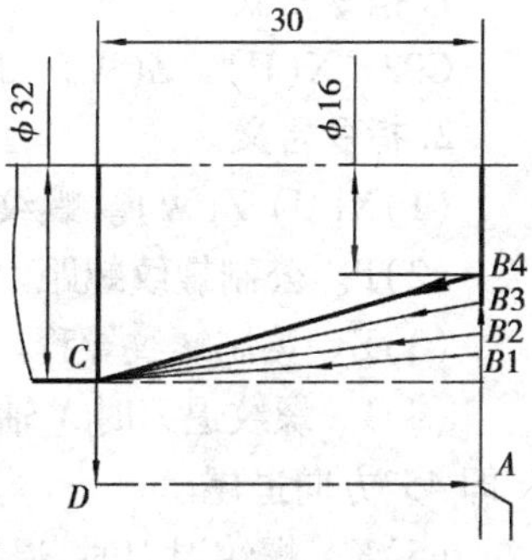

图4.8 用G90车削圆锥

表4.6 用 G90 指令,车削如图4.8所示圆锥轴的加工程序

```
…
G00 X34 Z0
G90 X32 Z-30 R-4 F60   ;  执行第一次循环 A B1 C D A
G90 X32 Z-30 R-8       ;  执行第二次循环 A B2 C D A
G90 X32 Z-30 R-12      ;  执行第三次循环 A B3 C D A
G90 X32 Z-30 R-16      ;  执行第四次循环 A B4 C D A
…
```

提示

- 用 G90 循环指令车削圆锥体时,G90,X,Z,R 在每一次循环中均不能省略。

【自己动手4.3】

用 G90 指令编写如图4.9所示各零件的粗、精加工程序。粗加工吃刀量为1 mm,余量为0.5 mm。

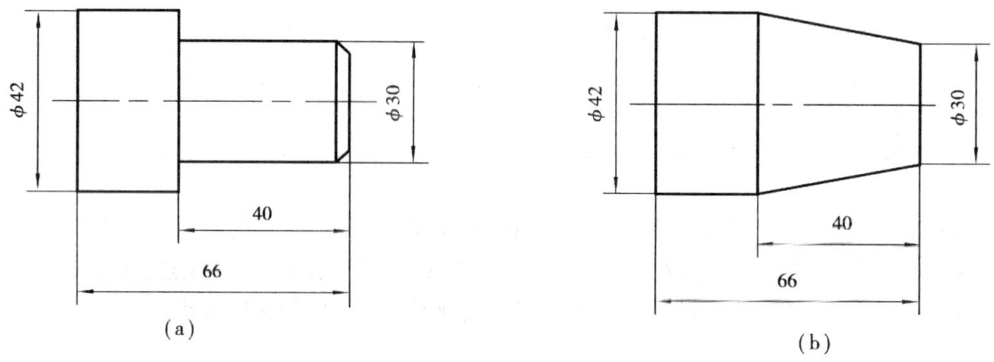

图4.9 图样

四、G92 指令(螺纹切削循环指令)

1. 指令格式

G92 X(U) Z(W) P(E) I K R L。

2. 指令含义

(1)X(U) Z(W)。螺纹终点坐标。

(2)P。公制螺纹螺距。范围:0.25~100 mm。

(3)E。英制螺纹导程。范围:100~0.25 牙/英寸。

(4)I。螺纹退刀时 X 轴方向的移动距离(不能取负值)。当 K≠0 时省略 I,则默认 I=2×K 即45°方向退尾。

(5)K。螺纹退刀时,退尾起点距终点在 Z 轴方向的距离。

(6)R。螺纹起点与螺纹终点的在径向之差(螺纹锥度,省略 R 为圆柱螺纹)。

(7)L。多头螺纹的螺纹头数(省略 L 为单头螺纹)范围:1~99。

3. G92 螺纹循环执行过程

G92 螺纹的循环与 G90 的循环过程基本相似,分为四段,如图 4.10 所示。其循环过程如下:

(1)X 轴从 A 点快速进给到 B 点。

(2)X,Z 轴螺纹切削到 C 点。(包括螺纹退尾)

(3)X 轴快速退到 D 点。

(4)Z 轴快速退回 A 点。(起始点)

(5)循环完成后,螺纹车刀仍停留在 A 点。

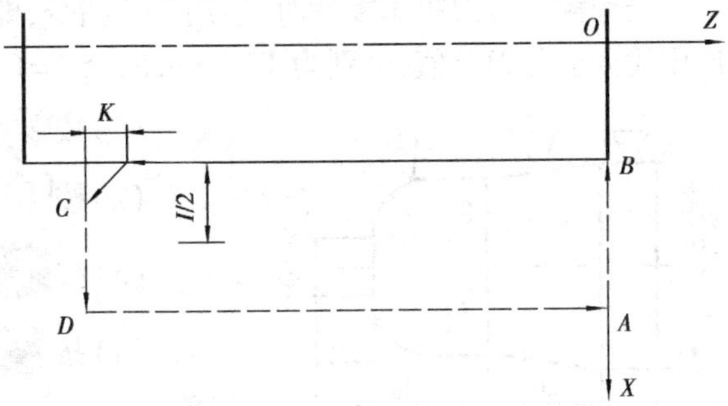

图 4.10 G92 圆柱螺纹切削循环

4. 应用实例

加工如图 4.11 所示的公制螺纹。

(1)螺纹公称直径为 16,螺纹外径为 15.8,螺距为 1.5 mm。

(2)加工程序,见表 4.7。

表 4.7 用 G92 指令,车削如图 4.11 所示公制圆柱螺纹的加工程序

G00 X 35 Z2	;	快速定位于 A 点
M03 S500	;	主轴正转,500 转/分
G92 X15 W -21 P1.5	;	第一次进刀,进刀量 0.8(直径值)
X 14.4	;	第二次循环切削,进刀量 0.6(直径值)
X 14	;	第三次循环切削,进刀量 0.4(直径值)
X 13.84	;	第四次循环切削至尺寸,进给量 0.16

【自己动手 4.4】

用 G92 指令,编写如图 4.12 所示零件的螺纹加工程序。

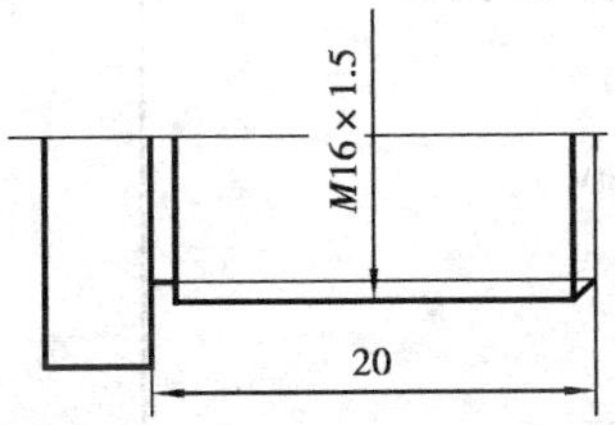

图 4.11 G92 车公制圆柱螺纹

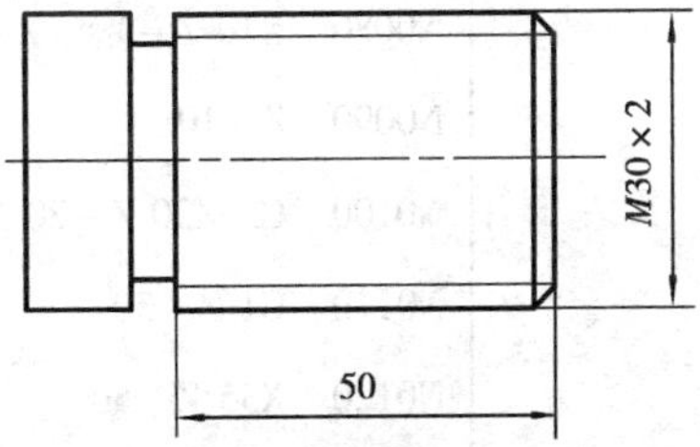

图 4.12 图样

课题 2 留精车余量

一、设置余量的方法

在加工零件时,外圆和长度尺寸往往都需要留出精车余量,一般的作法是在粗加工时,将工件的最终尺寸加上余量值,但是,当零件形状比较复杂,有圆弧或者圆锥时,余量值计算起来

就有些麻烦,为了减小计算量,可用下列两种方法设置余量。

二、通过设置刀补留余量

1. 方法

当用第一号刀粗车零件时,使用 T15 指令,即用第一把刀,执行第五号补值。加工时,在机床中输入五号刀补值,分别为 T5X = 0.5,T5Z = 0.2. 输入为:

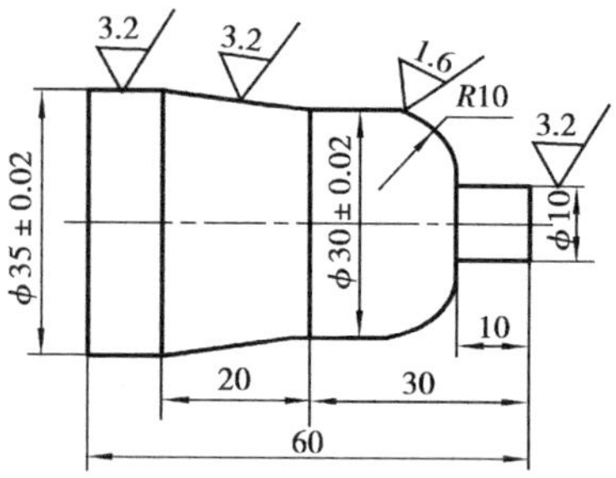

图 4.13

(1)按刀补OFT键,进入刀补设置界面。

(2)按↓或者↑键,使光标停留在"T5Z"处。

(3)按输入IN键,输入数字:0.2。

(4)按回车键,则 5 号 Z 轴刀补值被存储在数控系统中。

(5)再将光标移动到"T5X"处,按同样方法输入 0.5 的刀补值。

这样,在编写粗加工程序时就可以按照图纸尺寸编写了。

2. 示例

编制如图 4.13 所示零件的粗、精加工程序,要求用设置刀补的方法留余量。

加工程序,见表 4.8 所示。

表 4.8 用设置刀补的方法留余量,车削如图 4.13 所示零件的粗、精加工程序

N0010 G0 X100 Z100	N0150 T33
N0020 M03 S02 T15	N0160 G0 X11 Z0
N0040 G0 X42 Z5	N0170 G1X - 1 F60
N0050 G71 X0 I3 K2 L8 F100	N0180 G0 X8
N0060 G1 Z0	N0170 G1 X10 Z - 1
N0070 X8	N0180 Z - 10
N0080 X10 Z - 1	N0190 G2 X30 Z - 20 R10
N0090 Z - 10	N0200 G1 Z - 30
N0100 G2 X30 Z - 20 R10	N0210 X35 Z - 50
N0110 G1 Z - 30	N0220 Z - 60
N0120 X35 Z - 50	N0230 U5
N0130 Z - 60	N0240 G0 X100 Z100
N0140 G0 X100 Z100	N0250 T10
	N0260 M30

三、用 G93 指令设置余量

1. 指令格式

G93　X(U) Z(W)。

2. 指令含义

(1)X(U)。系统 *X* 方向偏移量，*X* 与 *U* 相同，不分相对和绝对。

(2)Z(W)。系统 *Z* 方向偏移量，*Z* 与 *W* 相同，不分相对和绝对。

(3)G93 指令，将使系统按指令的偏移量快速移动，移动之后，系统坐标不变，从而留出加工余量。

3. 方法

对于粗车和需要留出加工余量的工件程序，可以先用 G93 指令留出加工余量，再按图纸的实际尺寸进行编程即可。

粗车完后，可用 G99 X0 Z0 指令，撤销系统偏置，进行精加工。

在 G93 指令中，使用 X，Z 与使用 U，W 定义系统偏置的效果相同。

多次使用 G93 指令时，每次的偏移量将迭加在一起，粗加工完成后，在精车之前，必须有撤销全部系统偏置。

4. 示例

用 G93 指令，设置余量，编写如图 4.13 所示零件的粗、精加工程序。

加工程序，见表 4.9。

表 4.9　用 G93 指令，车削如图 4.13 所示零件的粗、精加工程序

N0010　G0 X100 Z100	N0150　G93 X0 Z0
N0020　M03 S02 T11	N0160　T33
N0030　G93 X0.5 Z0.2	N0170　G0 X11 Z0
N0040　G0 X42 Z5	N0180　G1X－1 F60
N0050　G71 X0 I3 K2 L8 F100	N0190　G0 X8
N0060　G1 Z0	N0200　G1 X10 Z－1
N0070　X8	N0210　Z－10
N0080　X10 Z－1	N0220　G2 X30 Z－20 R10
N0090　Z－10	N0230　G1 Z－30
N0100　G2 X30 Z－20 R10	N0240　X35 Z－50
N0110　G1 Z－30	N0250　Z－60
N0120　X35 Z－50	N0260　U5
N0130　Z－60	N0270　G0 X100 Z100
N0140　G0 X100 Z100	N0280　T10
	N0290　M30

课题3　G71——外圆粗车复合循环

一、G71 指令

1. 指令格式

G71　X(U)　I　K　L　F。

2. 指令含义

(1)X(U)。精加工轮廓起点的 *X* 轴坐标值。

(2)I。*X* 轴方同每次进刀量,直径值表示,无符号。

(3)K。*X* 轴方向每次退刀量,直径值表示,无符号。

(4)L。描述零件轨迹的程序段数量(不包括 L 所在程序段)。范围:1 ~99。

(5)F。切削速度。

3. 循环执行过程

G71 适用于零件轮廓非单一形状的零件,如图 4.14 所示的零件,G71 循环的执行过程如下:

(1)*X* 轴快速进给 *I* 的距离。

(2)*Z* 轴切削进给,进给终点由系统根据所编程序自动计算。

(3)*X* 轴以 *F* 速度退 *K* 的距离。

(4)*Z* 轴快速退回起点。

(5)*X* 轴快速移动 *I* + *K* 的距离。

(6)重复(2) ~(5)的过程,直到 *X* 方向到达指令中 *X* 指定的位置。

(7)按照最终轨迹路线执行,并加工出程序中描述的最终轨迹形状。

二、G71 应用

1. 图样及要求

切削如图 4.15 所示的零件,毛坯 $\phi72$,粗车吃刀量 2 mm,退刀 2 mm,切削速度 60 mm/min。

2. 程序

加工程序,见表 4.10 所示。

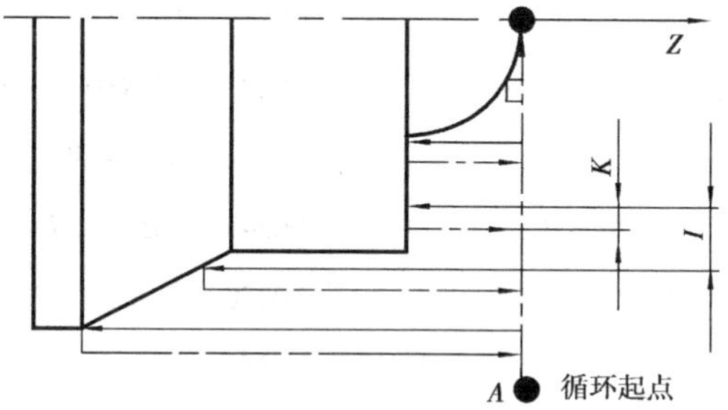

图 4.14　G71 循环过程图

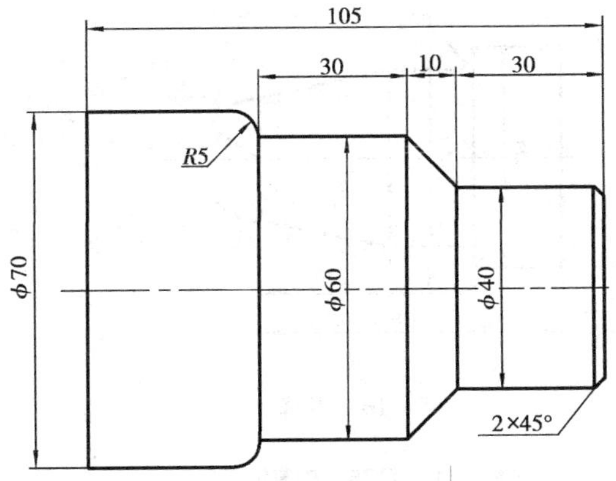

图 4.15 G71 编程实例

表 4.10 用 G71 指令,车削如图 4.15 所示零件的加工程序

G00 X100 Z100 T10	;	定位到起始点换刀
M3 S02	;	开主轴,置主轴高速
M8	;	开冷却液
G0 X73 Z2	;	刀具靠近工件,即到达循环起点
G71 X36 I2 K2 L7 F60	;	定义粗车循环参数
G1 Z0	;	定义最终轨迹(X 向余量 0.5)
X40.5 Z-2	;	
Z-30	;	
X60.5 W-10	;	
W-30	;	
G02 X70.5 W-5 R5	;	
G01 Z-105	;	
G00 X100 Z100	;	返回刀具起点
M05	;	关主轴
M09	;	关冷却液
M02	;	程序结束

提示

- 在描述最终轨迹的程序段中,只能有 G01,G02,G03 三种指令,但必须保证 X 与 Z 的尺寸数据都是单纯的增大或减小。
- 循环结束时,刀具停在描述最终轨迹的最后一段终点处。
- 刀具起点应保证停留在最终轨迹形成的矩形范围之外,并通过编程,使刀具移到最终轨迹的起点。

【自己动手 4.5】

用 G71 指令,编写如图 4.16 所示零件的粗加工程序。吃刀量为 1 mm,余量为 0.5 mm。

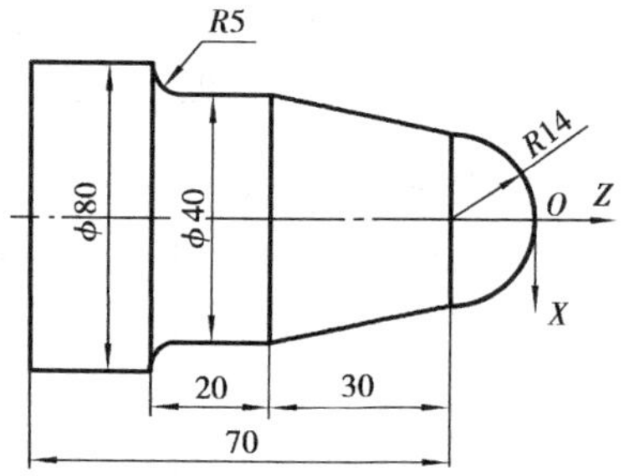

图 4.16　图样

课题 4　G75 切槽循环

一、作用

在实际加工过程中,对于较宽的内、外圆沟槽(切槽刀宽度小于沟槽宽度),如果仅用直线插补指令编程,程序会很繁琐,而用 G75 切槽循环指令编程,则程序会简化很多。

二、指令

1. 指令格式

G75　X(U) Z(W)　I　K　E　F。

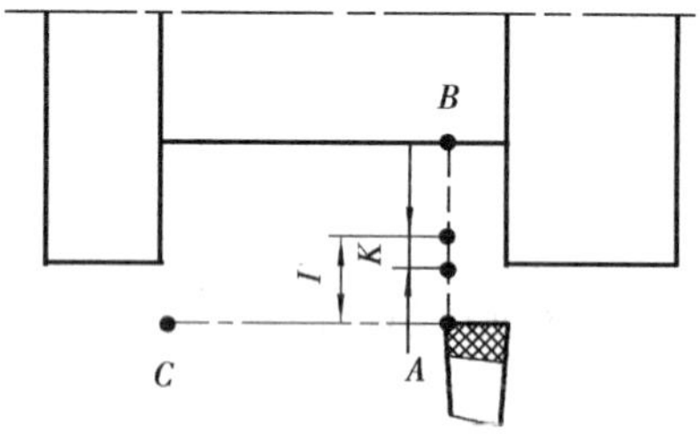

图 4.17　G75 切槽循环

2. 指令含义

(1) X(U) Z(W)。槽终点坐标,省略 Z 为切断循环。

(2) I。每次 X 轴进刀量。

(3) K。每次 X 轴退刀量。

(4) E。在 Z 轴方向每次的偏移量。

(5) F。进刀速度。

3. 循环执行过程

如图 4.17 所示的零件,G75 循环的执行过程如下:

(1) X 轴以 F 速度进给 I 的距离。

(2) X 轴快速后退 K 的距离。

(3) X 轴以 F 速度进给 $I+K$ 的距离。

(4) 重复(2)、(3),直到 X 轴进给到 B 点。

(5) 如 Z 不为零,则 Z 轴快速偏移 E 的距离。

(6) 重复(1) ~ (4)的过程,直到 Z 轴进给到 C 点,X 轴进给到 B 点。

(7) X 轴快速返回 C 点,Z 轴快速返回 A 点。

(8) G75 循环结束后,刀具仍在循环起始点 A。

提示

• 指令中未考虑刀具的宽度,实际使用中,终点 Z 坐标,应根据实际情况加上或减去刀具宽度(根据进刀方向不同而定) I,K,E 均为无符号数。

三、G75 应用

例 1

(1)图样及要求。用 G75 循环指令,编写如图 4.18 所示槽的加工程序。

刀具宽度:5 mm,每次进刀:6 mm,每次退刀:2 mm,每次偏移:4.5 mm,进刀速度:150 mm/min。

(2)程序。加工程序,见表 4.11。

表 4.11 用 G75 循环指令,车削如图 4.18 所示零件的槽的加工程序

N0130 G0 X45 Z－20	;	定位到起始点 $Z=-(15+刀宽)=-20$。
N0140 G75 X30 Z－45 I6 K2 E4.5 F30	;	切槽循环,终点坐标为(30,－45)。

例 2

(1)图样及要求。用 G75 循环指令,编写如图 4.19 所示图样零件的加工程序。

(2)程序。加工程序,见表 4.12。

表 4.12 用 G75 循环指令,车削如图 4.19 所示工件内沟槽的加工程序

N00130 G00 X28	;	
N00140 G00 Z－15	;	定位到循环起点 $Z=-(10+刀宽)=-15$。
N00150 G75 X60 Z－30 I5 K2 E4.5 F20	;	切槽循环,终点坐标为(60,－30)。刀宽为 5 mm,因此 Z 向偏移量取 4.5 mm。

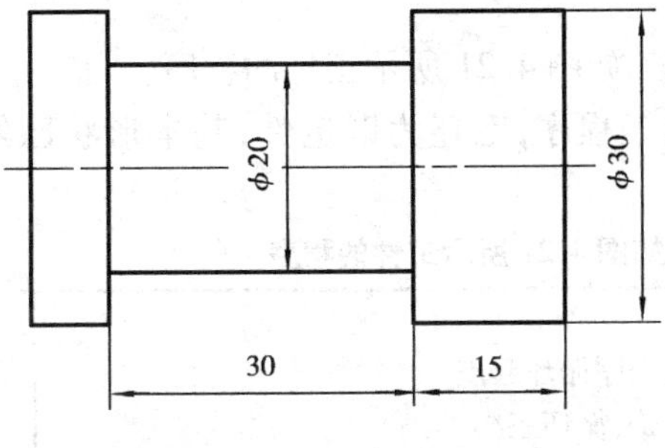

图 4.18 例 1 的图样

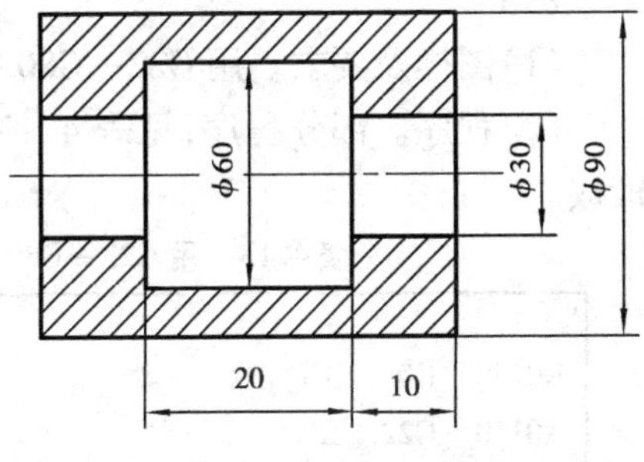

图 4.19 例 2 的图样

【自己动手 4.6】

用 G75 循环指令,编写如图 4.20 所示的内、外沟槽的加工程序。

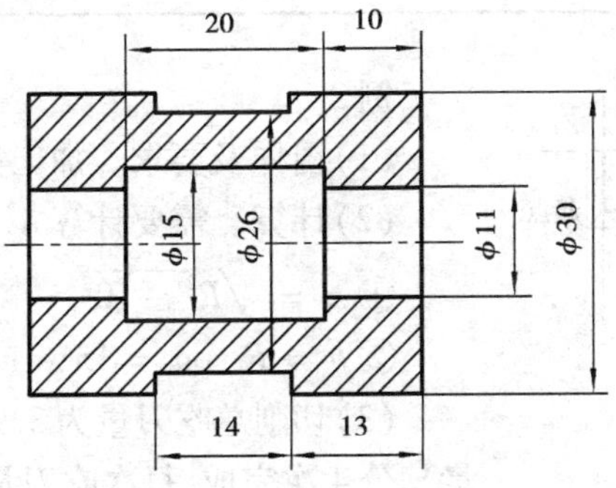

图 4.20

课题5　G22,G80——局部循环

一、作用

在实际加工过程中,对于某些局部结构需要反复加工或加工已基本成型的零件,可使用局部循环指令来简化程序。

二、G22,G80 指令

1. 指令格式

G22 L

⋮

G80

2. 指令含义

L。循环次数,范围:1 ~99。L=1 时不能省略。

3. 循环执行过程

(1)G22 定义程序循环体开始,L 定义循环次数。

(2)执行循环程序。

(3)G80 循环体结束时,循环次数 L 减少,若 L 不等于零,再次执行循环体程序,若 L 等于零后,循环结束,继续执行后面的程序。

三、应用实例

例 1

(1)图样及要求。用 G22—G80 循环指令,编程加工如图 4.21 所示工件的程序。

(2)程序。部分程序,见表 4.13。该程序为精加工程序,毛坯为锻造件,基本形状已经锻成。

表 4.13　用 G22—G80 循环指令,编程加工如图 4.21 所示工件的程序

…		
N0140　G0　X16　Z2	;	快速定位到程序循环起点
N0150　G22　L3	;	程序循环开始,循环三次
N0160　G1　W-8　F60	;	Z 向切削 8 mm,切圆柱部分 F=60 mm/min
N0170　U8 W-8	;	刀具走斜线,切圆锥部分
G80	;	循环结束
…		

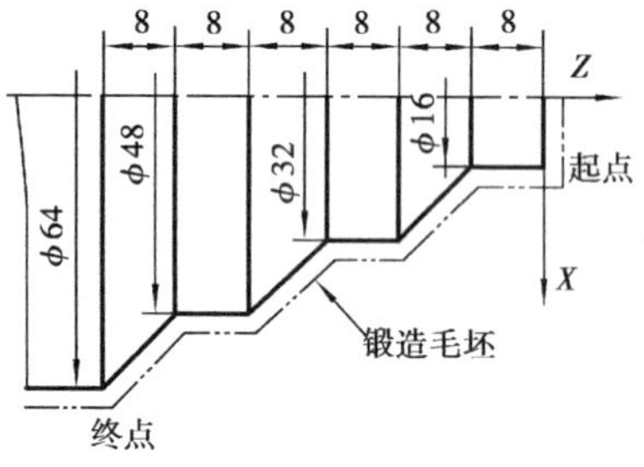

图 4.21　G22 —G80 编程例 1 的图样

例 2

(1)图样及要求。加工如图 4.22 所示的零件。

(2)计算。需要计算 a,b:

① $a = \sqrt{R^2 - 10^2} = \sqrt{15^2 - 10^2} = 11.08$ mm

② $b = R - a = 15 - 11.08 = 3.92$ mm

(3)切削总吃刀量为 3.92,粗车时留余量 0.32(半径量),分 4 次完成,每次吃刀量为 0.9 mm,如图 4.22 所示的虚线。因此,第一次切圆弧的起点 X 坐标为:$X=30+$

3.92 ×2 −1.8 =36.04。

来回均走刀切圆弧,因此循环次数为 2。粗车凹圆弧的程序,见表 4.14。

表 4.14　用 G22—G80 循环指令,编程加工如图 4.22 所示工件凹圆弧的程序

```
…
G00 X36 Z5                ；  到工件附近
G01 36.04 Z -5 F100       ；  定位到圆弧起点
G22 L2                    ；  程序循环开始,循环二次
G01 U -1.8 F50            ；  X 向进刀 1.8(直径量)
G03 W -20 R15             ；  从右向左切凹圆弧
G01 U -1.8                ；  X 向进刀 1.8(直径量)
G02 W20   R15             ；  从左向右切圆弧
G80                       ；  循环结束
…
```

提示

• 在上面两个例子中,图 4.21 零件的编程方法适用于锻造件、铸造件毛坯。图 4.22 零件的加工方法适用于棒料毛坯。

• 在程序中,G22 和 G80 必须成对使用。

• 在执行局部循环指令时,不能嵌套循环指令 G90,G92,G94,G71,G72 等,而且只能用相对坐标编程。

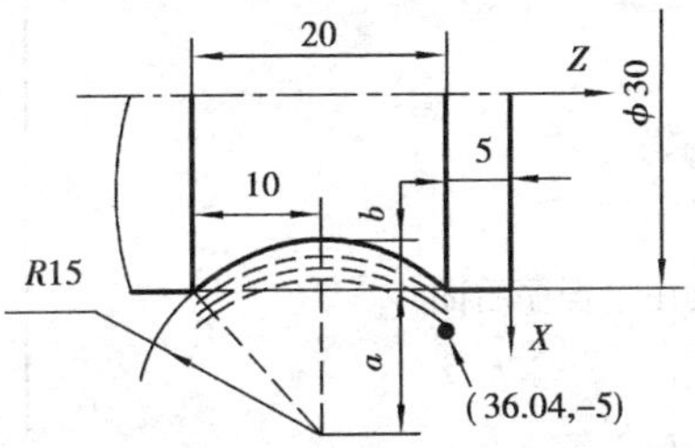

图 4.22　G22—G80 编程例 2 的图样

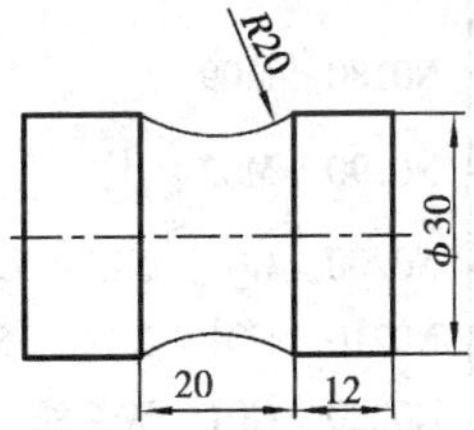

题图 4.23

【自己动手 4.7】

用 G22 指令编写,如图 4.23 所示零件凹圆弧部分的加工程序。

课题 6　M98,M99——子程序

一、应用场合

工件上不同位置,存在有多处相同的结构,局部的程序一致,便可将该局部的程序作为子程序,在每一处需要使用该子程序时,就可以用调用子程序的方法执行,而不必重复编写。

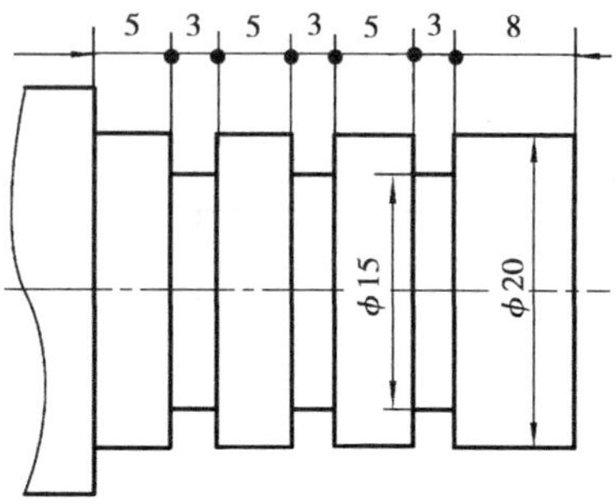

图 4.24　子程序应用图样

二、指令

1. 指令格式

M98 P ＊＊＊＊ L＊＊;

⋮

M99

2. 指令含义

(1)P。子程序所在的程序段号,必须输够四位数。

(2)L。子程序调用次数。省略 L、或 L 为 0、或为 1 时,都调用一次,最多为 99 次。

三、应用实例

1. 图样及要求

用子程序 M98,M99 指令,编写加工如图 4.24 所示的图样工件。

2. 程序

程序,见表 4.15。

表 4.15　用 G98、G99 指令,加工如图 4.24 所示工件三个相同尺寸槽的程序

N0110　G00　X100　Z100 T33	;　刀具回到程序起点换切槽刀
N0120　M03　S01	;　开主轴,设主轴速度
N0130　G0　X25　Z－11	;　到达第一个槽的切槽起点
N0140　M98　P0200　L3	;　调用子程序:N0200
N0150　G0　X25	
N0160　G00　X100　Z100	
N0170　M05	
N0180　M09	
N0190　M02	;　主程序结束
N0200　G01　X15　F20	;　子程序放在主程序后面
N0210　G01　X22　F300	;
N0220　G01　W－8	;
N0230　M99	;　子程序结束

上述程序中,执行到 N0040 时,调用子程序,执行 N0100 ~ N120 三次,然后继续执行 N0050 ~ N0070,直到程序结束。

提示

- 在一般情况下,子程序都放在主程序后面,即放在主程序的 M02 语句后面。如果子程序插在主程序中间,则需用 M97 语句进行程序转移。

【自己动手 4.8】

用子程序编写如图 4.25 所示零件的加工程序。

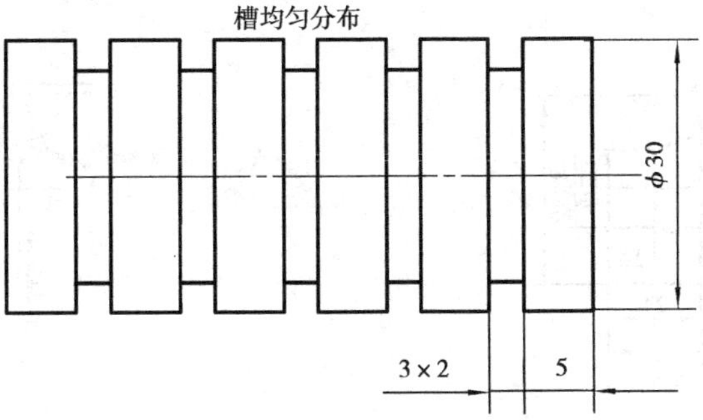

题图4.25

任务3 综合编程实例

课题1 编程实例一

一、图样及要求

采用GSK928TC数控系统，编制如图4.26所示零件的粗、精加工程序。

二、分析及计算

1.分析

因本系统G71不具有自动留出加工余量的功能，为使编程方便，可通过设置刀补的方式留出精车余量。本程序将余量设在5号刀补值里，则刀补值T5X=0.5，T5Z=0.25。这样在用G71编程时，可沿精车轮廓计算坐标值。

各关键点的坐标值，如图4.28所示。

2.计算圆锥大端直径

该零件的圆锥大端直径计算如下：

在图4.27中，直角三角形的BC长由所标尺寸计算为$24-12=12$ mm，$\angle ACB=20°$，因此AB的长度为：

$AB = BC \times \tan 20° = 12 \times 0.364 = 8.736$

那么，圆锥大端直径为：

$D = 20 + 2 \times BC \times \tan 20° = 20 + 2 \times (24 - 12) \times 0.364 = 28.736$

3.计算各关键点的坐标值

各关键点的坐标值，如图4.28所示。

三、加工程序

所编程序，如表4.16所示。

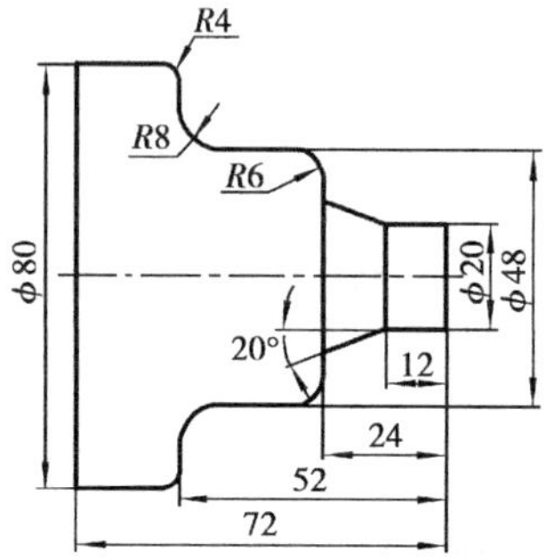

图 4.26　编程实例一的零件图样

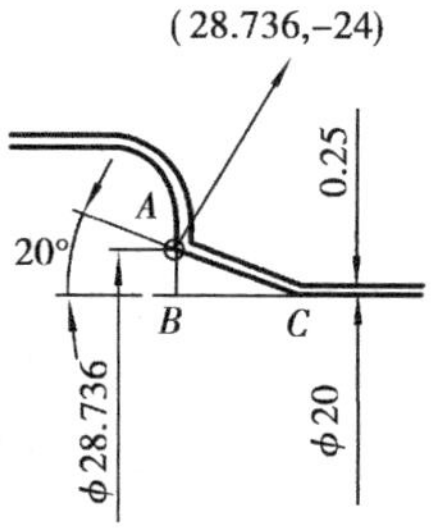

图 4.27　圆锥大径的计算

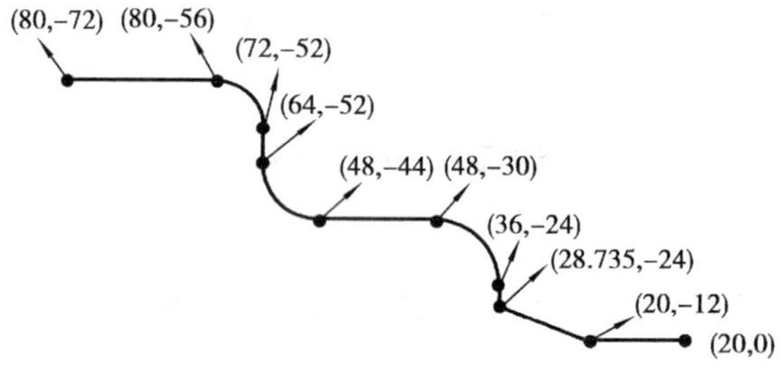

图 4.28　轮廓各点坐标值

表 4.16　如图 4.26 所示零件的粗、精加工程序

N0000 G0 X100 Z100	定位到换刀点	程序头
N0004 T16	将第一把刀转到加工位,执行第六号刀补(留余量)	
N0006 M3	开启主轴	
N0010 G0 X83 Z2 M8	到达 G71 循环起点,开启主轴	G71 粗车复合循环
N0020 G71 X20 I3 K2 L11 F80	粗车复合循环	
N0030 G1 Z0	到达工件端部	
N0040 X20	到达 X20 处	
N0050 W -12	加工 φ20 外圆	
N0052 U8.735 W -12 (X28.735 Z -24)	切圆锥	
N0060 X36		
N0070 G2 X48 W -6 R6	切凸圆弧 R6	
N0080 G1 W -14	加工 φ 48 外圆	
N0090 G3 X54 W -8 R8	切凹圆弧 *R*8	
N0100 G1 X72		
N0110 G2 X80 W -4 R4	切凸圆弧 *R*4	
N0112 G1 W -16	加工 φ80 外圆	

续表

N0120 G00 X150 Z100	快速移到换刀点	换精车刀
N0125 M5	关主轴	
N0130 M9	关切削液	
N0135 T22	换第二把精车刀,并执行2号刀补	
N0150 G0 X20 Z5 M3	移到工件附近,并开主轴	精车
N0160 G1 Z-12 F50		
N0170 X28.736 Z-24		
N0172 X36		
N0180 G2 X48 Z-30 R6		
N0190 G1 Z-44		
N0200 G3 X54 Z-52 R8		
N0210 G1 X72		
N0220 G2 X80 Z-56 R4		
N0230 G1 Z-72		
N0240 G0 X100 Z100	快速移到换刀点	程序尾
N0250 T10	将第一把刀转到加工位,并撤销刀补值	
N0260 M9	关切削液	
N0270 M5	关主轴	
N0280 M2	程序结束	

课题2 编程实例二

一、图样及要求

按 GSK928TC 数控系统,编写如图4.29所示零件的粗、精车程序。

二、简单工艺分析

1. 零件分析

该零件形状较为复杂,有锥台、有凹球面、凸球面,还有外圆沟槽,左端是普通螺纹。因此采用 G71 复合循环进行粗加工。

2. 选择毛坯

该零件总长 70 mm,最大直径为 $\phi28$ mm,因此毛坯尺寸为 $\phi30$ mm × 72 mm。材料为 45 号钢。

3. 需要的车刀

该零件用粗车刀、精车刀、切槽刀和螺纹刀四把刀具。

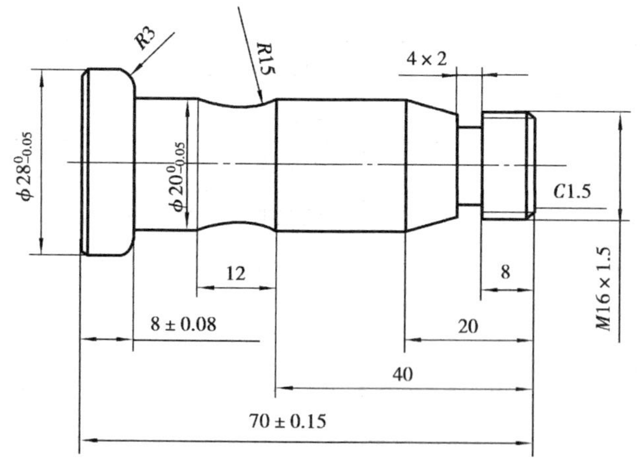

图 4.29　轴类零件

4. 工艺分析

(1)该零件形状及结构较为复杂,因此采用 G71 粗车循环指令粗车外圆。

(2)凹圆弧分两次加工,第一次为粗加工,吃刀量为 1 mm,为编程方便,用 G93 指令设置粗加工余量。

(3)循环语句里,可按最终尺寸编程。

(4)切圆弧时用精车刀。

三、编写程序

1. 有关尺寸计算

(1)凹圆弧凹进量为:$15-\sqrt{12^2-6^2}=1.25$ mm,即凹圆弧的总吃刀量为 1.25 mm。

(2)螺纹外径计算:$d=$公称直径$-0.13\times P=16-0.13\times1.5=15.805$ mm。

(3)螺纹牙深计算:$h=0.649\,5\times P=0.649\,5\times1.5=0.974$ mm。

2. 程序

所编程序,见表 4.17 所示。

表 4.17　如图 4.29 所示零件的粗、精加工程序

N0010　G00 X100 Z100	快速移动到换刀点	程序头
N0020　T15	将第一把右偏刀转到加工位,并执行 5 号刀补	
N0030　M03 S800	开主轴,定义主轴转速	
N0040　M08	开切削液	
N0050　G00 X32 Z0	到达工件附近	切端面
N0060　G01 X－1 F50	车端面	
N0065　G01 Z2		

续表

N0070 G00 X30	定位到 G71 的循环起点	用 G71 指令粗车外圆余量 0.5(直径量)
N0080 G71 X12.805 I2 K2 L8 F60	外圆复合循环	
N0090 G01 Z0	到达工件端部	
N0110 X15.805 Z-1.5	倒角	
N0120 Z-12	切外圆 $\phi15$	
N0130 X20 Z-20	切圆锥	
N0140 Z-62	切外圆 $\phi20$	
N0150 X22		
N0160 G02 X28 W-3 R3		
N0170 G01 Z-73		
N00180 M05	主轴停转	换精车刀
N0190 M09	关切削液	
N0200 G00 X100 Z100 S1200	快速返回换刀点,变换主轴转速	
N0210 T22	换 2 号刀(精车刀),并执行 2 号刀补	
N0220 M03		
N0230 M08		
N0270 G00 Z-40	到凹圆弧附近,准备加工凹圆弧	粗车凹圆弧
N0280 G01 X20.5 F60	进刀到 X20.5,圆弧起点处(留余量 0.5)	
N0290 G03 W-12 R15 F40	切凹圆弧	
N0300 G00 Z0	*Z* 轴快速移动到精加工起点	精车
N0310 G01 X12.8 F30	*X* 轴进给到精加工起点	
N0320 X15.8 Z-1.5	倒角	
N0330 Z-12	精车外圆到螺纹大径(15.8 mm)	
N0340 X20 Z-20	精车圆锥	
N0350 Z-40	精车外圆 $\phi20$	
N0360 G03 W-12 R15	精车凹圆弧	
N0360 G01 Z-62	精车外圆 $\phi20$	
N0370 X22	*X* 向走刀到圆弧 *R*3 起点	
N0380 G02 X28 W-3 R3	精车凸圆弧 *R*3	
N0390 G01 Z-73	精车外圆 $\phi28$	
N0400 G00 X32	*X* 方向退刀	

续表

N0410　M05		换切槽刀
N0420　M09		
N0430　G00 X100 Z100	刀架快速移到换刀点	
N0440　T33	换 3 号刀(切槽刀),并执行 3 号刀补	
N0450　G00 X22 Z－12	切槽刀快速移动到切槽起点处	加工槽
N0460　M03		
N0470　M08		
N0480　G01 X12 F20	切槽走刀速度 F＝20 mm/min	
N0490　G01 X25 F200	切槽刀退回到 X20 处,退刀速度 F＝200 mm/min	
N0500　M05		换螺纹刀
N0500　M09		
N0510　G00 X25	快速移动到工件右端附近,准备加工螺纹	
N0520　G00 X100 Z100	移到换刀点	
N0530　T44	换 4 号刀(螺纹刀),并执行 4 号刀补	
N0540　G00 X17 Z1	移到工件附近(G92 的循环起点),准备加工螺纹	用 G92 循环指令加工螺纹 M16×1.5
N0550　M03 S500	开主轴,切换主轴转速	
N0560　G92 X15 Z－10　P1.5	第一次进刀 0.8 mm 切螺纹	
N0570　X14.4	第二次进刀 0.6 mm 切螺纹	
N0580　X14	第三次进刀 0.4 mm 切螺纹	
N0590　X13.84	第四次进刀 0.148 mm 切螺纹	
N0600　M05		程序尾
N0610　M09		
N0620　G00 X100 Z100	移动到换刀点	
N0630　T10	将第一把刀转到加工位,并取消刀补	
N0640　M02	程序结束	

【自己动手 4.9】

简单说明如图 4.30 所示零件的加工过程,并编写其粗、精加工程序。

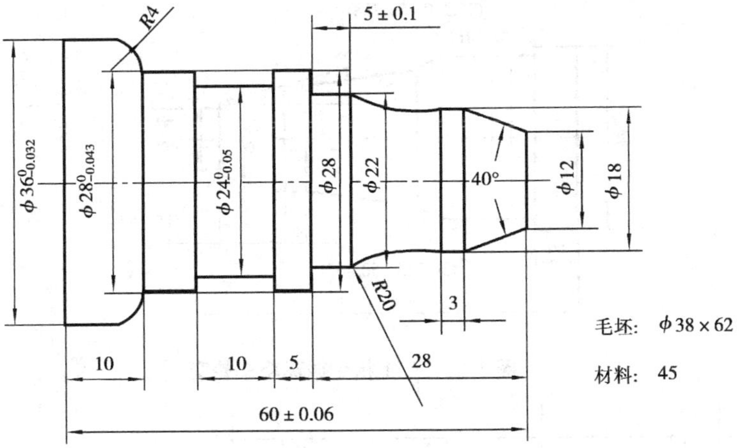

图 4.30 图样

课题 3 编程实例三

一、图样及要求

用 GSK928TC 数控系统，编写图 4.31 所示工件的粗、精加工程序。

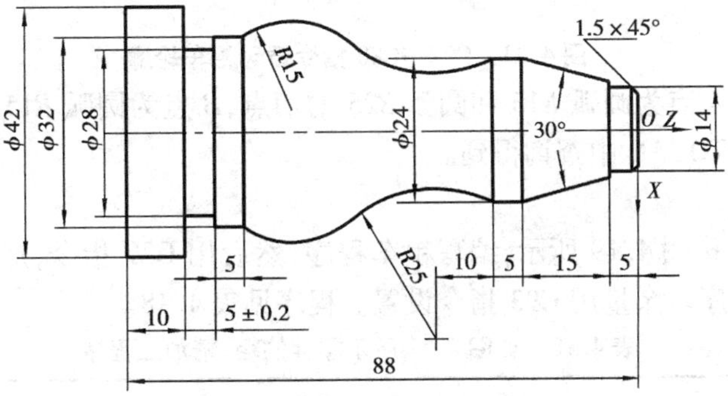

图 4.31 凹圆弧零件

二、简单工艺分析

1. 零件分析

该零件上有圆锥、凸圆弧、凹圆弧、外圆槽等结构，较为复杂，切凹圆弧时须用尖刀。

2. 工艺分析

(1)首先按图 4.32 所示的实线部分，用 G71 指令循环粗车零件，刀具选用 90°右偏刀。

(2)沿图 4.33 所示的轮廓(双点画线部分)，用尖刀循环粗车圆弧。(用 G22—G80 指令)

(3)用尖刀沿轮廓精车零件。

(4)用切槽刀切外沟槽。

3. 毛坯尺寸

零件毛坯尺寸为 $\phi 44 \times 105$。

三、编写程序

1. 坐标计算

(1)30°圆锥部分小径计算：$d = 24 - 2 \times 15 \times \tan 15° = 24 - 8.038 = 15.962$。

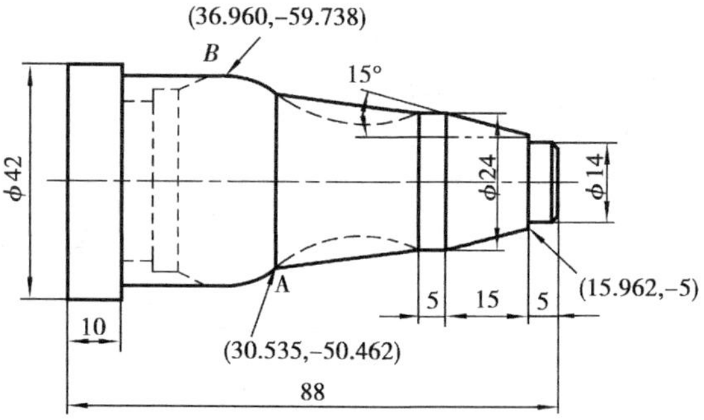

图 4.32　G71 指令循环粗车轮廓

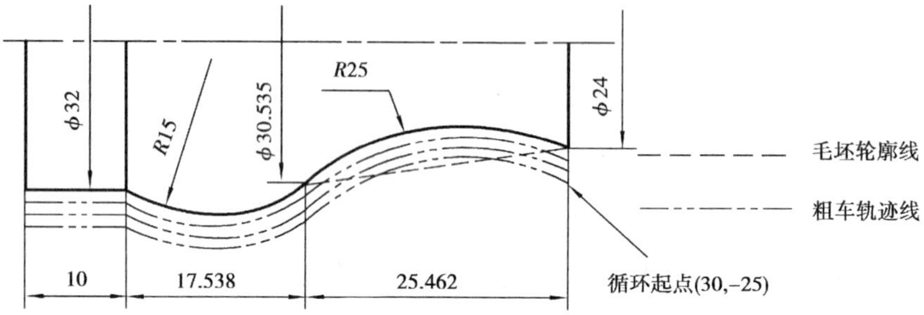

图 4.33　G22—G80 指令循环粗车轮廓

(2)图 4.32 中,*A* 点为圆弧 *R*15 和圆弧 *R*25 的切点,*B* 点为圆弧 *R*15 的上部象限点,其坐标可在绘图软件 AUTOCAD 中查询得到。

2. 程序编写

先用 G71 指令,按图 4.19 所示,编写粗车程序,然后用 G22 指令,加工两圆弧部分,最后沿轮廓,编写精车程序。余量用 G93 指令设置。程序见表 4.18。

表 4.18　如图 4.31 所示零件的粗、精加工程序

N0010　G00 X100 Z100	快速移动到换刀点	程序头
N0020　T10　S400	将第一把右偏刀转到加工位,并执行 5 号刀补	
N0030　G93 X0.5 Z0.2	设置偏置量,留出粗车余量	
N0050　G00 X46 Z0	到达工件附近	切端面
N0055　M03	开主轴	
N0056　M08	开切削液	
N0060　G01 X－1 F50	车端面	

续表

N0070 G00 X42 Z2	定位到 G71 的循环起点	用 G71 指令粗车外圆
N0080 G71 X0 I2 K2 L12 F60	G71 外圆复合循环	
N0090 G01 Z0	到达工件端部	
N0110 X11		
N0115 X14 Z-1.5		
N0120 Z-5		
N0130 X15.962		
N0140 X24 W-15		
N0150 W-5		
N0160 X30.535 Z-50.462		
N0170 G02 X36.960 Z-59.738 R15		
N0171 G01 Z-78		
N0172 X42		
N0173 W-15	切外圆 $\phi42$(多切 5 mm,留出切断余量和端面)	
N00180 M05	主轴停转	换尖刀
N0190 M09	关切削液	
N0200 G00 X100 Z100	快速返回换刀点,变换主轴转速	
N0210 T22	换 2 号刀(尖刀),并执行 2 号刀补	
N0220 M03		
N0230 M08		
N0270 G00 X30 Z-25	到循环起点	G22 循环粗车圆弧部分
N0280 G22 L4	G22 循环	
N0285 G01 U-2	X 向进刀 2 mm(吃刀 1 mm)	
N0290 G03 U6.535 W-25.462 R25	切凹圆弧	
N0300 G02 U1.465 W-17.538 R15	切凸圆弧	
N0310 G01 W-10 F30	车 $\phi32$ 外圆	
N0320 U7	X 向退刀,防止刀具回程时切到凸圆弧	
N0325 W53	Z 向返回(25.462 + 17.538 + 10 = 53)	
N0330 U-15	X 向返回(6.535 + 1.465 + 7 = 15)	
N0340 G80	循环结束	

续表

N0350 G00 Z5 S800	到精车起点	精车轮廓
N0360 G93 X0 Z0	撤销偏置,取消余量	
N0370 G01 X11 Z0 F30		
N0380 X14 Z-1.5		
N0390 Z-5		
N0400 X15.962		
N0410 X24 W-15		
N0420 W-5		
N0430 G03 X30.535 Z-50.462 R25		
N0440 G02 X32 Z-68 R15		
N0450 W-10		
N0460 X42		
N0470 W-12		
N0480 X45	*X* 向退刀	
N0490 M05		换切槽刀
N0500 M09		
N0510 G00 X100 Z50	到换刀点	
N0520 T33 S400	换 3 号切槽刀	
N0530 G00 X45		切槽
N0540 G00 Z-78	到切槽起点	
N0550 M03		
N0560 M08		
N0570 G01 X28 F30	切槽	
N0580 G01 X45 F500	退回	
N0590 G00 X100 Z50		程序尾
N0600 T10		
N0610 M30		

【自己动手 4.10】

简单说明如图 4.34 所示零件的加工过程,并编写其粗、精加工程序。

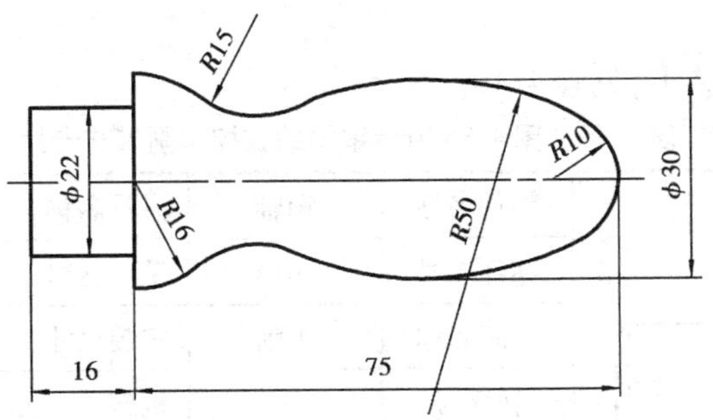

图4.34

任务4 上机实习

课题1 加工销轴

一、零件图样及要求

用GSK928TC数控车床,加工如图4.35所示的销轴零件。

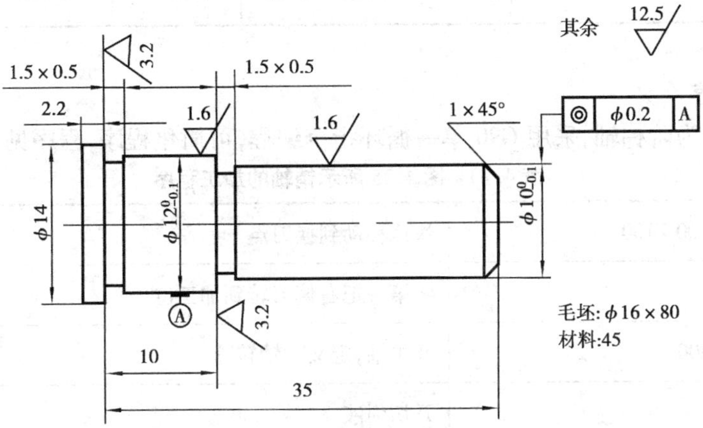

图4.35 销轴的图样

二、工艺分析

1. 零件分析

分析图样,可知该零件尺寸精度、位置精度和表面粗糙度要求较高,车削时应留0.3~0.45mm的磨削余量。工件直径小且长度短,磨削时无法装夹,因此车削时应把两件连在一起加工,磨削后再切断。

外圆采用磨削加工,对车削的表面粗糙度要求不高,可用硬质合金车刀车削,以提高加工效率。另外,工件较短,不需钻中心孔。

2. 选择毛坯

由于是两件一起加工,因此毛坯长度应为80 mm(加了切断余量等),直径φ16 mm。

3. 加工工艺

销轴零件的加工工艺卡,见表4.19。

表4.19 图4.35所示销轴的数控车削工艺卡片

<table>
<tr><td colspan="2" rowspan="6">工序简图
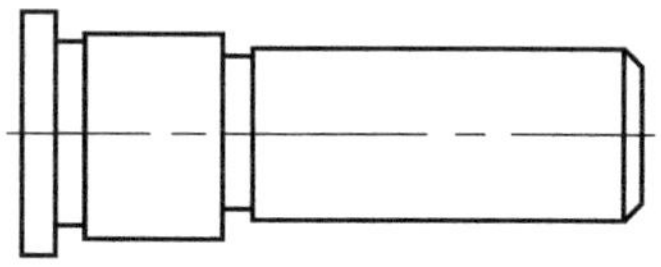</td><td>零件名称</td><td>销轴</td><td>夹具名称</td><td>三爪卡盘</td></tr>
<tr><td>零件图号</td><td>01</td><td>毛坯材料</td><td>45</td></tr>
<tr><td>工序名称</td><td>车削</td><td>安装尺寸</td><td></td></tr>
<tr><td>程序号</td><td>%01</td><td>机床</td><td></td></tr>
<tr><td>数量</td><td>1</td><td>数控系统</td><td>GSK928TC</td></tr>
<tr><td>量具</td><td colspan="3">游标卡尺</td></tr>
<tr><td>工步</td><td>工步内容</td><td>刀具名称及刀号</td><td>刀具补偿</td><td>主轴转速/(r·min⁻¹)</td><td>进给速度/(mm·min⁻¹)</td></tr>
<tr><td>1</td><td>切端面</td><td>90°外圆粗车刀(1号刀)</td><td>T11</td><td>800</td><td>60</td></tr>
<tr><td>2</td><td>粗车外圆、倒角</td><td>90°外圆粗车刀(1号刀)</td><td>T11</td><td>1 000</td><td>80</td></tr>
<tr><td>3</td><td>切槽</td><td>1.5 mm切槽刀(2号刀)</td><td>T22</td><td>1 000</td><td>30</td></tr>
</table>

三、编写程序

该零件外形为阶梯轴,采用G90单一循环指令编程,可简化程序,程序见表4.20。

表4.20 图4.35所示销轴的加工程序

N0010 G00 X100 Z100	快速移动到换刀点	程序头
N0020 T11	将第一把右偏刀转到加工位	
N0030 M03 S800	开主轴,定义主轴转速	
N0040 M08	开切削液	
N0050 G00 X18 Z0	到达工件附近	车端面
N0060 G01 X-0.1 F50	车端面	
N0070 G00 X18 Z2	定位到G90的循环起点	用G90单一循环指令粗车各段外圆
N0080 G90 X14.4 Z-40 F80	第一次循环切外圆 $\phi 14$,留磨削余量0.4 mm	
N0090 X12.4 Z-35	第二次循环切外圆 $\phi 12$	
N0100 X10.4 Z-25	第三次循环切外圆 $\phi 10$	

续表

N0101 M05		换精车刀
N0102 G00 X50 Z100 S1000	到换刀点	
N0103 T22	换第二把刀(精车刀)	
N0104 M03		
N0105 G00 X12 Z2	到工件附近	
N0110 G01 X8 Z0	进到倒角起点	精车外轮廓
N0120 X10 Z-1	倒角	
N0130 Z-25		
N0140 X12		
N0150 W-10		
N0160 X14		
N0170 W-2.2		
N0180 G00 X20	退刀	
N0190 M05	主轴停转	换切槽刀
N0200 M09	关切削液	
N0210 G00 X100 Z50	快速返回换刀点	
N0220 T33	换切槽刀	
N0230 G00 X14 Z-25	到达第一个槽起点	切第一个槽
N0240 M03	开主轴	
N0250 M08	开切削液	
N0260 G01 X9 F30	切第一个槽	
N0270 G01 X16 F200	*X* 向退刀	
N0280 G00 Z-35	到达第二个槽起点	切第二个槽
N0290 G01 X11 F30	切第二个槽	
N0300 G01 X16	*X* 向退刀	
N0310 G00 X100 Z100	返回换刀点	程序尾
N0320 T10	转到1号刀位,并撤销刀具补值	
N0330 M05	主轴停转	
N0340 M09	关切削液	
N0350 M02	程序结束	

四、加工操作

1. 输入程序

将程序输入到数控车床的数控系统中,可用两种方式,一是手工输入,二是通过电脑,将程序传输到车床的数控装置中。

2. 装夹工件、车刀

(1)安装毛坯件。毛坯尺寸为 $\phi16\times80$,用三爪卡盘装夹,伸出长度约为 45 mm。

(2)安装车刀。粗车刀安装在第一个刀位,切槽刀安装在第二个刀位。

3. 设置工件坐标系及刀补值

(1)工件原点,选择工件右端面中心处。设置过程如下:

①试切工件外圆,停车后,将刀架沿 Z 轴移开,测量工件外径。

②按数控面板中的“输入”键,输入“X****”(***为所测得的直径值),回车。

③试切工件端面,停车后,将刀架沿 X 轴移开。

④按数控面板中的“输入”键,输入“Z0”,回车,即可。

(2)设置切槽刀刀补值。设置过程如下:

①在手动方式下,按  键,或者输入“T20”,将切槽刀转到加工位。

②移动刀架,用切槽刀左刀尖切削工件外圆。

③按照前面所讲方法,将 X 轴刀补值输入系统。

④再用切槽刀左刀尖慢慢碰触工件端面,碰到后,按照前面所述方法,将 Z 轴刀补值输入系统。

4. 图形模拟加工

在运行程序加工零件之前,应该在“空运行”方式下,用图形模拟的方式空运行程序,检查程序的正误。操作方法如下:

(1)依次按“自动”键、“T”键,进入图形模拟方式。

(2)按“回车”键,分别修改毛坯的四个参数,毛坯参数的设置分别为:

①长度:加工零件毛坯的总长度。

②直径:$\phi16$。

③偏移:刀具起始偏移值大约等于毛坯件的伸出长度,本例中为 45 mm。

④比例:因该零件尺寸较小,可选放大比例:2∶1。

(3)毛坯参数修改完后,按“回车”键。

(4)按“空运行”键,“空运行”灯点亮,系统进入“空运行”状态。

(5)按 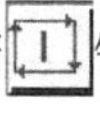 键,程序在空运行状态下启动,屏幕上出现一把模拟刀具,刀具按所编程序移动,进行模拟加工。观察模拟刀具所走刀路,判断程序的正误。

5. 单段方式下加工零件

图形模拟加工完成后,如果加工路线无误,就可以正式加工了。

(1)按“空运行”按钮,“空运行”的灯灭。

(2)将刀架移到换刀点(大约在换刀点位置即可)。

(3)检查手动进给倍率和快速移动倍率的设置,选择合适的倍率。

（4）按“单段”键，再按[I]键，在单段方式下运行程序，试切零件。加工完毕，检测零件。

6. 连续运行程序加工零件

（1）上步检测零件合格后，安装新毛坯，再按一次“单段”键，退出单段运行方式，进入连续运行方式。

（2）按[I]键，正式加工零件。

课题2 加工套类零件

一、零件图样及要求

用 GSK928TC 数控车床，加工如图 4.36 所示的零件。

毛坯为管材，外径：$\phi 45$，内径：$\phi 24$，长度为 70 mm。

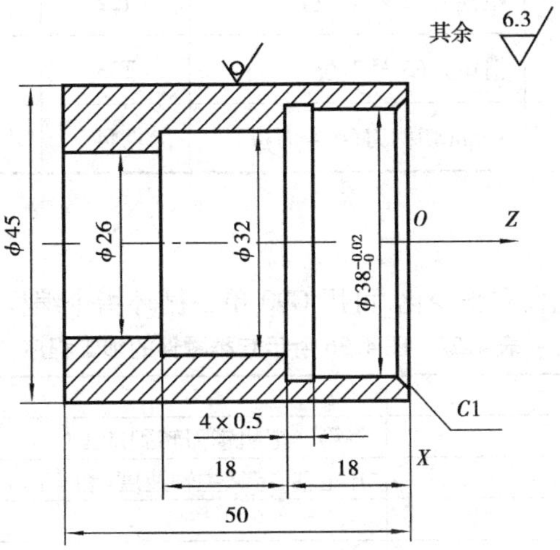

图 4.36 套类零件

二、加工工艺分析

1. 零件分析

如图 4.36 所示，该零件是套类零件，只需加工内表面，内孔呈阶梯形，右端内倒角，还有一个内沟槽。

2. 工艺分析

（1）用粗镗刀（T11）加工三段内圆表面。

（2）用第二把精镗刀（T22）精镗内孔。

（3）用切槽刀（T33）加工内沟槽。

（4）粗车吃刀量取 1 mm，余量留 0.5 mm（直径量）。

（5）毛坯选用管材，内径 $\phi 24$，外径 $\phi 45$。

刀具及加工工艺卡，见表 4.21。

表 4.21　图 4.36 所示套类零件的工艺卡片

<table>
<tr><td colspan="2" rowspan="6">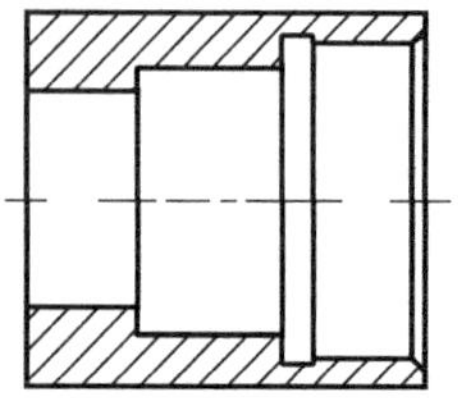</td><td>零件名称</td><td>套类零件</td><td>夹具名称</td><td colspan="2">三爪卡盘</td></tr>
<tr><td>零件图号</td><td>01</td><td>毛坯材料</td><td colspan="2">45</td></tr>
<tr><td>工序名称</td><td>车削</td><td>安装尺寸</td><td colspan="2">40</td></tr>
<tr><td>程序号</td><td>%02</td><td>机床</td><td colspan="2"></td></tr>
<tr><td>数量</td><td>1</td><td>数控系统</td><td colspan="2">GSK928TC</td></tr>
<tr><td>量具</td><td colspan="4">弹簧内卡钳、游标卡尺</td></tr>
<tr><td>工步</td><td>工步内容</td><td>刀具名称及刀号</td><td>刀具补偿</td><td>主轴转速 /(r·min⁻¹)</td><td>进给速度 /(mm·min⁻¹)</td></tr>
<tr><td>1</td><td>切端面</td><td>90°外圆粗车刀(1 号刀位)</td><td>T11</td><td>400</td><td>60</td></tr>
<tr><td>2</td><td>粗镗内表面</td><td>粗镗刀(2 号刀位)</td><td>T22</td><td>400</td><td>80</td></tr>
<tr><td>3</td><td>精镗内表面</td><td>精镗刀(3 号刀位)</td><td>T33</td><td>800</td><td>20</td></tr>
<tr><td>4</td><td>切内沟槽</td><td>4 mm 切槽刀(4 号刀位)</td><td>T44</td><td>800</td><td>20</td></tr>
</table>

三、程序分析

因零件内孔直径呈左大右小变化,可用 G90 单一循环指令编程,程序见表 4.22。

表 4.22　图 4.36 所示套类零件的加工程序

N0010　G00 X100 Z100		程序头
N0020　T11	将第一把粗镗刀转到加工位	
N0030　M03 S300	开主轴,定义主轴速度(粗车时)	
N0040　M08		
N0050　G00 X47 Z0		切端面
N0060　G01 X-1　F50		
N0062　G00 X100 Z100		换粗镗刀
N0063　T22	换粗镗刀	
N0070　G00 X22　Z5	快速移到 G90 的循环起点	用 G90 指令粗车各段内圆
N0080　G90 X26.5　Z-52 F30	加工内孔 ϕ26,留余量 0.5,进给速度应较低	
N0090　X28　Z-36		
N0100　X30		
N0110　X32.5	加工到 ϕ32 孔	
N0120　X34　Z-18		
N0130　X36		
N0140　X38.5	加工到 ϕ38 孔	

续表

N0180　M05		换精车镗刀
N0190　M09		
N0200　G00　X100　Z100	移到换刀点,定义精车时的主轴转速	
N0210　T33	换精镗刀,并执行刀补	
N0220　M03		
N0230　M08		
N0270　G00　X39 Z5	移到工件附近	
N0280　G01　Z0　F10	慢慢靠近工件	
N0290　X38 Z-1	倒角	
N0300　Z-18		精镗内孔
N0310　X32		
N0320　Z-36		
N0330　X26		
N0340　Z-52		
N0350　X24	X 向退刀	
N0360　Z5	Z 向退刀	
N0410　M05		换切槽刀
N0420　M09		
N0430　G00 X100 Z100		
N0440　T44		
N0450　G00 X35 Z5	移到孔口附近	加工槽
N0460　M03		
N0470　M08		
N0480　G00　Z-18		
N0490　G01 X39　F10	切槽	
N0495　G01 X35　F100	X 向退回	
N0496　G00 Z5	Z 向退刀	
N0600　M05		程序尾
N0610　M09		
N0620　G00 X100 Z100	移动到换刀点	
N0630　T10	将第一把刀转到加工位,并取消刀补	
N0640　M02	程序结束	

课题 3　内外轮廓加工实例

一、零件图样及要求

用 GSK928TC 数控车床,加工如图 4.37 所示的零件。

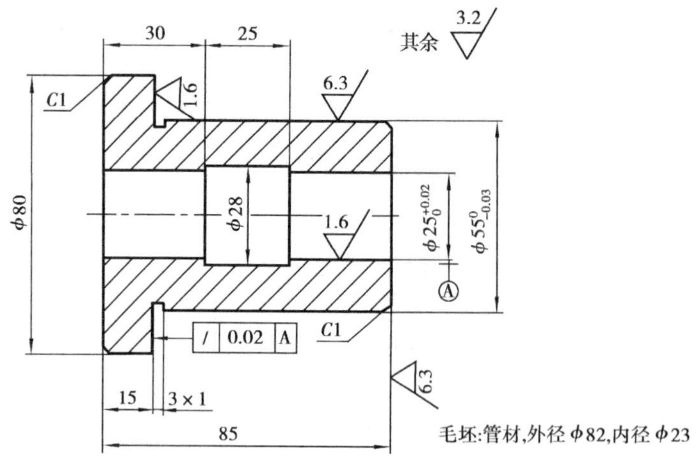

图 4.37 轴承衬套

二、加工工艺分析

1. 零件图分析

该零件表面由内外圆柱面、内外沟槽等组成,其中多个尺寸有较高的尺寸精度要求,内外表面的粗糙度要求也较高。图中有一处端面有圆跳动要求,其公差值为 0.02。

零件毛坯为管材,材料为 45 钢,切削性能较好,无热处理和硬度要求。

2. 确定装夹方案

为获得较高的形位精度,需在一次装夹中,将工件大部分尺寸加工完成。因此,在加工内外表面时,用三爪自动定心卡盘夹紧工件,如图 4.38 所示。

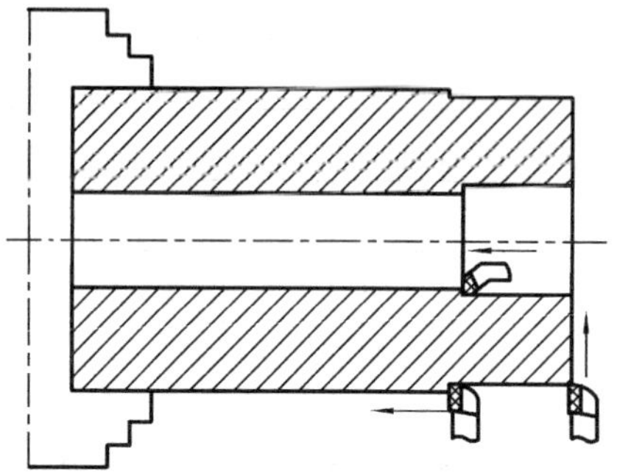

图 4.38 用三爪卡盘一次安装加工

3. 确定加工顺序

加工顺序的确定,按由内到外,内粗到精,由近到远的原则确定。根据本零件的结构特征,可先加工内孔各表面,然后加工外轮廓各表面。

4. 刀具选择

刀具选择,见表 4.23。

表 4.23　图 4.37 所示轴承衬套的刀具卡

零件号	零件名称	程序号		数控系统	零件材料
03	轴承衬套	%03		GSK928TC	45 钢
序号	刀具规格名称	刀具号	加工表面	刀尖半径/mm	备注
1	90°硬质合金机夹偏刀	1	精、粗车端面和外表面	0.2	20×20
2	镗孔刀	2	粗、精镗内表面	0.3	15×15
3	内沟槽刀	3	切内沟槽	B=5	20×20
4	外沟槽刀	4	切外沟槽	B=3	20×20

5. 切削用量选择

根据被加工表面的质量要求、刀具材料和工件材料，参考切削用量手册或有关资料，选取切削速度与每转进给量，然后计算主轴转速与每分进给量。计算结果填入表 4.24 中。

表 4.24　图 4.37 所示轴承衬套的数控加工工序卡

零件号	零件名称		程序号		数控系统	零件材料
03	轴承衬套		%03		GSK928TC	45 钢
工步号	工步内容	刀具号	主轴转速 /(r·min^{-1})	进给速度 /(mm·min^{-1})	背吃刀量	备注
1	平端面	1	300	40	1	自动
2	粗镗内表面	2	300	30	0.5	自动
3	精镗内表面	2	500	15	0.1	自动
4	切内沟槽	3	500	15		自动
5	粗车外圆表面	1	300	60	1	自动
6	精车外圆表面	1	500	30	0.2	自动
7	切外沟槽	4	500	30		自动
8	切断	4	300	20		手动
9	平端面	1	300			手动

三、轴承衬套加工程序

该零件外圆表面切削余量大，用 G90 单一循环编写程序，可减小程序段数量，编写程序，见表 4.25。

表 4.25　图 4.37 所示轴承衬套的数控加工程序

N0010　G00 X100 Z100	快速移动到换刀点	程序头
N0020　S300 T10	定义主轴转速，将第一把右偏刀转到加工位	
N0030　M03	开主轴	
N0040　M08	开切削液	

续表

N0050 G00 X84 Z0	到达工件附近	切端面
N0060 G01 X22 F40	车端面	
N0070 G00 X100 Z100		粗镗内孔 ϕ25
N0080 T22	换镗孔刀	
N0090 G00 X22 Z5		
N0091 G01 X24 F30	粗镗 ϕ25 孔	
N0092 Z-90		
N0093 G01 X22 F100		
N0094 G01 Z5		
N0100 G01 X24.7 F30		
N0110 Z-90	半精加工 ϕ25 孔	
N0120 G01 X22 F100	*X* 向退刀	
N0130 Z5	*Z* 向退刀	
N0132 M05		
N0135 S500	变换转速	精镗内孔 ϕ25
N0136 M03		
N0140 G01 X25 F15		
N0150 Z-90	精镗 ϕ25 孔	
N0160 X22	*X* 向退刀	
N0170 Z5	Z 向退出	
N0200 G00 X100 Z100	到换刀点	换内孔切槽刀
N0210 T33	换 3 号内孔切槽刀,刃宽 5 mm	
N0220 G00 X22 Z5	到孔口	到切槽起点
N0230 G01 Z-55 F60	到孔内切槽起点（从左向右切槽）	
N0235 G22 L5	G22 循环 5 次粗车内沟槽(槽宽 25 mm)	G22 循环粗车内沟槽
N0236 G01 U5.5 F15	*X* 向走刀切内沟槽,留余量 0.5 mm	
N0237 U-5.5	*X* 向退出	
N0238 W4.5	*Z* 向进给 4.5 mm	
N0239 G80	循环结束	
N0240 G01 Z-35	到起点	精车内沟槽
N0241 G01 X28 F15	*X* 向精车槽	
N0242 Z-55	*Z* 向走刀,精车槽	
N0243 X22	*X* 向退出	
N0260 Z2	*Z* 向退出	

续表

N0265 M05		
N270 G00 X100 Z100	到换刀点	换外圆车刀
N280 T11 S300	换右偏刀,变换转速	
N0370 G00 X82 Z2	定位到G90的循环起点	用G90指令循环粗车外圆,余量0.5(直径量)
N0375 M03		
N0380 G90 X80 Z-90 F60		
N0390 X78 Z-70		
N0410 X74		
N0420 X72		
N0430 X70		
N0440 X68		
N0450 X64		
N0460 X62		
N0470 X58		
N0480 X55.5		
N0481 M05	主轴停	
N0482 S500	变换转速,准备精车外圆	精车外圆表面
N0485 M03	主轴开	
N0486 G01 X53 Z0 F20	到倒角起点	
N0490 X55 Z-1	倒角	
N0520 Z-70	精车外圆 $\phi55$	
N0530 X80	精车台阶端面	
N0570 Z-90	精车外圆 $\phi80$	
N0580 G01 X85	退刀	
N0585 M05		
N0590 G00 X100 Z100	到换刀点	换外切槽刀
N0600 T44	换外沟槽刀(3 mm)	
N0610 G00 Z-70	到沟槽附近	切外沟槽
N0615 X56	到切槽起点	
N0616 M03		
N0620 G01 X53 F30	切外圆沟槽	
N0630 X82	X 向退刀	
N0640 M05		程序尾
N0660 G00 X100 Z100	移动到换刀点	
N0670 T10	将第一把刀转到加工位,并取消刀补	
N0680 M30	程序结束	

课题4 加工复杂零件(一)

一、零件图样及要求

用 GSK928TC 数控车床,加工如图 4.39 所示零件。

毛坯用料:ϕ82 mm×130 mm 棒料,45 钢,生产一件。

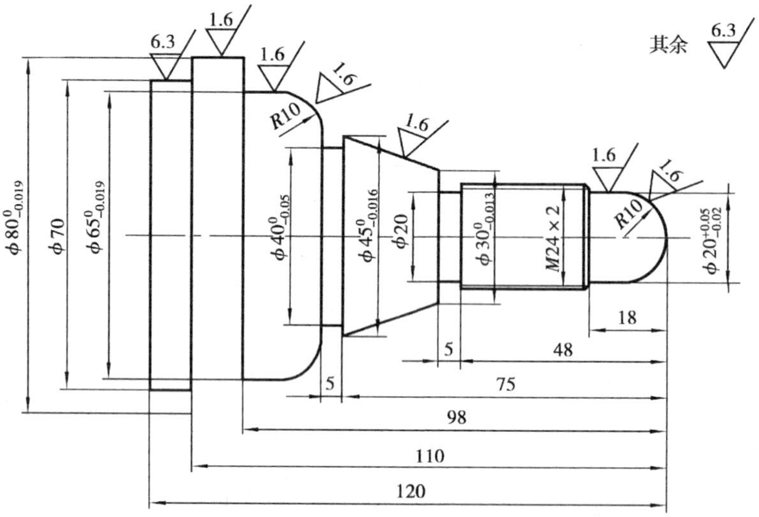

图 4.39 加工复杂零件(一)的图样

二、零件的工艺分析

1. 零件图的工艺分析

该零件包括:普通外三角螺纹、圆锥体、圆弧面和退刀槽。

外圆表面精度要求较高,基本上是车削加工外轮廓的典型工序。

2. 装夹方案

该零件用三爪卡盘装夹,一次性加工完所有表面(ϕ70 外圆除外)。

3. 加工顺序

沿零件轮廓顺序,进行加工。

4. 刀具选择

刀具选择,见表 4.26。

表 4.26 图 4.39 所示零件的加工刀具卡

零件号	零件名称	程序号		数控系统	零件材料
04	典型零件	%04		GSK928TC	45 钢
序号	刀具规格名称	刀具号	加工表面	刀尖半径/mm	备注
1	95°强力外圆车刀	1	粗车端面和外表面	0.5	25×25
2	90°精车刀	2	精车外表面	0	
3	外沟槽刀	3	切退刀槽	$B=5$	20×20
4	螺纹车刀	4	加工普通螺纹		20×20

5. 切削用量选择

根据被加工表面的质量要求、刀具材料和工件材料，参考切削用量手册，或有关资料，选取切削速度与每转进给量，然后计算主轴转速与每分进给量。计算结果填入表 4.27 中。

表 4.27 图 4.39 所示零件的加工工序卡

零件号	零件名称		程序号		数控系统	零件材料
03	轴承衬套		%03		GSK928TC	45 钢
工步号	工步内容	刀具号	主轴转速 /($r \cdot min^{-1}$)	进给速度 /($mm \cdot min^{-1}$)	背吃刀量	备注
1	平端面	1	300	40	1	手动
2	切 ϕ70 外圆	1	300	60	1	手动
3	调头装夹，平端面	1	300	60	1	手动
4	粗车外圆表面	1	300	60		自动
5	精车外圆表面	1	500	20	0.2	自动
6	切退刀槽	2	300	30	$B=5$	自动
7	切普通三角螺纹	3	300	$P=2$		自动
8	切断	2	300	20	$B=5$	手动

三、编写零件的加工程序

1. 有关计算

(1) 螺纹外径计算：$d=$公称直径$-0.13\times P=24-0.13\times 2=23.74$ mm。

(2) 螺纹牙深计算：$h=0.6495\times P=0.6495\times 2=1.2918$ mm。

2. 编程

(1) 该零件结构右小左大，适合用 G71 复合循环指令进行加工。

(2) 为了编程方便，将粗车余量设在第五号刀补值里，即粗车外圆时，采用 5 号刀补，X 向刀补值设为 0.5，Z 向刀补设为 0.2。刀具号为 T15，这样粗车程序里的尺寸数值可不考虑粗车余量，减少计算的麻烦。

(3) 螺纹分五次切削，用 G92 螺纹循环指令编写。五次的背吃刀量（直径值）如下：0.9，0.6，0.6，0.4，0.1。程序见表 4.28 所示。

表 4.28 图 4.39 所示零件的加工程序

N0010 G00 X100 Z100	快速移动到换刀点	程序头
N0020 S300 T15	将第一把右偏刀转到加工位，并执行 5 号刀补，留出粗车余量	
N0030 M03	开主轴，定义主轴转速	
N0040 M08	开切削液	

续表

N0050　G00 X84 Z2	到达 G71 的循环起点	G71 循环粗车外圆
N0060　G71 X0 I2 K3 L12 F60	循环	
N0070　G01 Z0	到达圆弧起点	
N0080　G02 X20 Z-10 R10	粗车球面 $R10$	
N0085　G01 X21.74		
N0090　G01 Z－18	粗车外圆 $\phi20$	
N0091　X23.74 Z－1	倒角	
N0092　Z-53	粗车螺纹大径	
N0093　X30		
N0094　X45 Z-75	粗车圆锥	
N0100　W-5		
N0110　G02 X65 W －10 R10	粗车倒圆 $R10$	
N0120　G01 Z －98	粗车外圆 $\phi65$	
N0130　X80		
N0140　Z －110	粗车外圆 $\phi80$	
N0150　M05		精车外圆
N0170　G00 X100 Z100		
N0150　S500 T22	变换主轴转速,换第二把精车刀	
N0160　G00 X5 Z5	快速移到工件附近	
N0165　M03		
N0170　G01 X0 Z0 F20		
N0180　G02 X20 Z－10 R10	精车球面 $R10$	
N0185　G01 X21.74		
N0190　G01 Z－18		
N0200　X23.74　Z－1		
N0210　Z-53		
N0220　X30		
N0230　X45 Z－75	车圆锥	
N0240　W5		
N0250　G02 X65 W－10 R10	车圆角 $R10$	
N0260　Z－98		
N0270　X80		
N0280　Z－110		

续表

N0370　X82	退回	换切槽刀
N0375　M05		
N0380　G00 X100 Z100		
N0390　S300 T33	切换主轴转速,换 3 号切槽刀,并执行刀补	
N0410　G00 X35 Z－53	到第一个槽附近	切槽
N0415　M03		
N0420　G01 X20 F30	切第一个槽	
N0430　X 32	退出	
N0440　G00 X65	快速退到 ϕ65 处	
N0450　Z－80	到第二个槽附近	
N0460　G01 X40 F30	切第二个槽	
N0470　X65	退出	
N0475　M05		换螺纹车刀
N0480　G00 X100 Z100		
N0490　S300 T44	变换转速,换 4 号螺纹车刀,并执行刀补	
N0500　G00 X42 Z－17	到螺纹起点	G92 循环车螺纹
N0505　M03		
N0510　G92 X22.84　Z-49 P2 K1	G92 螺纹车削循环	
N0520　X22.24 Z－49	第二循环车螺纹	
N0530　X21.64 Z－49	第三次循环车螺纹	
N0570　X21.24 Z－49	第四次循环车螺纹	
N0580　X21.14 Z－49	第五次循环车螺纹	
N0590　G00 X100 Z100	到换刀点	程序尾
N0670　T10	将第一把转到加工位,并撤销刀补	
N0680　M30	关主轴、关切削液、程序停止	

3. 设置 5 号刀补值

(1)按[刀补 OFT]键,进入刀补设置界面。

(2)按[⇩]键、或者[⇧]键,使光标停留在“T5Z”处。

(3)按[输入 IN]键,输入数字:0.2。

(4)按[回车]键 ,则 5 号 Z 轴刀补值被存储在数控系统中。

(5)再将光标移动到“T5X”处,按同样方法输入 0.5 的刀补值。

课题5　加工复杂零件(二)

一、零件图样及要求

用 GSK928TC 数控车床,加工如图 4.40 所示零件。

毛坯用料:ϕ30 mm×130mm 棒料,45 钢。生产一件。

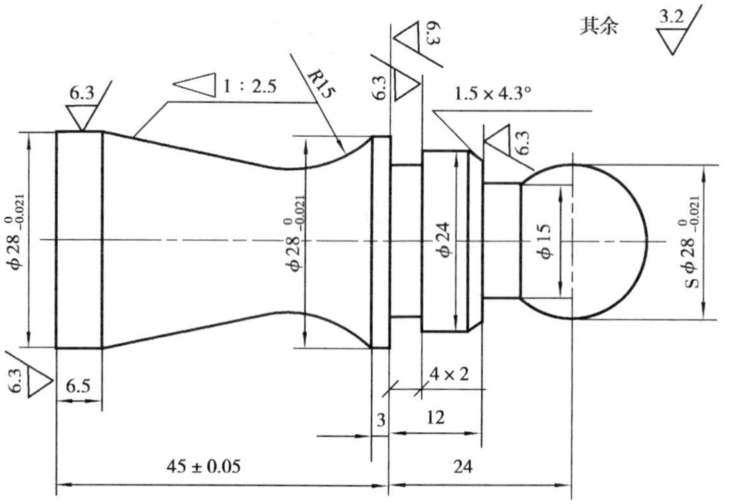

图 4.40　复杂零件(二)的图样

二、零件加工工艺分析

1. 零件图工艺分析

该零件的结构比较复杂,有球面、圆锥体、凹圆弧面和外沟槽。表面质量要求不高,一般车削就能达到,但尺寸精度要求较高。

2. 装夹方案

该零件用三爪卡盘装夹,一次性加工完所有表面。

3. 加工顺序

(1)用 90°右偏刀,按图 4.41 所示的实线,循环粗车轮廓。(用 G71 指令)

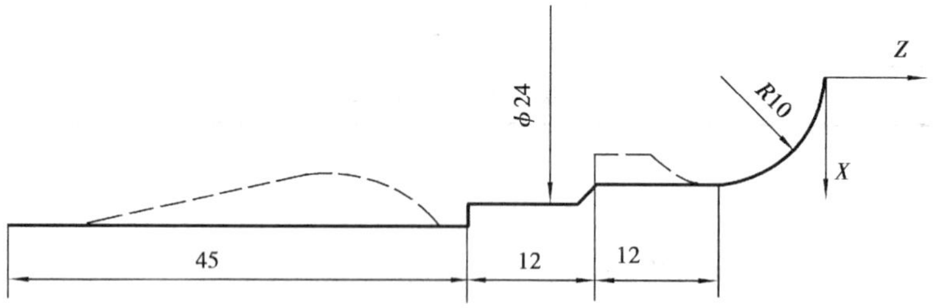

图 4.41　用 G71 指令粗车轮廓

(2)用 40°尖刀按图 4.42 所示,循环粗车轮廓。(用 G22 指令循环加工图中粗实线轮廓)

(3)用 40°尖刀按图 4.43 所示,循环粗车轮廓。(用 G22 指令)

(4)用 40°尖刀精车外圆轮廓。

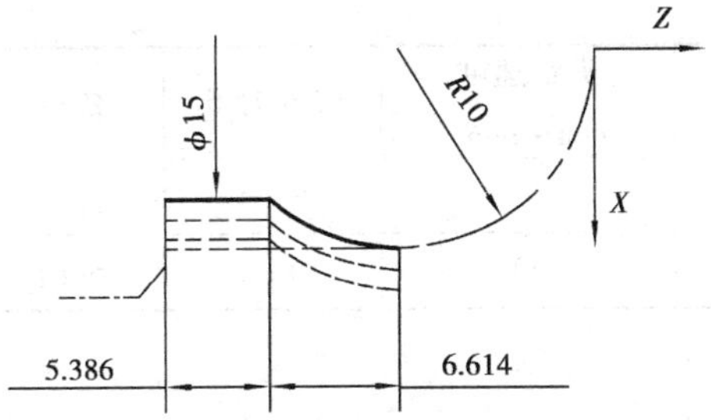

图4.42 用G22指令粗车左半球和外圆ϕ15

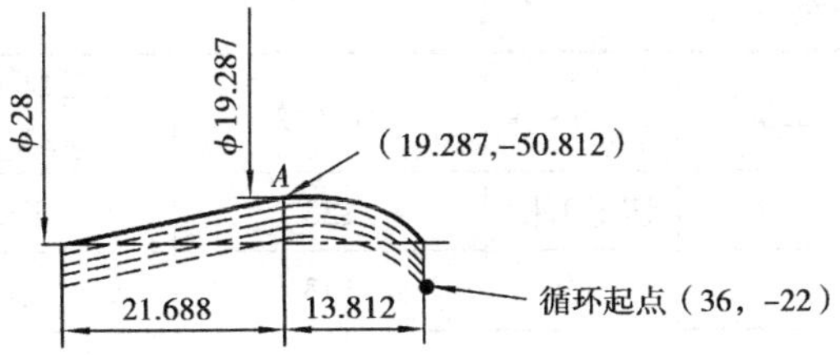

图4.43 用G22指令粗车凹圆弧和圆锥

(5)用切槽刀切外圆沟槽4×2。

4. 刀具选择

根据工件外形和加工顺序，选择刀具，见表4.29。

表4.29 如图4.40所示零件的加工刀具卡

零件号	零件名称	程序号		数控系统	零件材料
04	典型零件	%05		GSK928TC	45钢
序号	刀具规格名称	刀具号	加工表面	刀尖半径/mm	备注
1	95°外圆车刀	1	粗车端面和外表面	0.5	25×25
2	40°尖刀	2	车球面、凹弧面、精车轮廓	0.1	20×20
3	外沟槽刀	3	切外沟槽	$B=4$	20×20

5. 切削用量选择

根据被加工表面的质量要求、刀具材料和工件材料，参考切削用量手册或有关资料，选取切削速度与每转进给量，然后计算主轴转速与每分进给量。计算结果填入表4.30中。

表4.30 如图4.40所示零件的加工工序卡

零件号	零件名称	程序号		数控系统	零件材料	
03	轴承衬套	%05		GSK928TC	45钢	
工步号	工步内容	刀补号	主轴转速/($r \cdot min^{-1}$)	进给速度/($mm \cdot min^{-1}$)	背吃刀量	备注
1	平端面	10	400	40	1	手动
2	粗切ϕ29外圆	10	400	60	1	手动
3	调头装夹，平端面	T11	400	60	1	手动
4	粗车外圆表面	T11	400	60		自动
5	粗车凹弧面	T22	400	60	1	自动
6	精车外圆表面	T22	500	30	0.25	自动

续表

工步号	工步内容	刀补号	主轴转速 /(r·min^{-1})	进给速度 /(mm·min^{-1})	背吃刀量	备注
7	切退刀槽	T33	300	30	$B=4$	自动
8	切断	T33	300	20	$B=4$	手动

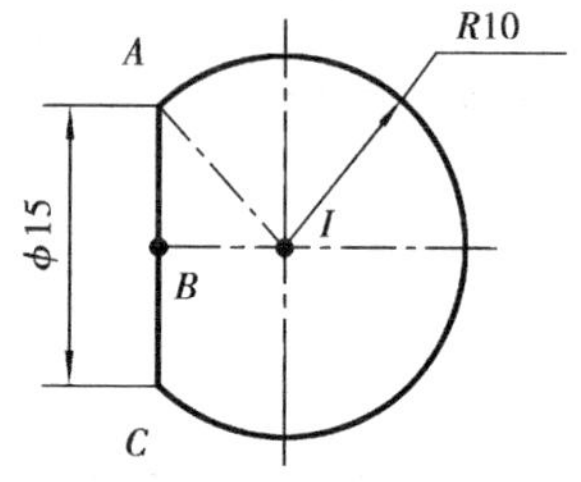

图 4.44

三、编写加工程序

1. 坐标计算

(1)圆球部分尺寸计算:如图 4.44 所示,圆球左部长度尺寸。

$$BI = \sqrt{AI^2 - AB^2} = \sqrt{10^2 - 7.5^2} = 6.614$$

所以,C 点的坐标为(15, -16.614)。

(2)直线和圆弧 $R15$ 的切点坐标,可用 AUTOCAD 绘图后查询得到。

2. 编程

为了编程方便,用 G93 指令,设置精车余量,这样粗车程序里的尺寸数值可不考虑粗车余量,减少计算量。

程序见表 4.31。

表 4.31 图 4.40 所示零件的加工程序

N0010 G00 X100 Z100	快速移动到换刀点	程序头
N0020 S500 T11	将第一把右偏刀转到加工位,并执行 5 号刀补,留出粗车余量	
N0030 M03	开主轴,定义主轴转速	
N0040 M08	开切削液	
N0045 G93 X0.5 Z0.2	设置偏置量,留粗车余量	G71 循环粗车外圆
N0050 G00 X30 Z2	到达 G71 的循环起点	
N0060 G71 X0 I2 K3 L8 F60	G71 循环	
N0070 G01 Z0		
N0080 G02 X20 Z-10 R10		
N0085 W-12		
N0090 X21		
N0091 X24 W-1.5		
N0092 Z-34		
N0093 X28		
N0094 W-48		

续表

N0100 M05		换尖刀
N0110 M09		
N0120 G00 X100 Z50		
N0130 T22		
N0140 G00 X24 Z-10	到循环起点	G22 循环粗车球左部和外圆 $\phi15$
N0150 M03		
N0170 M08		
N0150 G22 L3	G22 循环	
N0160 G01 U-2		
N0170 G02 U-5 W-6.614 R10		
N0180 G01 W-5.386		
N0185 U8	*X* 向退刀,避免与球面碰撞	
N0190 W12	*Z* 向退回(6.614 +5.386 =12)	
N0200 U-3	*X* 向返回(-5 +8 =3)	
N0210 G80	循环结束	
N0220 G00 X36 Z-37		G22 循环粗车 *R*15 和圆锥部分
N0225 G22 L5		
N0230 U-2		
N0240 G03 U-8.713 W-13.812 R15		
N0250 G01 U8.713 W-21.688		
N0320 W35	*Z* 向退回(13.812 +21.688)	
N0330 G80	循环结束	
N0340 G00 Z5		沿轮廓走刀精车外轮廓
N0345 G93 X0 Z0	撤销偏置,取消余量	
N0350 G01 X0 Z0 F30		
N0360 G02 X15 Z-16.614 R10		
N0370 G01 W-5.386		
N0380 X21		
N0390 X24 W-1.5		
N0400 Z-34		
N0410 X28		
N0420 W-3		
N0430 G03 X19.287 Z-50.812 R15		
N0440 G01 X28 Z-72.5		
N0450 W-6.5		

续表

N0450　G01　X30		换3号刀，准备切槽
N0460　M09		
N0460　G00　X100　Z50		
N0470　T33		
N0480　G00　X30　Z-34		切槽
N0490　M08		
N0500　G01　X20　F20		
N0510　G01　X30　F500		
N0515　M09		程序尾
N0520　G00　X100　Z50		
N0525　T10		
N0530　M02		

项目 5　GSK980TA 数控车床的操作

项目内容

(1) GSK980TA 系统特点；
(2) 控制面板及其按键的含义及功能；
(3) GSK980TA 系统的编程指令；
(4) 机床的开关操作；
(5) 操作方式的类型；
(6) 在各操作方式下的操作步骤。

项目目的

(1) 了解系统特点；
(2) 熟悉系统控制面板各按键；
(3) 熟悉 GSK980TA 系统的编程指令；
(4) 能熟练操纵 GSK980TA 数控机床。

项目实施过程

任务 1　初步认识 GSK980TA 系统及编程指令

课题 1　广数 GSK980TA 特点和控制面板

一、广数 GSK980TA 特点及几个基本概念

1. 广数 GSK980TA 特点

广数 GSK980TA 是一种国产的，适用于普通车床的经济型数控操作系统。它具有以下特点：

(1) 采用 16 位 CPU、应用 CPLD（复杂可编程控制器）完成硬件插补，实现高速微米级控制。

(2) 液晶中文显示，便于操作。

(3) 加减速可调，可配套步进电动机或伺服电动机驱动。

(4) 可变电子齿轮比，应用方便。

2. 广数 GSK980TA 的几个基本概念

(1) 插补。其任务就是根据进给速度的要求，在轮廓起点和终点之间计算出若干个中间点的坐标值。

(2)硬件插补。指 CNC 系统中由数字电路组成的插补器,在硬件插补当中,不用考虑插补算法,只要给出参数以及插补命令,整个过程就能由芯片自动控制,不需要软件的任何干预。

(3)电子齿轮比。它是指令脉冲与反馈脉冲的比值,其作用是使步进电机接收一个输入脉冲后能精确地定位。

二、广数 GSK980TA 控制面板的外观图

控制面板的外观图,如图 5.1 所示。

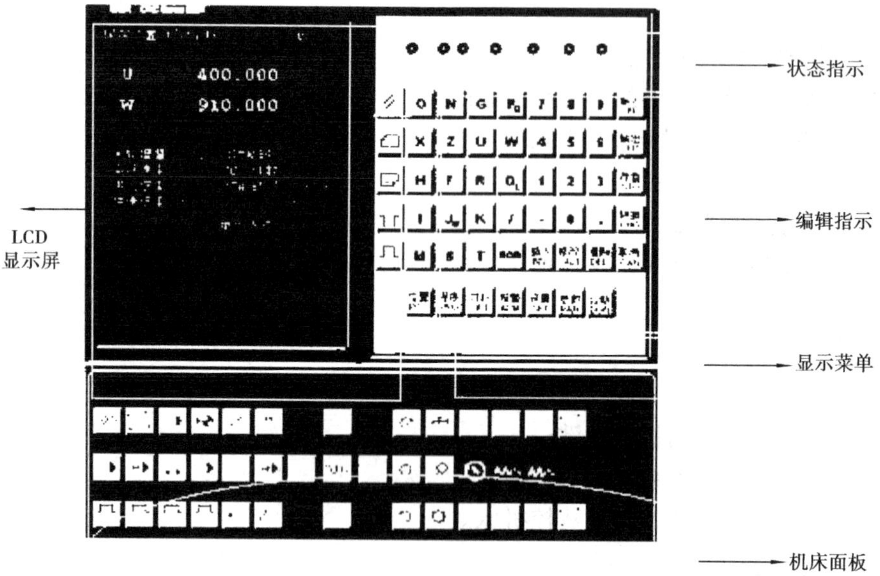

图 5.1 广数 GSK980TA 控制面板

课题 2 熟悉 GSK980TA 系统的编程指令

一、G 代码和 M 代码

1. G 代码

(1)GSK980TA 数控系统的 G 功能代码,见表 5.1。

表 5.1 GSK980TA 数控系统 G 功能表

指令	功能	组别	编程格式	备注
*G00	快速移动	01	G00 X(U) Z(W)	
G01	直线插补	01	G01 X(U) Z(W) F	
G02	顺圆插补(后刀座)	01	G02 X(U) Z(W) R F G02 X(U) Z(W) I K F	
G03	逆圆插补(后刀座)	01	G03 X(U) Z(W) R G03 X(U) Z(W) R I K F	
G04	暂停	00	G04 X(U/P)	
G28	自动返回机械零点	00	G28 X(U) Z(W)	

续表

指令	功能	组别	编程格式	备注
G32	螺纹切削	01	G32 X(U) Z(W) F(L)	
*G40	取消刀尖半径补偿(选配刀补C功能时指令有效)	07	G40 内、外圆固定循环	
G41	后刀座取消刀尖半径左补偿,前刀座取消刀尖半径右补偿(选配刀补C功能时指令有效)	07	G41 内、外圆锥面循环	
G42	与G41功能相反	07	G42	
G50	工件坐标系设定	00	G5O X Z	
G65	宏指令	00	G65H P#I Q#J R#K	
G70	精加工循环	00	G70 P(NS) Q(NF)	
G71	外圆、内圆粗车循环	00	G71 U(Δd)R(e) F G71 P(NS) Q(NF) U(ΔU)W(ΔW)S T	
G72	端面粗车循环	00	G72 W(Δd) R(e) F G72 P(NS) Q(NF) U(ΔU)W(ΔW)S T	
G73	封闭切削循环	00	G73 U(Δi) W(ΔK) R(d) G73 P(NS) Q(NF) U(ΔU)W(ΔW)S T	
G74	端面深孔加工循环	00	G74 R(e) G74 X(U) Z(W) P Q(ΔK) R(Δd) F	
G75	外圆、内圆切槽循环	00	G75 X(U) Z(W) P(Δi) Q(ΔK) R(Δd)F	
G76	复合型螺纹切削循环	00	G76 P(m)(r)(a) Q(Δdmin) R(d) G76 X(U) Z(W) R(i) P(k) Q(Δd)F(I)	
G90	外圆、内圆车削循环	01	G90 X(U) Z(W) R F	
G92	螺纹切削循环	01	G92 X(U) Z(W) R F(I)	
G94	端面切削循环	01	G94 X(U) Z(W) R F	
*G98	每分进给	03	G98 F	
G99	每转进给	03	G99 F	
G96	恒线速控制	02	G96 S	
G97	取消恒线速控制	02	G97 S	

(2)说明。表5.1有几点说明如下:

①表中带“*”的指令为初态G指令。初态G指令是指系统上电后,未经执行其功能或状

态，就有效的模态指令，上电后执行初态 G 指令时，不需输入 G 指令字。

②表中 00 组指令是非模态 G 指令。非模态 G 指令是指 G 指令执行后，其定义的功能或一次性有效，每次执行该 G 指令时，必须输入该 G 指令字。

③表中 01 组指令是模态 G 指令。模态 G 指令是指 G 指令执行后，其定义的功能或状态保持有效，直到被同组的其他 G 指令所改变的 G 指令。其定义的功能或状态被改变以前，后续的程序段执行该指令时，不需要输入该 G 指令字。

(3)指令地址说明，见表 5.2 所示。

表 5.2　指令地址的含义

指令地址	功能意义	指令地址	功能意义
U	G71 中切削深度	(G99)F	转进给速度 G99
U	G73 中 X 向退刀距离	F	公制螺纹距(G32,G92,G76)
W	G72 中切削深度	S	主轴转速指定(G97)
W	G73 中 Z 向退刀量	S	主轴线速指定(G96)
R	G71,G72 循环退刀量	S	主轴转速开关量输出
R	G73 中粗车循环次数	P	G76 中螺纹切削精加工次数
R	G74,G75 中切削后的退刀量		G76 中螺纹切削退刀宽度
R	G76 中精加工余量		G76 中螺纹切削刀尖角度
R	G90,G92,G94,G96 中锥度	Q	G76 最小切入量
(G98)F	分进给速度(G98)		

2. M 代码

(1)跟大多数控系统一样，GSK980 TA 的 M 功能是用来控制机床的某些动作的开和关，以及加工程序的运行顺序。本系统常用的 M 代码，见表 5.3 所示。

表 5.3　GSK98TA 的 M 代码功能表

指令	功能	指令	功能
M03	主轴正转	M13	卡盘松开
M04	主轴反转	M32	润滑开
M05	主轴停止	M33	润滑关
M08	冷却开	M41 ~ M44	主轴自动换挡 1 ~4 挡
M09	冷却关	M00	程序暂停
M10	尾座进	M30	程序结束
M11	尾座退	M98	调用子程序
M12	卡盘夹紧	M99	从子程序返回

(2)说明。表 5.3 有几点说明如下：

①执行 M30,M05 输出时,其他 M 指令的输出,全部关断。

②如果 M99 用于主程序结束(即当前程序并非由其他程序调用),程序反复执行。

二、S,T,F 指令功能

1. 主轴功能(S 指令)

(1)组成及作用。S 指令由指令地址和其后的 5 -4 位数字组成,用于控制主轴的转速。

(2)指令格式:S。

(3)指令格式的说明。S 后可跟 00 - 04 四位数,进行主轴转速开关量控制,或跟 0000 - 9999,进行主轴转速模拟电压控制。

主轴转速开关量控制:执行 S1. S4,人工换挡。

当执行 S 信号 2 挡,S1. S2 输出有效。

当执行 S 信号 4 挡,S1. S4 输出有效。

轴转速模拟电压控制:执行 S0 - S9999,输出 0 ~ 10 V 电压控制主轴转速。

提示

• 一个程序段中只能有一个 S 指令有效,当程序段中出现两个或两个以上时,最后一个有效。

• S 指令和移动功能的指令字共段时,它们同时执行。

2. 进给功能(F 指令)

(1)作用。车床切削进给的速度由 F 指令字指定,X 轴、Z 轴的瞬时速度为切线速度在 X 轴、Z 轴方向的分量。实际的切削进给速度由进给倍率(0 - 150% 十六级)实时调节。

(2)指令格式。G98 F 或 G99 F

(3)指令格式的说明。指令格式的说明如下:

①“G98 F”的 F 后跟 0001. 7600,前导的零可以省,给定每分钟进给速度(mm/min),因 G98 为模态指令,若当前为 G98 模态,可以不输入 G98。

②“G99 F”的 F 后跟 0. 0001. 500,前导的零可以省,规定以 mm/min 为单位,给定切削速度,因 G99 为模态指令,若当前为 G99 模态,可以不输入 G99。

3. 刀具功能(T 指令)

(1)作用。本系统的刀具功能具有自动交换和刀具长度补偿两个作用。可控制 4 -8 刀位的自动刀架在加工过程实现换刀,并对刀具的实际位置进行补偿,使用刀具长度补偿功能。

允许在编程时不考虑刀具的实际位置,只需在加工前通过对刀操作,获得每一把刀具的位置偏置数据。使用刀具加工前,先执行刀具长度补偿。更换刀后,只需重新对刀,修改刀具偏置,不需要修改加工程序。

(2)指令格式:T 00 00。

(3)指令格式的说明。前两位表示目标刀具号,可为 00—16,前导零不能省;后两位表示刀具偏置号,可为 00— 08,前导零不能省。

该指令表示自动刀架换刀到目标刀具号刀位,并按指令的刀具偏置号对应的刀具偏置,执行刀具长度补偿。

提示

• 一个程序段中只能有一个 T 指令有效,当程序段中出现两个或两个以上时,最后一个有效。

• 刀具偏置号可以和刀具号相同,也可不同。

【自己动手 5.1】

找出 GSK980TA 系统的编程指令与其他系统编程指的异同。

任务 2　GSK980TA 系统控制面板按键功能

课题 1　熟悉控制面板的功能键

一、控制面板的机床面板

机床面板在系统控制面板的最下方,其各个按键的含义和功能如下:

1. 

进给保持键。按此键,可以使机床运行暂停。

2. 

循环启动键。按此键,可使机床运行,执行程序和 MDI 指令。

3. 、、

进给倍率键。按下,,可以向上、或向下选择不同的进给倍率,也就是选择不同的进给速度。进给倍率共分 16 级,它与进给速度的关系,见表 5.4。

表 5.4　进给倍率与进给速度关系表

进给倍率/%	进给速度/($mm \cdot min^{-1}$)
0	0
10	2.0
20	1.2
30	5.0
40	7.9
50	12.6
60	20
70	32
80	50
90	79
100	126

续表

进给倍率/%	进给速度/(mm·min^{-1})
110	200
120	320
130	500
140	790
150	1 260

4. 

快速倍率键。按下,,可以向上、或向下,选择不同的快速移动速度。快速倍率有 F0、25%、50%、100%四挡,当快速移动速度为 1 000 mm/min 时,如选快速倍率为 25%,则速度为 40 mm/min。

提示

• 快速倍率选择在下列情况有效:
(1) G00 定位。
(2)固定循环中的快速移动。
(3) G28 时的快速移动。
(4)手动快速移动。
(5)手动返回机械零点的快速移动。

5. 

主轴倍率键。在自动运行中,当选择模拟电压输出控制主轴速度时,按下、,可以调节主轴倍率,而改变主轴速度。它可实现主轴倍率 50% ~120%,共 8 级的实时调节。

6. 

手动换刀键。按此键实现手动换刀,在手动操作方式下,若此时使用的刀具为第一把,当按此键后,刀具自动换至第二把;若此时使用的刀具是第四把刀具,当按此键后,自动换到第一把。

7. 

润滑液开关键。按此键,进行机床润滑油液开/关的切换。

8. 

冷却液开关键。按此键,进行机床冷却液开/关的切换。

9. 

主轴控制键。手动操作方式下,按下,主轴正转;按下,主轴停止;按下,主轴

反转。

10. −X、+X、−Z、+Z

手动进给键。在手动方式下，按它们可使刀具沿机床坐标轴移动。按下−X键、或+X键，可使刀具沿 X 轴向负向或正向进给，松开按键，刀具停止运动；按下−Z键、或+Z键，可使使刀具沿 Z 轴向负向或正向进给，松开按键，刀具停止运动。

11. 

快速开关键。按下此键，指示灯亮，再按下−X键、或+X键、或−Z键、或+Z键，可使刀具沿 X，Z 轴，向负向或正向快速进给。

提示

- 当手动快速移动时，按下键，指示灯熄灭，快速移动无效，以手动速度进给。
- 在编辑、手轮/单步操作时，键无效。
- 手动方式下不能同时沿两个轴移动。

12. X◎、Z◎

手轮控制轴选择键。在手轮操作方式下，按下X◎键、或Z◎键，选择 X 轴移动或 Z 轴移动。

13. 0.001、0.01、0.1、1

手轮/单步增量选择键：

①按下0.001键，转动手轮，每格移动或单步每步移动0.001 mm。

②按下0.01键，转动手轮，每格移动或单步每步移动0.01 mm。

③按下0.1键，转动手轮，每格移动或单步每步移动0.1 mm。

④按下1键，转动手轮，每格移动或单步每步移动1 mm。

14. 

单段开关键。程序单段运行与连续运行状态的切换开关，单段有效时，单段运行指示灯亮。

15. 

机床锁住开关。按下此键，机床被锁住，X，Z 轴输出无效。再按下，解除锁住。

16. 

辅助功能锁住开关。按下此键，辅助功能锁住，指示灯亮，M，S，T 指令输出功能被锁住，再按下，解除锁住。

17. 

空运行开关键。按下此键,空运行指示灯亮,加工程序/MDI 指令段,以空运行方式运行。

18. 

编辑方式选择键。按下此键,进入编辑操作方式。

19. 

自动方式选择键。按下此键,进入自动操作方式。

20. 

录入方式选择键。按下此键,进入录入(MDI)操作方式。

21. 

机械回零方式选择键。按下此键,进入机械回零操作方式。

22. 

单步或手动方式选择键。按下此键,进入单步或手轮操作方式。(由参数选择其一)。

23. 

手动方式选择键。按下此键,进入手动操作方式。

24. 

程序回零方式选择键。按下此键,进入程序回零方式。

【自己动手 5.2】

(1)手动换刀、冷却液和润滑液的开关、机床主轴的正反转和停止。

(2)在手动方式下,进行手动进给,使刀具沿 X 轴正向进给,速度为 50 mm/min,沿 Z 轴负向进给,速度为 200 mm/min。

二、控制面板的显示菜单

显示菜单位于机床面板和编辑键盘之间,有位置、程序等七个按键,其功能如下:

1. 

位置界面按键。按下

键,进入位置界面,可以显示刀具在坐标系中的相对坐标或绝对坐标位置、机床坐标和余下移动量,以及显示当前程序的六个程序行内容。显示如图 5.2 所示。

2. 

程序界面按键。按下

键,进入程序界面,可以显示当前程序所有内容、MDI 指令状态以及程序目录和存储情况、系统版本等。显示如图 5.3 所示。

3. 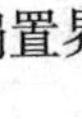

偏置界面按键。按下

键,进入偏置界面,可以显示刀偏和宏变量等内容。显示如图5.4

所示。

4. 报警ALM

报警界面按键。按下报警ALM键,进入报警界面,可以显示外部信息和报警信息两个内容。显示如图 5.5 所示。

5. 设置SET

设置界面和图形界面按键。按下设置SET键,进入设置界面,显示如图 5.6 所示,再按下设置SET键,进入图形界面,显示屏显示,如图 5.7 所示。

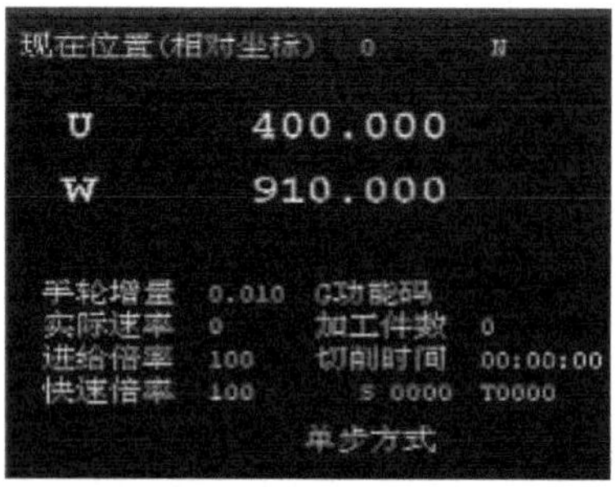

图 5.2 位置界面

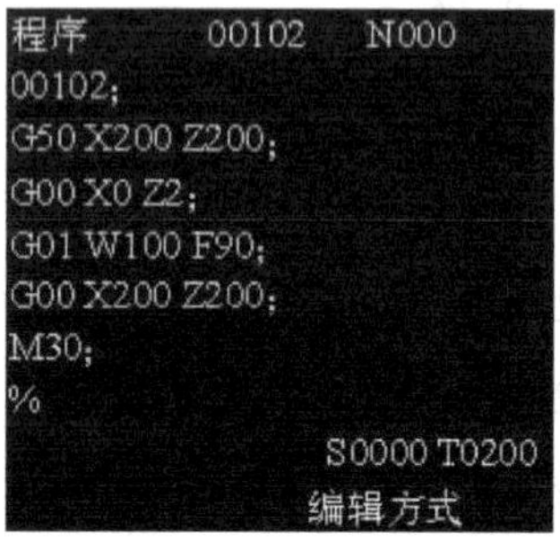

图 5.3 程序界面

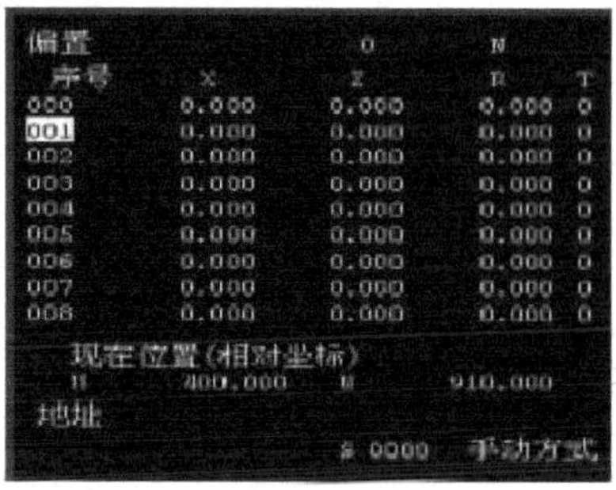

图 5.4 偏置界面

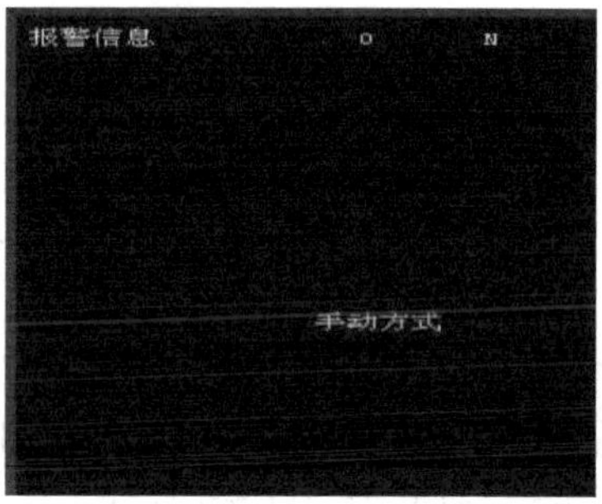

图 5.5 报警界面

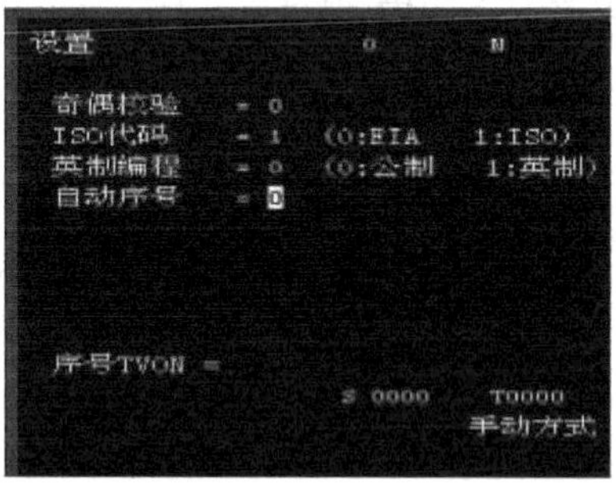

图 5.6 设置界面

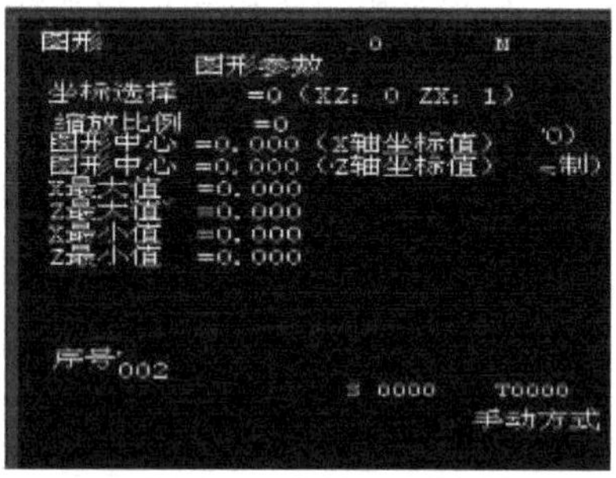

图 5.7 图形界面

6. 参数PAR

参数界面按键。按下参数PAR键,进入参数界面,显示系统位参数和数据参数等内容。显示如

图 5.8 所示。

7. 

诊断界面按键。按下此键,进入诊断界面,显示系统和机床间输入/输出信号的状态、系统内部状态等。显示如图 5.9 所示。

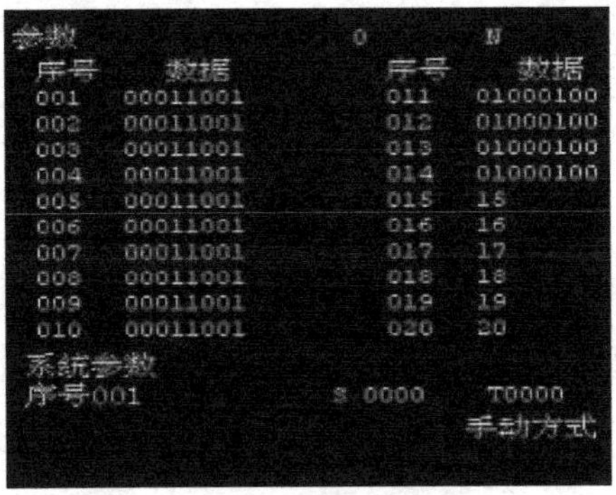

图 5.8　参数界面

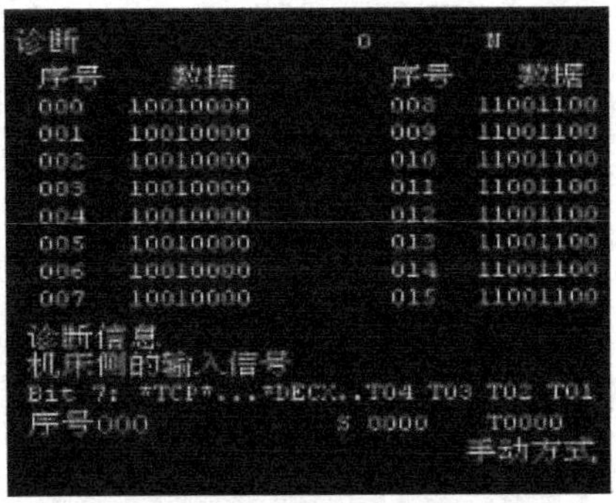

图 5.9　诊断界面

提示

- 各界面内容在以后的内容中,具体讲解。

三、控制面板的编辑键盘

编辑键盘主要用作程序的输入、编辑、查看等,各按键功能具体介绍如下:

1. 

复位键。用于系统的复位、进给、输出停止等。

2. 地址键

地址键有 19 个键,如图 5.10 所示,按下它们,在程序中输入相应的字母。

其中键、键、键为双地址键。反复按键,可在两者之间切换。

3. 数字键

数字键有 10 个键,如图 5.11 所示。按下它们,在程序中输入相应的数字。

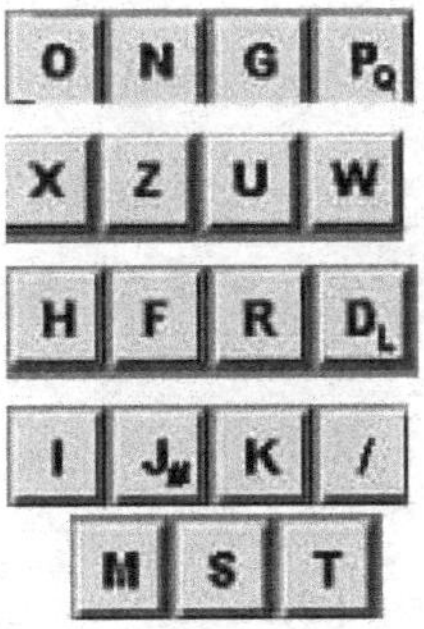

图 5.10　地址键

图 5.11　数字键

4. 

负号键。按此键,在数字前输入负号。

5. 

小数点键。按此键,在数字后输入小数点。

6. 

输入键。按此键,确定参数、补偿量等数据的输入和启动通讯输入。

7. 

输出键。按此键,启动通讯输出。

8. 

存盘键。按此键,把程序、参数、刀补数据,保存到电子盘。

9. 

转换键。按此键,实现信息、显示的切换。

10. 

取消键。按此键,清除输入行的内容。

11. 

、

、

编辑键。在编辑时,按这三键,可实现程序或字段的插入、修改和删除。

12. 

EOB 键。按此键,实现程序段结束符的输入。

13. 、

翻页键。按它们,可实现同一显示界面下页面的切换。

14. 、

光标移动键。按它们,控制光标移动。

【自己动手 5.3】

将下列程序输入到系统中并存盘。

```
G00 X200 Z120;
M03 T0102 S300;
G42 G0 X16.8 Z6;
G01 Z-14 F200;
G02 X28 W-6 R6;
G01 W-7;
X41.5;
Z-45;
G40 X89 Z40;
M05 S0 T0100;
```

G00 X100 Z50;

M30;

四、控制面板的状态指示

状态指示在控制面板的最上方,它表示机床运行时的有关情况,共有六种状态指示,分别为:

1. 

X,*Z* 向回零结束指示灯键。按键、或键后,再按+X键或+Z键,使刀具沿 *X* 轴、或 *Z* 轴回零,回到零点后,刀具停止不动,此时回零结束,指示灯亮。

2. 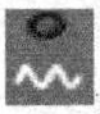

快速指示灯键。按下键,指示灯键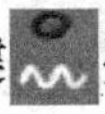亮,进入手动快速移动状态;再按下键,指示灯键熄灭,快速移动结束。

3. 

单段运行指示灯键。按键,进入自动操作方式后,按下键,单段运行指示灯亮。

4. 

机床锁指示灯键。按键,进入自动操作方式后,按下键,机床锁住指示灯亮,此时机床拖板不移动。

5. 

辅助功能锁指示灯键。按键,进入自动操作方式后,按下

键,辅助功能锁住运行,指示灯亮,此时 M,S,T 指令不执行。

6. 

空运行指示灯键。按键,进入自动操作方式,按下键,空运行指示灯亮。

【自己动手 5.4】

分别使机床控制面板中的 6 个运行指示灯亮。

课题 2　熟悉 GSK980TA 系统显示界面

一、位置和程序界面概述

本系统共有位置界面、程序界面等 9 个界面,每个界面下有多个显示页面、显示菜单、切换显示界面、翻页键、切换显示页面,各界面(页面)与操作方式独立。

二、位置界面

1. 位置界面的进入及其内容

按【位置 POS】键,进入位置界面,位置界面有绝对坐标、相对坐标、综合坐标和位置/程序四个页面,通过按键、或键,查看。

2. 绝对坐标显示页面

显示的 X,Z 坐标值为刀具在当前工件坐标系统中的绝对位置,工件坐标系由 G50 指定。其显示页面如图 5.12 所示。

提示

- 编程速率:程序中由 F 代码指定的速率。

(1)G98 时的速率单位为:mm/min。

(2)G99 或螺纹切削时的速率单位为:0.0001 mm/r。

(3)当编程速率超出 15 000 时,编程速率显示为“ *** ”。

(4)手动、机械回零、程序回零方式,显示手动速度。

(5)单步方式,显示单步增量。

(6)手轮方式,显示手轮增量。

- 实际速率:实际加工中,倍率修调后的实际加工速率,速率单位同上。当实际速率超出 2 621 时,实际速率显示为“ *** ”。
- 进给倍率:当前的进给倍率。
- 快速倍率:当前的快速倍率(主轴模拟控制方式下,反复按【转换 CHG】键,可切换显示主轴倍率或快速倍率)。
- G 功码:当前有效的 01 组和 03 组 G 代码。
- 加工件数:程序执行 M30 后,加工件数加 1,系统上电时,加工件数清零。
- 切削时间:程序运行和 MDI 运行的累计时间,时间格式为:小时:分:秒。系统上电时切削时间清零。
- 必须安装 1024 线,主轴编码器才能显示主轴的实际转速。

3. 相对坐标显示页面

显示的 U,W 坐标值为当前相对位置相对于参考点的坐标。系统上电时,U,W 坐标清零,当前点为参考点。在相对坐标显示页面下,按【U】键、【W】键,使页面中的 U,W 闪烁,再按【取消 CAN】键,U,W 坐标值清零。其显示页面,如图 5.13 所示。

提示

- 当系统参数 No.005 的 Bitl =1,用 G50 设置绝对坐标值时,U,W 与设置的绝对坐标值相同。

4. 综合坐标显示页面

在综合位置页面中,同时显示相对坐标、绝对坐标、机床坐标、余移动量只在自动方式和录入方式下显示。其显示页面,如图 5.14 所示。

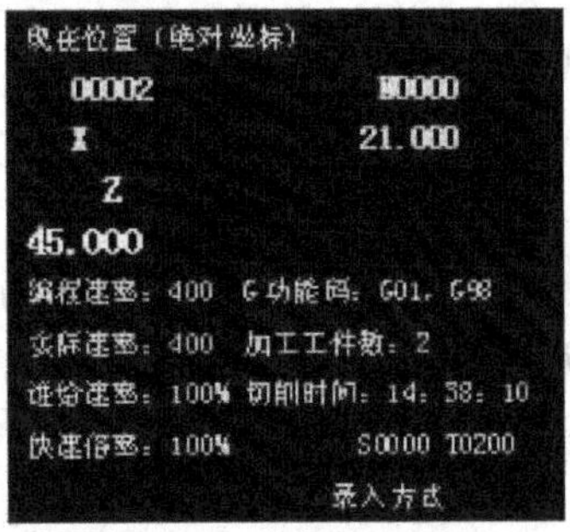

图5.12　绝对坐标显示页面

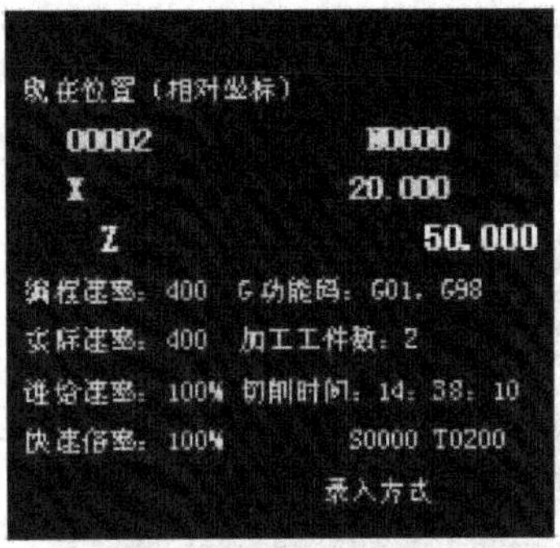

图5.13　相对坐标显示页面

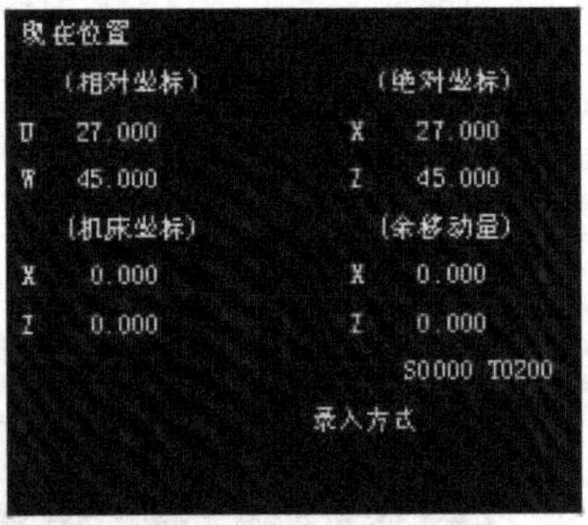

图5.14　综合位置页面

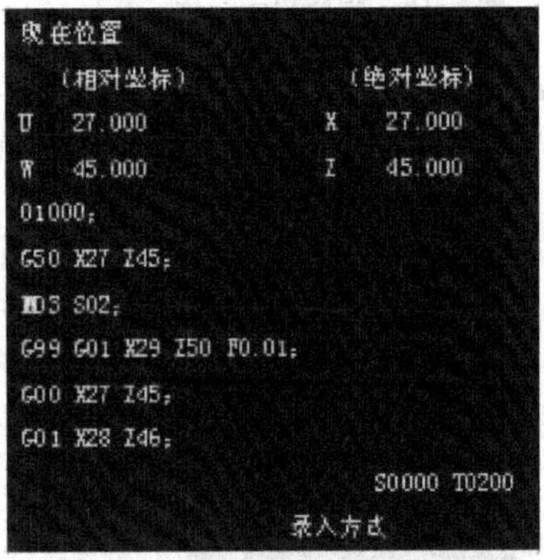

图5.15　位置/程序显示页面

提示

• 机床坐标的显示值为当前位置在机床坐标系统中的坐标值，机床坐标系是通过回机械零点建立的。

• 余移动量为程序段或 MDI 指令的目标坐标与当前绝对坐标的差值。

5. 位置/程序显示页面

在位置/程序显示页面中，同时显示当前的绝对坐标、相对坐标及当前程序的6个程序行，在程序运行中，显示的程序行动态刷新，光标位于当前程序行。其显示页面，如图5.15所示。

三、程序界面

1. 程序界面的进入及其内容

按程序PRG键，进入程序界面，在非编辑操作方式下，程序界面有程序、MDI 输入、程序目录三个页面，通过按键、或键查看。在编辑操作方式下，只有程序显示页面，通过按键、或键，显示当前程序的所有程序内容。

2. 程序显示页面

在程序显示页面中，显示包括当前程序段在内的程序内容。在编辑操作方式下，按

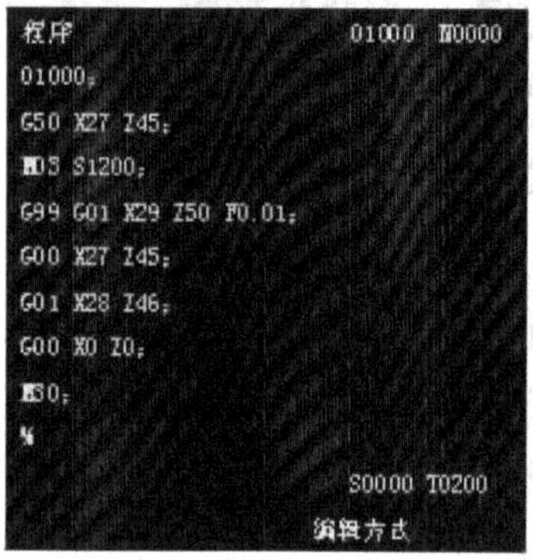

图 5.16 程序显示页面

键、或键,向前、向后查看程序内容。其显示页面,如图 5.16 所示。

3. MDI 输入显示页面

在 MDI 输入显示页面中,显示当前 G,M,S,T,F 的指令状态,在自动和录入操作方式下,显示当前程序段的内容。其显示页面,如图 5.17 所示。

4. 程序目录显示页面

程序页面显示的内容有:

(1)系统版本号。显示系统当前的版本号。

(2)已存程序数。已存入的程序数(包括子程序),剩余、尚可存入的程序数。

(3)已用存储量。存入的程序占用的存储量,剩余、还可以使用的程序存储量。

(4)程序目录表。依次显示存入程序的程序号。

其显示页面,如图 5.18 所示。

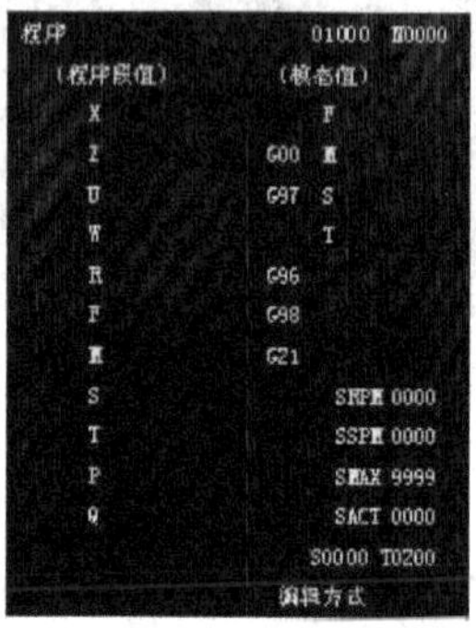

图 5.17 MDI 输入显示页面

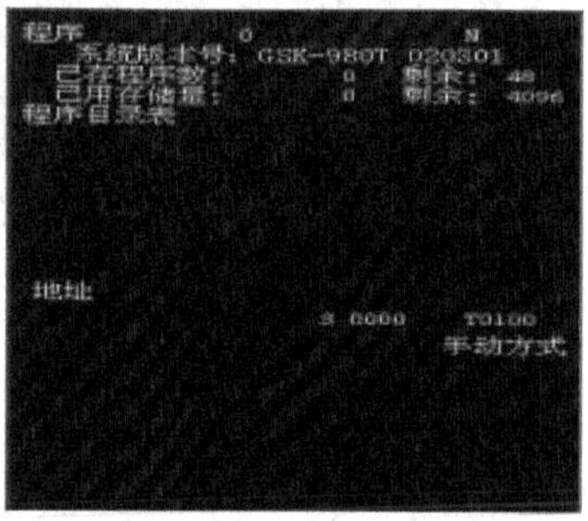

图 5.18 程序目录显示页面

四、报警界面

1. 报警界面的进入及其内容

按报警ALM键,进入报警界面,报警界面下有外部信息和报警信息两个页面,通过按键、或键查看。

2. 外部信息页面

显示超程报警和外部报警信息。其显示页面,如图 5.19 所示。

3. 报警信息页面

显示驱动器报警和程序操作错误报警信息。其显示页面,如图 5.20 所示。

提示

- 报警信息说明,见附录“广数 980 TA 系统报警说明及处理”。

五、设置界面

1. 设置界面的进入

设置SET键为复合键，从其他界面按一次设置SET键，进入，再按一次设置SET键，则进入图形界面，反复按键，可在两界面间转换。

2. 设置界面

设置界面有两页，通过按键、或键查看。其显示页面，如图5.21所示。

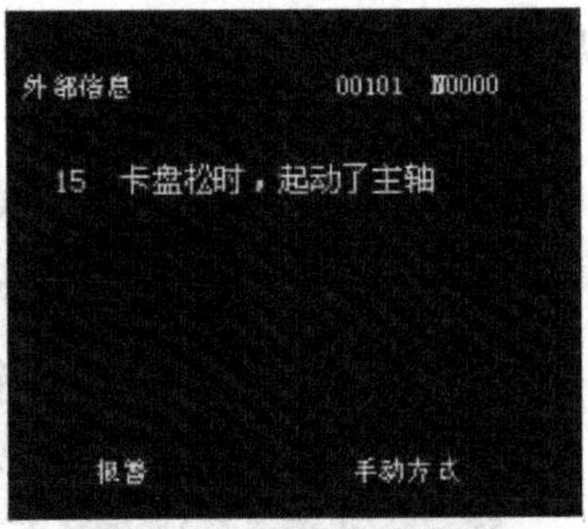

图5.19　外部信息页面

图5.20　报警信息页面

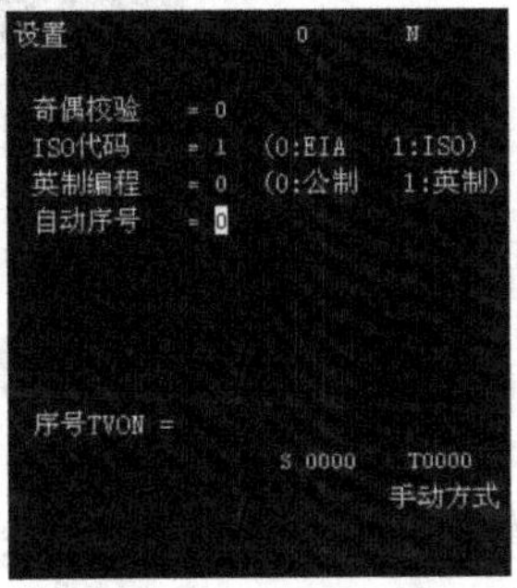

(a)

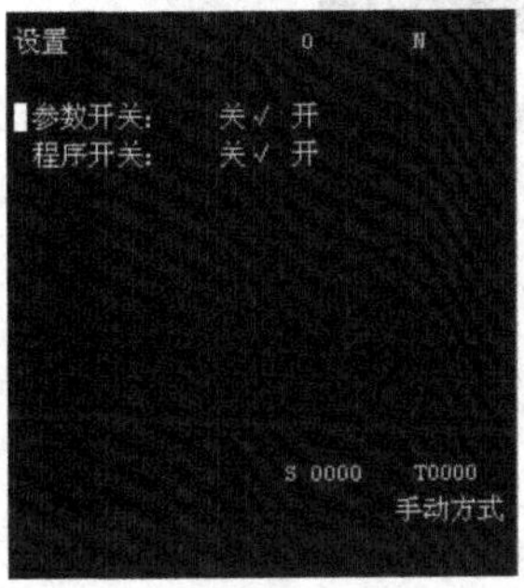

(b)

图5.21　设置界面

提示

- 奇偶校验。用于程序存储地址的校验，一般不用，设置为0。
- ISO代码。通讯时选用的代码，一般设置为1。
- 英制编程。指设置程序指令输入的尺寸单位是英制还是公制，我国数控车床都采用的是公制单位，所以一般设置为0，其单位是mm。
- 自动序号。指在程序编辑时，是否需要自动加序号。需要时设置为1，否则为0。
- 参数开关。在“开”前打“✓”，表示参数开关打开，可以修改参数；在“关”前打“✓”，表示参数开关关闭，不能修改参数。
- 程序开关。在“开”前打“✓”，表示程序开关打开，可以编辑程序；在“关”前打“✓”，表示程序开关关闭，不能编辑程序。

六、图形界面

1. 图形界面的进入及其内容

图形界面有图形参数、图形显示页面两个页面,通过按键、或键查看。

2. 图形参数页面

在图形参数界面中,可选择图形显示的坐标系、缩放比例和范围。其显示页面,如图5.22所示。

3. 图形显示页面

在图形显示页面中,显示图形参数范围(以绝对坐标为参考)内的轨迹。其显示页面,如图5.23所示。

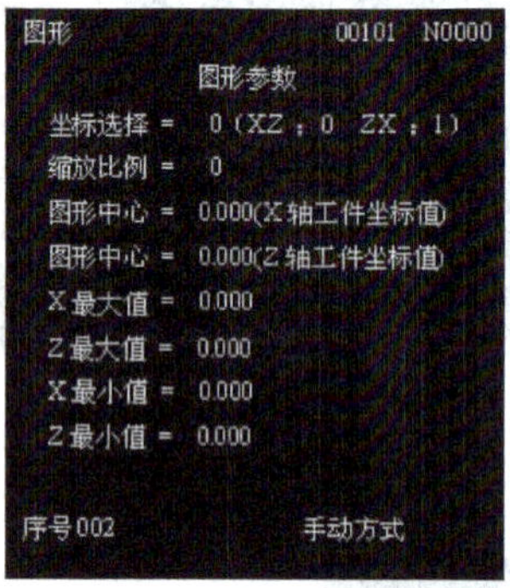

图5.22 图形参数界面

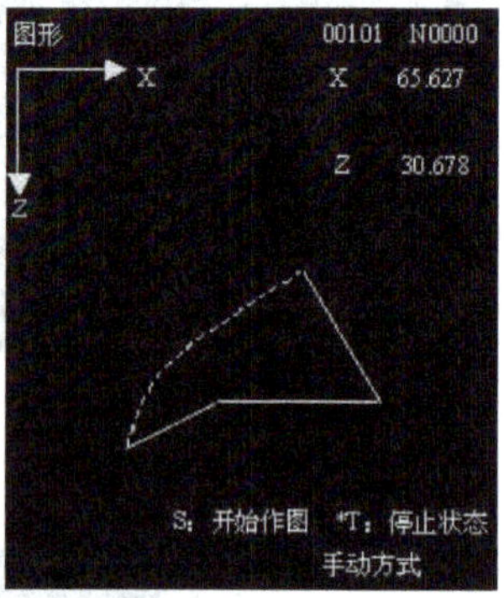

图5.23 图形显示页面

七、偏置界面

1. 偏置界面的进入及其内容

按键进入,显示刀偏和宏变量等内容,通过按键、或键查看。

2. 刀偏显示

显示的序号从000~016,为定点对刀用偏值号;从100~116,为试切对刀用偏值号,其显示页面,如图5.24所示。

3. 宏变量显示

显示的序号从200~231为系统宏变量,宏变量值可通过宏指令或键盘直接设置,其显示页面,如图5.25所示。

八、参数界面

按键,进入参数界面,参数界面显示系统位参数和数据参数等内容。通过按键、或键查看。在参数显示页面下有参数内容提示行、显示当前光标所指参数内容。对于位参数,提示行的内容可通过键,切换为参数所有位的英文缩写,或参数某一位的详细信息,显示位参数详细信息时,用键、或键改变显示的参数位。其显示页面,如图5.26、图5.27所示。

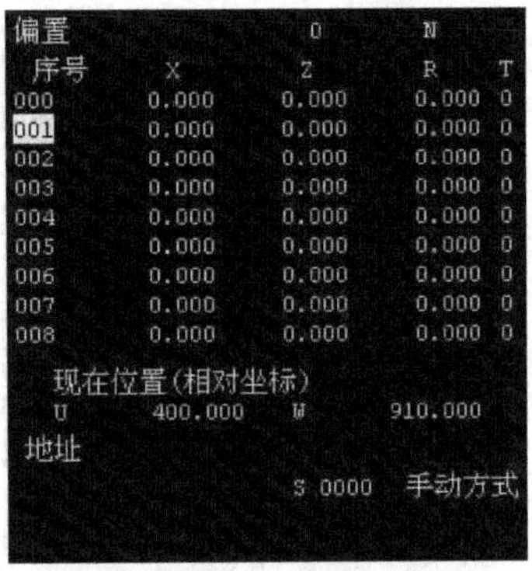

图5.24 刀偏显示页面

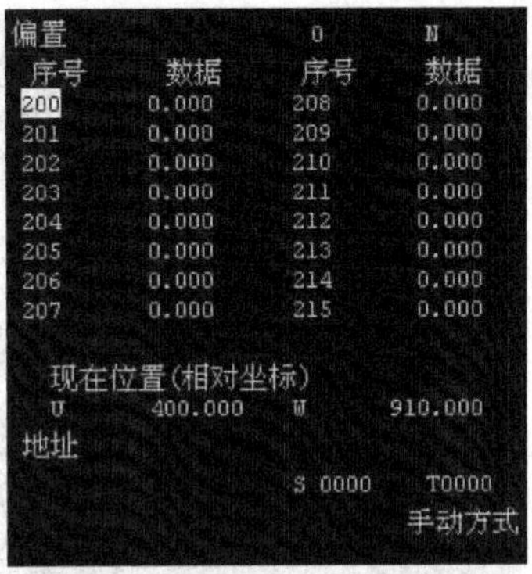

图5.25 宏变量显示页面

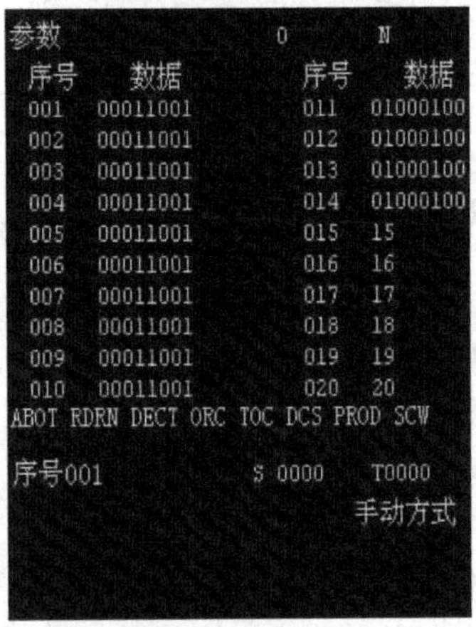

图5.26 参数所有位

图5.27 SCW参数位

九、诊断界面

1.诊断界面的进入

键为复合键,从其他界面按一次

键,进入诊断界面,再按一次

键,则进入机床面板界面,反复按键,可以在两个界面切换。

2.诊断界面显示

诊断界面显示系统和机床间输入/输出信号的状态、系统内部状态等,通过按键、或键查看。其显示页面,如图5.28所示。

3.机床面板界面显示

机床面板界面中,可用编辑键代替机床面板按键,进行操作。其显示页面,如图5.29所示。

【自己动手5.5】

(1)查看当前机床的绝对和相对坐标值,并将工件所处位置用G50设定为X23,Z40。

(2)查看当前机床的系统版本和已存储的程序数目以及各程序的内容。

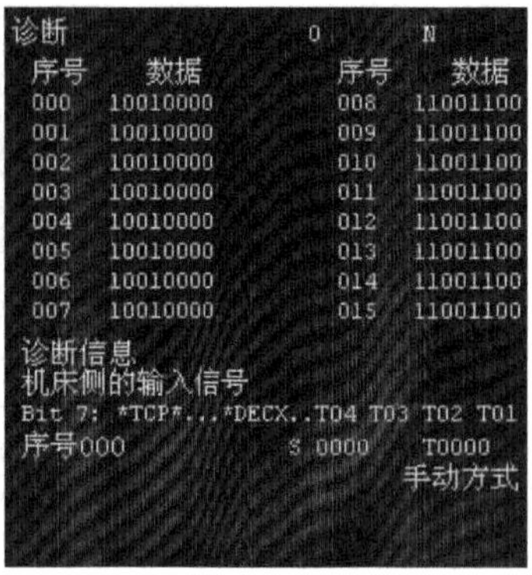

图 5.28 诊断界面

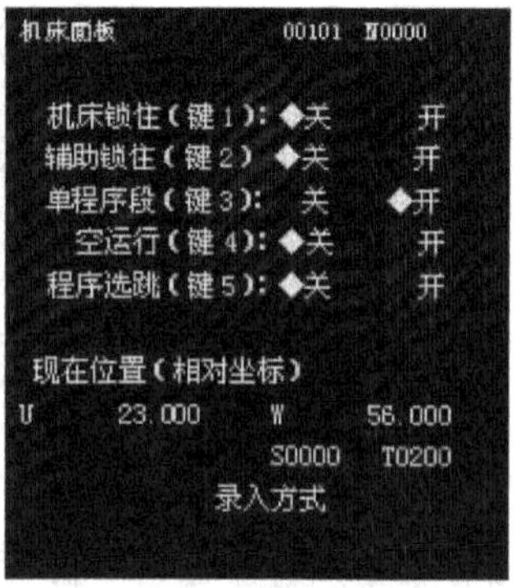

图 5.29 机床面板界面

任务3 GSK980TA 系统操作方式

课题1 了解操作方式类型和所完成的任务

一、GSK980TA 系统操作方式的类型

GSK980TA 系统有七种操作方式,它们是编辑操作方式、自动操作方式、录入操作方式、机械回零操作方式、单步/手轮操作方式、手动操作方式、程序回零操作方式。

二、GSK980TA 系统各操作方式的任务

1. 编辑操作方式

在编辑操作方式下,可以进行加工程序的建立、删除和修改操作。

2. 自动操作方式

在自动操作方式下,自动运行程序。

3. 录入操作方式

在录入操作方式下,可以进行参数的输入以及指令段的输入和执行。

4. 机械回零操作方式

在机械回零操作方式下,可以分别执行刀具,沿 X,Z 轴回机械零点操作。

5. 单步/手轮操作方式

在单步/手轮操作方式下,系统按选定的增量进行移动。

6. 手动操作方式

在手动操作方式下,可进行手动进给、手动快速、进给倍率调整、快速倍率调整以及主轴启停、冷却液开关、润滑液开关、手动换刀等操作。

7. 程序回零操作方式

在程序回零操作方式下,可分别执行刀具,沿 X,Z 轴回程序零点操作。

课题2 熟悉 GSK980TA 系统的编辑操作方式

一、程序的建立

1. 程序段号的生成

程序中,可编入程序段号,也可不编入程序段号,程序是按程序段编入的先后顺序执行的

(调用时例外)。

(1)当设置界面“自动序号”设置为0时,系统不自动生成程序号,但在编辑时可以手动编入程序段号。

(2)当设置界面“自动序号”设置为1时,系统自动生成程序段号,编辑时,按[EOB]键,自动生成下一段程序段的程序段号。程序段号的增量值,由系统参数 NO.042 设置。

2. 设置步骤

(1)按[设置 SET]键,进入设置界面。

(2)按[⇧]键、或[⇩]键,移动光标到自动序号设置项目,将该项设置为1。

(3)按[参数 PAR]键,进入参数设置界面,设置程序段号的增量值(即将 NO.042 根据自己的需要设置为某一数值)。

3. 程序内容的输入

程序内容的输入步骤为:

(1)按[编辑]键,进入编辑方式。

(2)按[程序 PRG]键,进入程序页面,按[上翻页]键、或[下翻页]键,选择程序显示页面。

(3)依次按地址键[O]和数字键[0]、[0]、[0]、[1],建立0001程序。

(4)按[EOB]键,进入新建的0001程序页面。

(5)程序内容输入,在输入时,先按地址键输入地址后,再按数字键输入数字,然后按[EOB]键就完成程序段的输入。

(6)反复按第五步操作,可以完成所有程序的输入。

提示

- 当发现某一程序段输入错误需要改正时,可以按[⇧]键、或[⇩]键,移动光标到该程序指令字:

(1)方法1:按[删除 DEL]键,将其删除,然后重新按第五步输入正确的程序段。

(2)方法2:先在地址行输入正确的指令字,然后按[修改 ALT]键,就可以将错误的修改过来。

- 当需要在某地址前插入指令时,方法是将光标移到该地址的前一个指令字处,然后键入所插指令,按[插入 INS]即可。
- 当需要删除多个指令字时,方法是将光标移到所需删除的指令字的开始,然后输入所需删除的程序号或指令字,再按[删除 DEL]键即可。

二、程序指令字的检索

1. 扫描法

扫描法指光标沿逐个指令字扫描。

(1)按[⇧]键、或[⇩]键,可以使光标沿逐个指令字,向上或向下移动。

(2)如果按住[⇧]键、或[⇩]键不放,光标向上或向下连续逐个指令字移动。

(3)按[⇞]键、或[⇟]键,可以显示程序上一页或下一页,光标位于显示页开头。

(4)当程序位于第一页时,按[⇞]键无效,当程序位于最后一页时,按[⇟]键无效。

(5)如果按住[⇞]键、或[⇟]键不放,则连续翻页。

2. 检索法

(1)指令字检索法。指从光标现在位置开始,向上或向下检索指定的指令字。

例:光标当前位置在 G50 处,现在要将光标移到 M30 处,如图 5.30 所示。其步骤为:

①依次在地址行按下地址键[M]、数字键[3]和[0]。

②按[⇩]键,系统开始向下检索,检索完后,光标位于地址 M30 下,如图 5.31 所示。

如按[⇧]键,系统向上检索,不能检索到 M30,则系统产生报警。

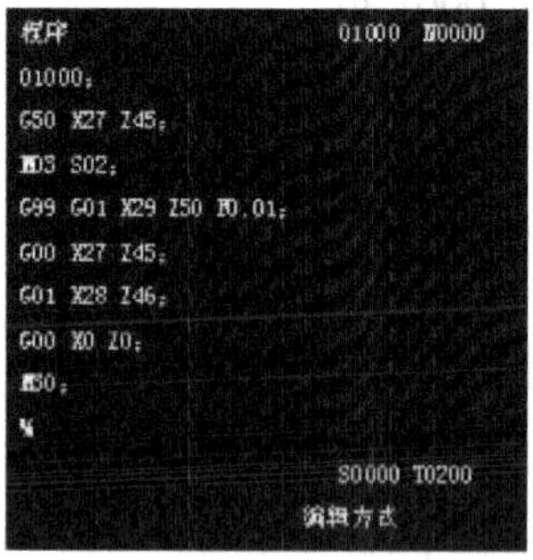

图 5.30 当前光标位置

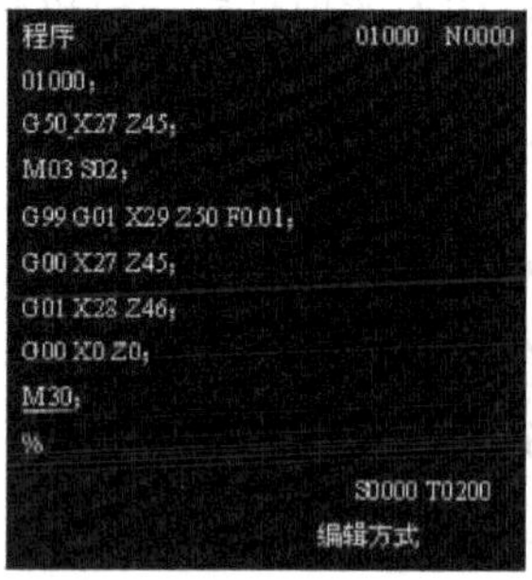

图 5.31 检索后光标位置

(2)地址检索法。指从当前位置开始,向上或向下检索指定的地址。

例:光标当前位置在 M,如图 5.32 所示,现将光标移动到 F 处。其步骤为:

①按地址键[F]。

②按[⇩]键,系统开始向下检索,检索完后,光标位于地址 F 下方,如图 5.33 所示。

如按[⇧]键,系统向上检索,不能检索到 F,则系统产生报警。

三、程序的删除

1. 单个程序的删除

(1)按[编辑]键,进入编辑方式,按[程序 PRG]键,进入程序页面。

(2)依次按地址键[O]和数字键[—]、[0]、[0]、[1](以删除 O0001 程序为例)。

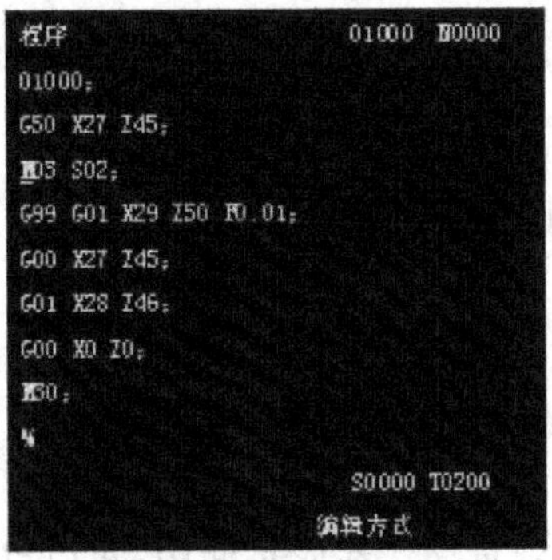

图 5.32　当前光标位置

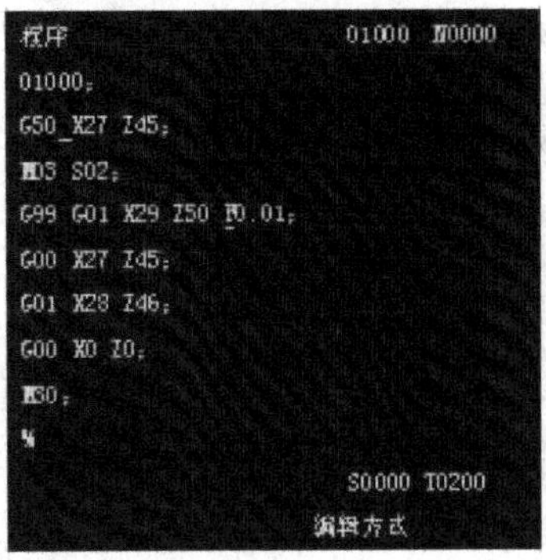

图 5.33　检索后光标位置

(3)按[删除 DEL]键,O0001 程序就被删除。

2. 全部程序的删除

(1)按[编辑]键,进入编辑方式,按[程序 PRG]键,进入程序页面。

(2)依次按地址键[O]、符号键[-]、数字键[9]、[9]、[9]、[9]。

(3)按[删除 DEL]键,全部程序就被删除。

四、程序的选择

1. 检索法

当系统中已存储了多个程序时,可以通过检索的方法选择程序。步骤为:

(1)按[编辑]键,进入编辑方式,按[程序 PRG]键,进入程序页面。

(2)按地址键[O]。

(3)键入程序号。

(4)按[↓]键,在屏幕显示所选程序。

2. 扫描法

(1)按[编辑]键,进入编辑方式,按[程序 PRG]键,进入程序页面。

(2)按地址键[O]。

(3)按[↓]键,显示下一个程序。

(4)重复(2)、(3)步,逐个显示存入的程序。

五、程序的执行

按照程序选择的步骤,选择好程序后,按外接启动键或机床面板启动键,可以使程序自动运行,完成对应的操作。

六、程序名的更改

更改程序名的步骤为:

(1)按[编辑]键,进入编辑方式,按[程序 PRG]键,进入程序页面。

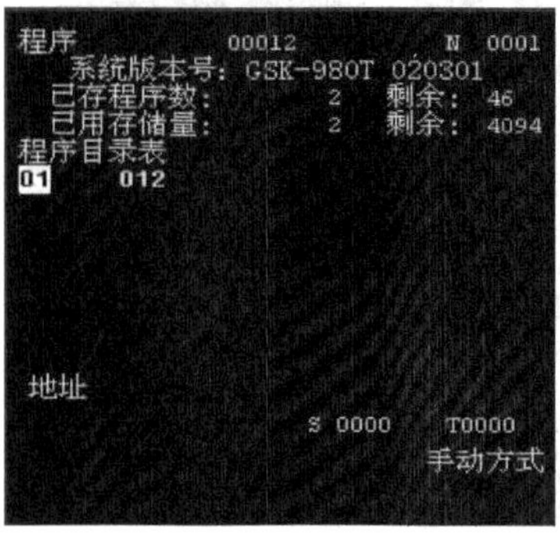

图 5.34 程序目录显示页面

(2)按地址键 O 。

(3)键入新程序号。

(4)按 修改 ALT 键,即可将程序改名为新的程序名。

七、程序的管理

1. 程序目录

在非编辑操作方式下,按 程序 PRG 键,必要时要按键、或键,进入程序目录显示页面。在此页面中,将以目录表形式显示系统已存储的程序名,每页最多显示 36 个程序,当已存程序数超过 36 个时,可按 转换 CHG 键,显示其他程序名。同时显示系统已存储的程序数量和剩余存储程序数量,以及显示已用存储容量和剩余容量,如图 5.34 所示。

2. 程序的锁住

为了防止程序意外被修改、删除,系统设置了程序开关,在程序编辑之后,可关闭程序开关,使程序锁住。锁住程序的步骤为:

(1)按 设置 SET 键,再按键或键进入程序开关显示页面。

(2)按键或键将光标移到程序开关设置项目上。

(3)按 W 键,在“关”打“✓”即可将程序锁住。

【自己动手 5.6】

将下列程序输入到系统中,要求:

(1)存盘。

(2)N0040 后面的内容改为 G02 X120 W -30 R20。

(3)在 N0030 G00 X16 插入 N0080 T0101,并将程序名改为 0001。

0010;

N0000 G00 X200 Z50;

N0006 M12;

N0010 M3 S400;

N0020 M8;

N0030 G00 X16;

N0040 G01 Z -20;

N0050 X59;

N0060 G00 X200 Z50;

N0070 M30;

课题3　熟悉 GSK980TA 系统的自动操作方式

一、程序的自动运行

1. 选择程序

按照前面所讲的检索法或扫描法的步骤,选择要运行的程序。

2. 自动运行的启动

启动程序自动运行的步骤为:

(1)按键,进入自动操作方式。

(2)按键,启动程序运行。

3. 自动运行的停止

在自动运行过程中,有时因某种需要,可能会中途停止程序的运行,980TA 系统提供了以下几种方法,可以中途停止程序的运行。

(1)用指令 M00 停止。在编写程序时,若程序指令程序段中包含有 M00 指令,当执行完此指令后,程序停止自动运行,模态功能、状态全部被保存起来,按面板键、或外接运行键后,程序继续执行。

(2)按相关键停止。这些相关键有:

①按键、或外接暂停键。在自动运行过程中,按键、或外接暂停键后,机床呈现以下状态:

机床进给减速停止;在 G04 指令执行时,计时暂停,模态功能、状态被保存。按键后,程序将继续执行。

②按复位键:。在自动运行时,按键,机床呈现的状态有:

所有轴运动停止;M,S 功能输出无效;自动运行结束,模态功能、状态保存。

③按急停按钮。在机床运行过程中如果遇到紧急情况时,可以按急停按钮,系统就进入紧急停止状态,此时机床运动立即停止,所有的输出全部关闭。松开急停按钮,解除急停报警,系统进入复位状态。注意只有将诊断参数 MESP 设置为 0 时,外部急停才有效。

4. 从任意段自动运行

有时,为了某种加工的要求,需要从加工程序的中间某段程序开始运行。具体操作步骤如下:

(1)按键,进入编辑方式,按

键,进入程序页面。

(2)按键、或键,将光标移到准备开始运行的程序段处。

(3)把刀具移到当前光标所在程序段的上一程序段运行后的终点位置处。

(4)如果当前的模态与运行该程序前的模态不一致,执行相应的模态功能、状态。

(5)按键,进入自动操作方式,按键,启动程序运行。

二、调整进给速率、快速倍率和主轴速度

在自动运行时,可以通过调整进给、快速移动倍率,改变运行速度,而不需要改变程序及参数中设定的速度值。

1. 进给速率的调整

、、为进给倍率键,按下、或键,可以 16 级进给倍率的实时调节,按一次键,进给倍率增加一挡,直至 150%。按一次键,进给倍率减少一挡,直至 0。

提示

- 进给倍率调整程序中 F 指定的值。
- 实际进给速度 = F 指定值 × 进给倍率。

2. 快速倍率的调整

、、为快速倍率键,按下键、键,可以实现快速倍率 F0、25%、50%、100% 四挡实时调节,按一次键,进给倍率增加一挡,直至 100%。按一次键,进给倍率减少一挡,直至 F0。

提示

- 沿 X、Z 轴快速移动速率,由系统参数 No.022 和 No.023 分别设置。
- 沿 X、Z 轴实际快速移动速度 = 系统参数指定值 × 快速倍率。
- 当快速倍率为 F0 时,快速移动的最低速率由系统参数 No.032 设定。

3. 主轴速度的调整

在自动运行中,当选择模拟电压输出,控制主轴速度时,可修调主轴速度。、、为主轴倍率键。按下键、键,可以调节主轴倍率而改变主轴速度。它可实现主轴倍率 50% ~ 120%,共 8 级的实时调节。按一次键,进给倍率增加一挡,直至 120%。按一次键,进给倍率减少一挡,直至 50%。

提示

- 输出的模拟电压最高值 = 设定的模拟电压最高输出值 × 主轴倍率。
- 主轴倍率变化在屏幕左下角显示,通过按转换 CHG 键,在快速倍率与主轴倍率间转换。

三、程序的自动运行状态

1. 单段运行

在首次执行程序时,为防止编程错误而出现意外,可以选择单段运行。

(1)在自动操作方式下,按下键,单段运行指示灯键亮,表示选择了单段运行。

(2)进入诊断界面下的机床面板页面,按数字键 3,选择单段运行开。

单段运行时,执行完当前程序段后,系统停止运行,继续执行下一个程序段时,需按

键，如此反复，直至程序运行完毕。

2. 空运行

在自动运行程序前，为防止编程错误而出现意外，可以选择空运行状态，进行程序的校验。有两种方式启动空运行。

（1）在自动操作方式下，按下键，空运行指示灯亮。表示进入了空运行状态。

（2）进入诊断界面下的机床面板页面，按数字键4，选择空运行开。空运行状态下，机床进给，辅助功能有效，程序中指定的速度无效。

3. 机床锁住运行

在自动操作方式下，按键，机床锁住运行指示灯键亮，表示进入机床锁住运行状态，或者进入诊断界面下的机床面板页面，按数字键1，选择机床锁住运行开。机床锁住运行常与辅助功能、锁住功能一起用于程序校验。机床锁住运行的状态：

（1）机床拖板不移动，位置界面中的“机床坐标”不改变。

（2）除机床坐标外，其他坐标的显示和未锁住状态时一样。

（3）M，S，T指令照样执行。

4. 辅助功能锁住运行

在自动操作方式下，按

键，辅助功能锁住运行指示灯键

亮，表示进入辅助功能锁住运行状态，或者进入诊断界面下的机床面板页面，按数字键2，选择辅助功能锁住运行开。此时M，S，T指令不执行，机床拖板移动。通常与机床锁住功能一起用于程序校验。辅助功能锁住有效时，不影响M00，M30，M98，M99的执行。

5. 程序段选跳段功能

在程序中不想执行某一段程序而又不想删除时，可选择程序段跳段功能。

（1）从其他界面按一次

键，进入诊断界面。

（2）再按一次

键，则进入机床面板界面。

（3）按键、或键，将光标移到程序选跳开关设置项目，将开打上“◆”，表示程序段选跳功能打开，如图5.35所示。

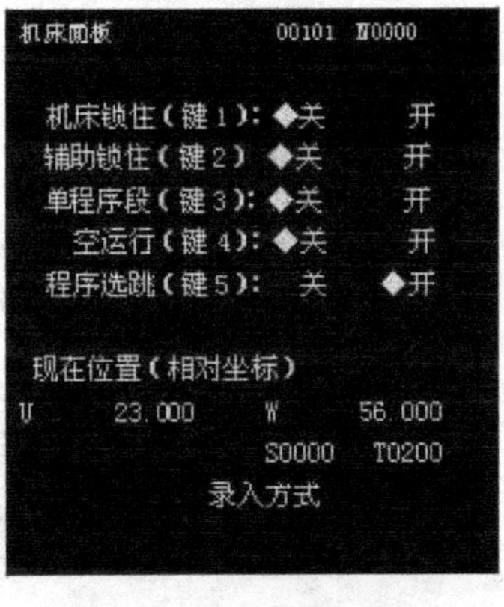

图5.35 程序选跳

（4）当程序段段首有“/”号，且程序段选跳开关打开时，在自动运行时，此程序段跳过不运行。

（5）当程序段段首有“/”号，但程序段选跳开关未打开时，在自动运行时，此程序段照常运行。

课题4　熟悉GSK980TA系统的手动操作方式

一、手动操纵刀具沿坐标轴的进给运动

按键,进入手动操作方式,手动操作方式下可以进行手动进给、主轴控制等操作。

1. 手动移动速度的选择

(1)手动进给倍率的选择。其选择有:

①按键,进入手动操作方式。

②按 位置POS 键,显示当前进给倍率情况。

③按手动进给倍率增减键:、,向上或向下,根据要求按表5.4,调整手动进给倍率。

(2)手动快速倍率的选择。其选择有:

①按键,进入手动操作方式。

②按 位置POS 键,显示当前进给倍率情况。

③按键,选择手动快速进给。

④按手动进给倍率增减键:、,向上或向下,按要求调整手动进给倍率。

2. 手动进给

(1)按键,进入手动操作方式。

(2)按 -X 键、或 +X 键,使刀具沿 *X* 轴,向负向或正向进给。

(3)按 -Z 键、或 +Z 键,可使刀具沿 *Z* 轴,向负向或正向进给。

(4)松开按键,刀具停止移动。

当手动进给时,可调整进给倍率,改变切削进给速度。

3. 手动快速移动

(1)按键,进入手动操作方式。

(2)按键,指示灯键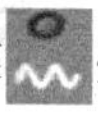亮,表示进入手动快速移动状态。

(3)按 -X 键、或 +X 键,使刀具沿 *X* 轴,向负向或正向进给。

(4)按 -Z 键、或 +Z 键,可使刀具沿 *Z* 轴,向负向或正向进给。

(5)松开按键,刀具停止移动。

二、坐标值清零

1. 相对位置清零

相对位置清零的步骤为:

(1)按位置POS键(必要时,按键、或键)进入相对坐标页面,显示相对坐标值。

(2)按W键后,再按取消CAN键,则 *W* 坐标被清零。

(3)按U键后,再按取消CAN键,则 *U* 坐标被清零。

2. 机床坐标清零

机床坐标清零的步骤为:

(1)按位置POS键(必要时,按键、或键)进入综合坐标页面,显示机床坐标值。

(2)按取消CAN键后,再按X键,则机床 *X* 坐标值被清零。

(3)按取消CAN键后,再按Z键,则机床 Z 坐标值被清零。

三、其他手动操作控制

1. 机床主轴正反转和停止控制

手动方式下,按键,主轴正转;按键,主轴反转;按键,主轴停止。

2. 冷却液控制

在手动方式下,按键,冷却液开启,再按键,冷却液关闭。

3. 润滑控制

在手动方式下,按键,润滑开启,再按键,润滑关闭。

4. 手动换刀

在手动方式下,按键,手动相对换刀,按一次换一把。一般经济型数控机床刀台可安装 4 把刀,故可换 4 次。

课题 5　熟悉 GSK980TA 系统的录入操作方式

一、程序的录入操作

1. 指令字的输入

选择 MDI 方式,进入程序页面,输入一个程序段 G00 X200 Z50,操作如下:

(1)按键,进入录入操作方式。

(2)按程序PRG键(必要时,按键或键),进入 MDI 页面,显示如图 5.36 所示。

(3)依次键入地址键G,数字键0、0及输入IN键,则页面显示,如图 5.37 所示。

(4)依次键入地址键X、数字键2、0、0及输入IN键。

(5)依次键入地址键Z,数字键5、0及输入IN键。

执行(4)、(5)步操作后,页面显示,如图 5.38 所示。

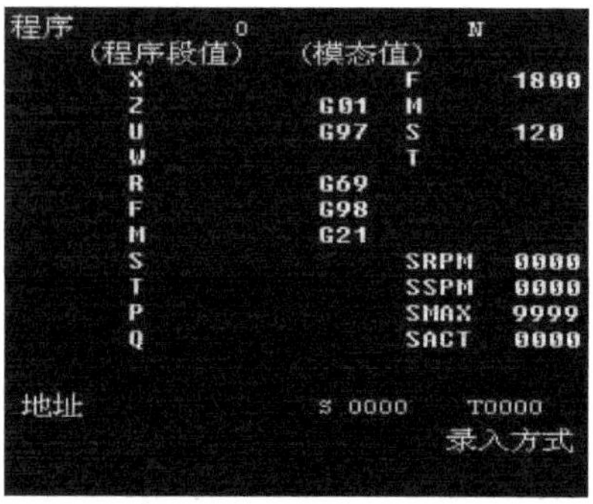

图 5.36 MDI 页面

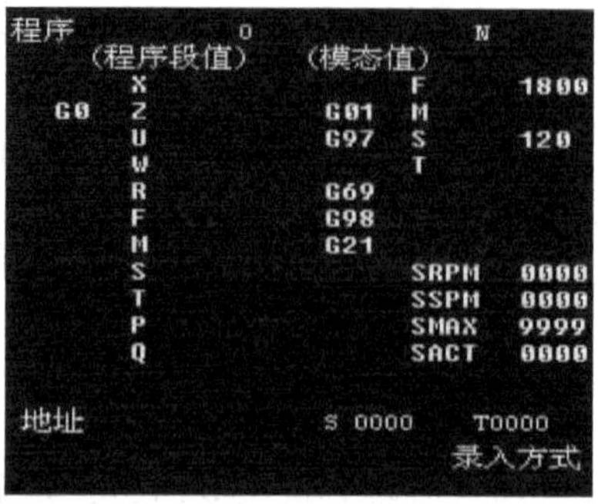

图 5.37 G0 显示

2. 指令字的执行

指令字输入后,按键,执行 MDI 指令,运行过程中,可按键、键以及急停按钮,使 MDI 指令停止运行。

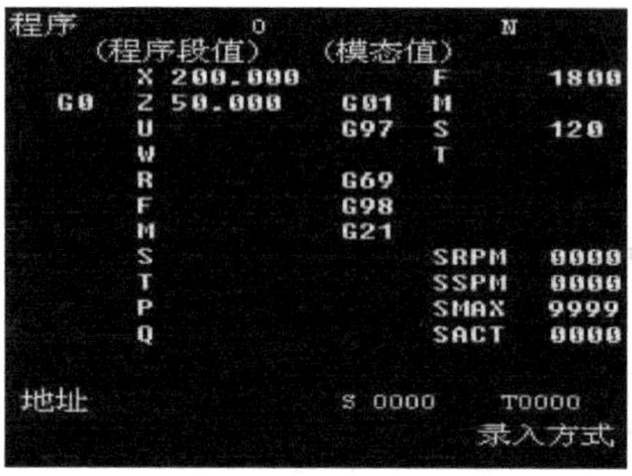

图 5.38 坐标值显示

3. 数据的修改

在录入方式下,程序界面中,当在执行程序时,发现字段输入有错,可以按键,清除所有内容,再重新输入正确的,或者重新输入正确的部分,代替错误的部分。

如果在程序中,需要输入"Z50"而输成"Z30"了,在 MDI 页面重新按地址键 Z 和数字键 5 、 0 以及输入 输入 IN 键,即可修改错误的 Z30。

在录入方式下,还可以进行冷却液的开关操作、修调主轴倍率、快速倍率、进给倍率,也可进行机床锁住、辅助锁住和空运行等操作。

课题 6 熟悉 GSK980TA 系统的手轮/单步操作方式

一、单步进给

1. 增量的选择

(1)进入单步操作显示页面。进入单步操作显示页面的步骤为:

①将系统参数 No. 001 的 Bit3 位设置为 0;

②按键,进入单步操作方式,此时显示页面,如图 5.39 所示。

(2)选择增量,按键 0.001 键、或 0.01 键、或 0.1 键、或 1 键选择。

2. 移动方向的选择

根据需求,选择刀具移动方向,可以选择按一次 −X 键、或 +X 键、或按 −Z 键、或 +Z 键,使刀具沿坐标轴,向负向或正向,按单步增量进给一次。

提示

• 在选择增量时，要注意诊断参数：DNG.073 的设定值，否则就不是对应的增量值。

(1) 当诊断参数：DNG.073 的设定值为 0 时，0.001、或 0.01 键、或 0.1、或键 1 对应的才是所标注的增量值。

(2) 当诊断参数：DNG.073 的设定值为 1 时，0.001 键、或 0.1 键对应的增量应为 0.001 mm，0.01 键、或 1 键对应的增量应为 0.01 mm。

二、手轮进给

1. 手轮进给的操作

(1) 进入单步操作显示页面。

①将系统参数 No.001 的 Bit3 位设置为 1；

②按◎键，进入手轮操作方式，此时显示页面，如图 5.40 所示。

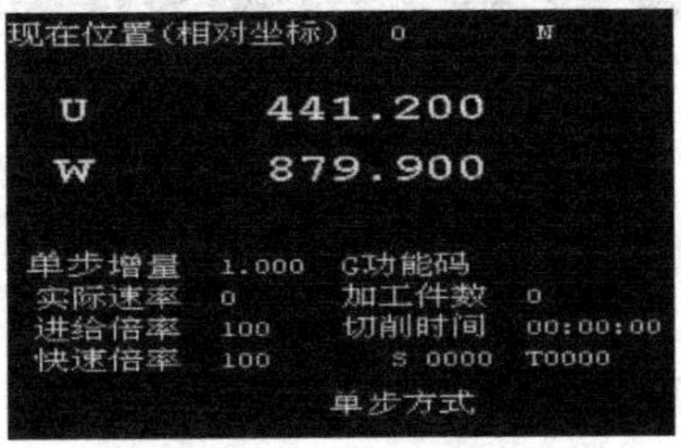

图 5.39　单步操作

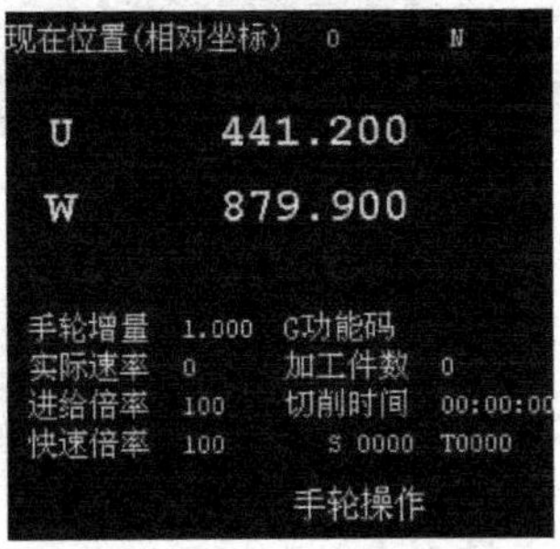

图 5.40　手轮操作

(2) 选择增量，按 0.001 键、或 0.01 键、或 0.1 键、或 1 键选择。

2. 移动轴及方向的选择

在手轮操作方式下，按 X◎ 键、或 Z◎ 键，选中地址 U 或 W，使其闪烁，从而选择刀具需要移动的方向：进给方向，根据需要，使手轮顺时针或逆时针转动。

提示

• 在选择增量时，要注意诊断参数：DNG.073 的设定值，否则就不是对应的增量值。

(1) 当诊断参数 DNG.073 的设定值为 0 时，0.001 键对应的增量为 0.001 mm，0.01 键对应的增量为 0.01 mm，0.1 键、或 1 键对应的增量值为 0.1 mm。

(2) 当诊断参数 DNG.073 的设定值为 1 时，按键表示的增量值与单步操作时一样。

• 手轮旋转方向一般顺时针为正向进给，逆时针为负向进给，如果需要顺时针为负向进给，则要交换手轮端 A，B 信号。

• 手轮旋转的速度不得高于 3 r/s。

课题7　熟悉 GSK980TA 系统的回零操作方式

一、程序回零

1. 程序零点的含义

所谓程序零点就是在工件坐标系中,由 G50 设定的当前刀具所处的绝对坐标位置。执行程序回零后,就是回到程序零点(即 G50 设定的位置)。

2. 程序回零的操作步骤

(1)按键,进入程序回零操作方式,显示页面,如图 5.41 所示。

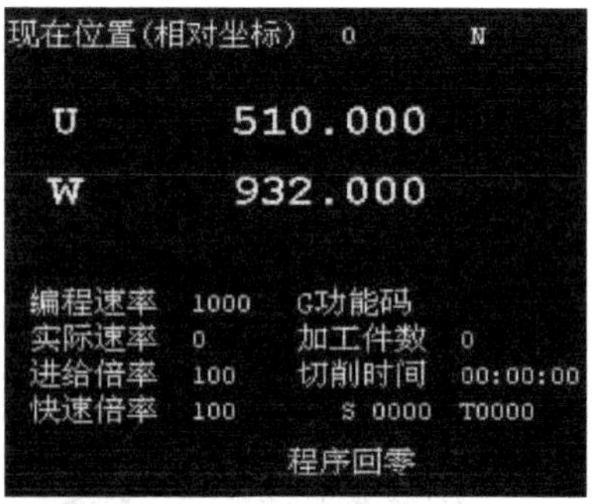

图 5.41　程序回零

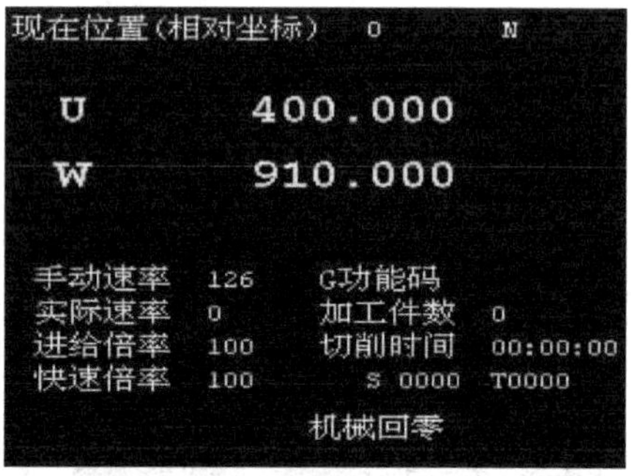

图 5.42　机械回零

(2)按 +X 键、或 +Z 键,选择回 X 或 Z 轴程序零点。

(3)看回零结束指示灯键是否亮,若亮,回零结束。

提示

- 刀具沿 X,Z 轴不能同时回零。
- 进行程序回零后,系统取消刀具长度补偿,进行下步操作时要重新设置。

二、机械回零

1. 机械零点的含义

机械零点是指机床坐标系的原点,它由安装机床的零点开关或回零开关决定。机床坐标系是 CNC 进行坐标计算的基准坐标系,是机床固有的,编程时用来规定运动的方向和距离。

2. 机械回零的操作步骤

(1)按键,进入机械回零操作方式,显示页面的最下行,显示“机械回零”字样。显示如图 5.42 所示。

(2)按 +X 键、或 +Z 键,选择回 X 或 Z 轴机械零点。

(3)看回零结束指示灯键是否亮,若亮,回零结束。

提示

- 如果数控机床未安装机械零点，不得使用机械回零操作。
- 进行机械回零后，系统取消刀具长度补偿，进行下步操作时要重新设置。

课题 8　熟悉刀具偏置与对刀

一、定点对刀与试切对刀

为简化编程，在编程时不考虑刀具的实际位置，可通过对刀操作来获得刀具偏置数据。对刀方式有：定点对刀、试切对刀和回机械零点对刀。

1. 定点对刀

定点对刀的操作步骤为：

(1) 选择任意一把刀，使刀具中的偏置号为 0（如 T0100，T0300）。

(2) 将基准刀的刀尖定位到某点（对刀点），如图 5.43 所示。

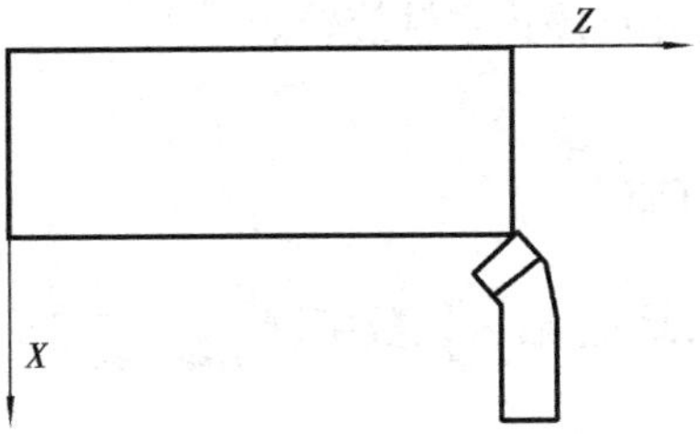

图 5.43　基准刀定位

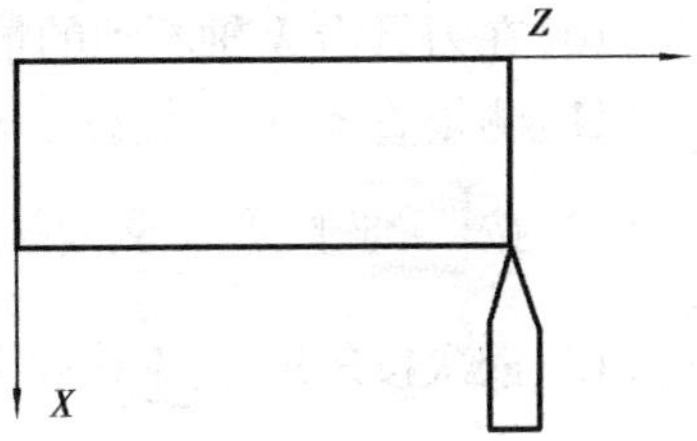

图 5.44　第二把刀定位

(3) 使相对坐标值清零。

(4) 按【刀补 OFT】键，进入偏置界面，按【⇧】键、或【⇩】键，移动光标，选择基准刀对应的偏置号。

(5) 按地址键【X】、数字键【0】、再按【输入 IN】键，使基准刀 *X* 轴偏置量为 0。

(6) 按地址键【Z】、数字键【0】、再按【输入 IN】键，使基准刀 *Z* 轴偏置量为 0。

(7) 移动刀具到安全位置后，选择另外一把刀具，使刀具中的偏置号为 0，并移动到对刀点。如图 5.44 所示。

(8) 按【刀补 OFT】键，进入偏置界面，移动光标，选择基准刀对应的偏置号。

(9) 按地址键【X】、再按【输入 IN】键，*X* 轴刀补值被置到相应的偏置号中。

(10) 按地址键【Z】、再按【输入 IN】键，*Z* 轴刀补值被置到相应的偏置号中。

2. 试切对刀

试切对刀的操作步骤为：

(1) 以工件端面建立工件坐标系，如图 5.45 所示。

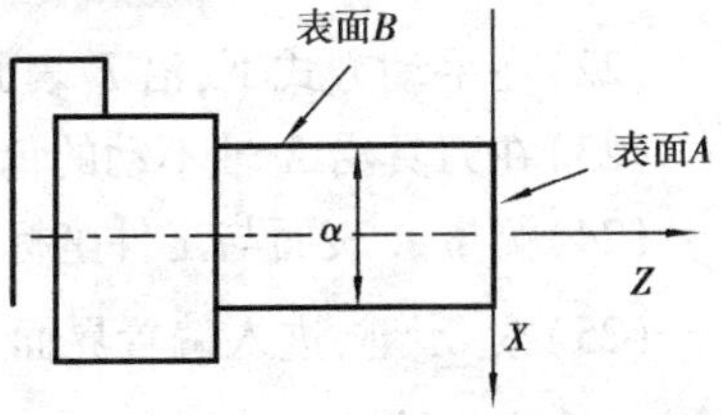

图 5.45　以工件端面建立工件坐标系

(2) 进入参数设置，将系统参数 No.012 的 Bite 5 位设置为1。

(3)选择任意一把刀，使刀具沿 A 表面切削。

(4)在刀具沿 Z 轴不动的情况下，沿 X 轴退出刀具，并且停止主轴旋转。

(5)按键，进入录入方式，按程序PRG键，进入 MDI 页面。

(6)依次按下地址键 G、数字键 5、0 以及输入IN键，地址键 Z、数字键 0 及输入IN键，再按键，把当前的 Z 向绝对坐标设为0。

(7)按刀补OFT键，进入偏置界面，按键⇧、或键⇩，移动光标选择基准刀对应的偏置号（该刀具对应的偏置号+100）。

(8)依次按地址键 Z、数字键 0 及输入IN键，Z 向刀偏被设为0。

(9)使刀具沿 B 表面切削。

(10)在刀具沿 X 轴不动的情况下，沿 Z 轴退出刀具，并且停止主轴旋转。

(11)测量直径“α”（假设 $\alpha=10$）。

(12)按键，进入录入方式，按程序PRG键，进入 MDI 页面。

(13)依次按地址键 G、数字键 5、0 以及输入IN键，地址键 X、数字键 1、0 及输入IN键，再按键，把当前 Z 向的绝对坐标设为20。

(14)按刀补OFT键，进入偏置界面，按⇧键、或⇩键，移动光标，选择基准刀对应的偏置号（该刀具对应的偏置号+100）。

(15)依次按地址键 X、数字键 1、0 及输入IN键，X 向刀偏被设定。

(16)移动刀具到安全位置后，选择另外一把刀具。

(17)在手动方式下，沿 A 表面切削。

(18)在刀具沿 Z 轴不动的情况下，沿 X 轴退出刀具，并且停止主轴旋转。

(19)测量 A 表面与工件坐标系原点之间的距离“β”（假定为 2 mm）。

(20)按刀补OFT键，进入偏置界面，按⇧键、或⇩键，移动光标，选择基准刀对应的偏置号（该刀具对应的偏置号+100）。

(21)依次按地址键 Z、符号键 -、数字键 2 及输入IN键，Z 向刀偏被设定。

(22)在手动方式下，沿 B 表面切削。

(23)在刀具沿 X 轴不动的情况下，沿 Z 轴退出刀具，并且停止主轴旋转。

(24)测量 A 表面与工件坐标系原点之间的距离“α”（假定为 20 mm）。

(25)按刀补OFT键，进入偏置界面，按⇧、或⇩键，移动光标，选择基准刀对应的偏置号（该刀具对应的偏置号+100）。

(26)依次按地址键 X、数字键 1、0 及输入IN键，X 向刀偏被设定。

重复以上步骤(15)～(25),对其他刀具。

二、回机械零点对刀与偏置值的修改

1. 回机械零点对刀

回机械零点对刀的操作步骤为:

(1)以工件端面建立工件坐标系,如图 5.46 所示。

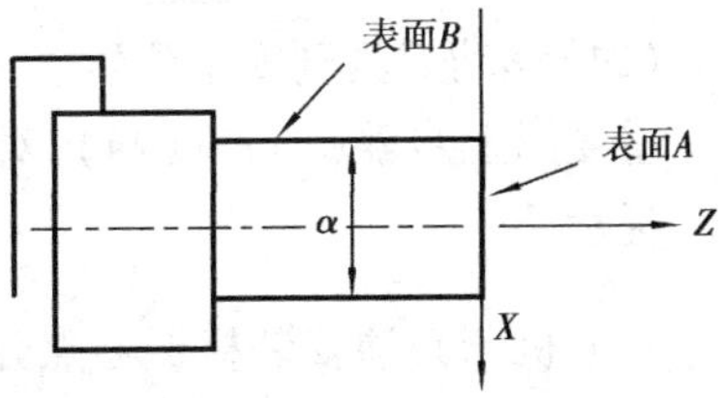

图 5.46　以工件端面建立工件坐标系

(2)按[⇒]键,进入机械回零操作方式,使两轴回机械零点。

(3)进入参数设置,将系统参数 No. 013 的 Bite3 位设置为 1。

(4)选择任意一把刀,使刀具中的偏置号为 0,并使刀具沿 *A* 表面切削。

(5)在 *Z* 轴不动的情况下,沿 *X* 轴退出刀具,并且停止主轴旋转。

(6)按[刀补 OFT]键,进入偏置界面,按[⇧]键、或[⇩]键,移动光标选择基准刀对应的偏置号(该刀具对应的偏置号 +100)。

(7)依次按地址键[Z]、数字键[0]及[输入 IN]键, *Z* 轴偏置值被设定。

(8)使刀具沿 *B* 表面切削。

(9)在 *X* 轴不动的情况下,沿 *Z* 轴退出刀具,并且停止主轴旋转。

(10)测量直径"α"(假设 $\alpha=20$)。

(11)按[刀补 OFT]键,进入偏置界面,按键[⇧]、或[⇩],移动光标,选择基准刀对应偏置号(该刀具对应的偏置号 +100)。

(12)依次按地址键[X]、数字键[2]、[0]及[输入 IN]键,*X* 向刀偏被设定。

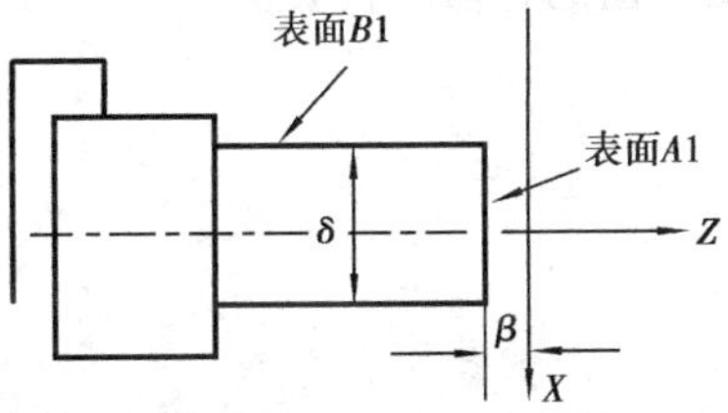

图 5.47　工件坐标系

(13)移动刀具到安全位置后,选择另外一把刀具,使刀具中的偏置号为 0。工件坐标系,如图 5.47 所示。

(14)使刀具沿 *A*1 表面切削。

(15)在刀具沿 *Z* 轴不动的情况下沿 *X* 轴退出刀具,并且停止主轴旋转。

(16)测量 *A* 表面与工件坐标系原点之间的距离"β"(假定为 2 mm)。

(17)按[刀补 OFT]键,进入偏置界面,按[⇧]键、或[⇩]键,移动光标,选择基准刀对应的偏置号(该刀具对应的偏置号 +100)。

(18)依次按地址键[Z]、符号键[-]、数字键[2]及[输入 IN]键,*Z* 向刀偏被设定。

(19)使刀具沿 *B*1 表面切削。

(20)在 *X* 轴不动的情况下沿 *Z* 轴退出刀具,并且停止主轴旋转。

(21)测量 *A* 表面与工件坐标系原点之间的距离"δ"(假定为 10 mm)。

(22)按[刀补 OFT]键,进入偏置界面,按键[⇧]键、或[⇩]键,移动光标,选择基准刀对应的偏置号

(该刀具对应的偏置号+100)。

(23)依次按地址键 X 、数字键 1 、 0 及 输入 IN 键,X向刀偏被设定。

(24)移动刀具到安全位置。

重复以上步骤(15)~(24),对其他刀具。

提示

• 机床必须安装机械零点开关,才能进行回机械零点对刀操作。

• 回机械零点对刀后,不能执行 G50 指令设定工件坐标系。

• 系统必须设置为坐标偏移方式执行刀补,而且第一个程序段用 T 指令执行刀具长度补偿,或程序的第一个移动指令程序段包含执行刀具长度补偿的 T 指令。

• 系统相应参数必须设置如下:

(1)系统参数 No.004 的 Bite4 位设置为 1;

(2)系统参数 No.004 的 Bite7 位设置为 0;

(3)系统参数 No.012 的 Bite5 位设置为 1;

(4)系统参数 No.012 的 Bite7 位设置为 1。

• 系统参数 No.049、No.050 的设置值应与机械零点在工件坐标系 XOZ 中的绝对坐标值相近。

2. 偏置值的修改

(1)绝对值的输入步骤:

①按 刀补 OFT 键,进入偏置界面,通过按 ⊟ 键、或 ⊟ 键,显示 No.000 ~ No.008、No.009 ~ No.016偏置号。

②在偏置界面,按 ⇧ 键、或 ⇩ 键,移动光标至需要修改偏置值的补偿号位置。

③按地址键 X 、 Z ,输入补偿量(可输入小数点)。

④按 输入 IN 键,补偿量显示在屏幕上。

(2)增量值的输入。增量值的输入步骤为:

①按按 刀补 OFT 键,进入偏置界面,通过按 ⊟ 键、或 ⊟ 键,显示 No.000 ~ No.008、No.009 ~ No.016 偏置号。

②在偏置界面,按 ⇧ 键、或 ⇩ 键,移动光标至需要修改偏置值的补偿号位置。

③按地址键 W 、 U ,输入补偿增量(可输入小数点)。

④按 输入 IN 键,把当前的偏置量与键入的增量值相加,作为新的补偿量显示在屏幕上。

提示

- 变更刀偏时，新的偏移量在执行 T 代码后生效。
- 如果实际测量工件尺寸与零件图纸尺寸不符合，尺寸太大，则在原偏置值上加上误差值；尺寸太小，则在原偏置值上减去误差值。

【自己动手 5.6】

(1)已知零件图样，如图 5.48 所示，按加工要求，采用试切对刀和回机械零点对刀，完成所有刀具的对刀操作(毛坯长为 200 mm，直径为 40 mm)。

(2)已知需要加工零件的外径尺寸为 60.982 mm，而实际测得零件尺寸为 70.01 mm，加工时用 01 号刀偏值。工件加工前 01 号刀偏值，如图 5.49 所示。试修改刀具偏置值。

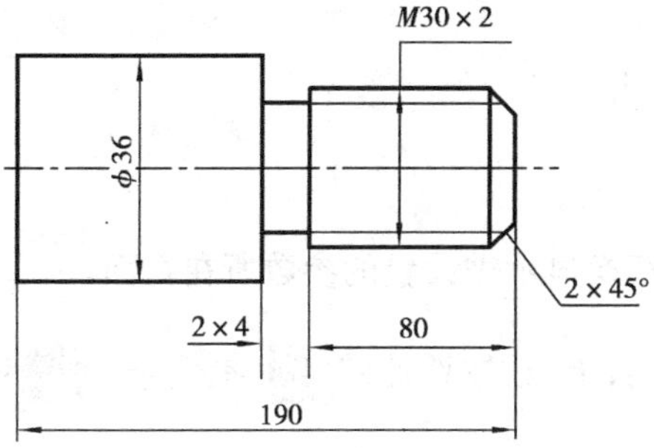

图 5.48　零件图

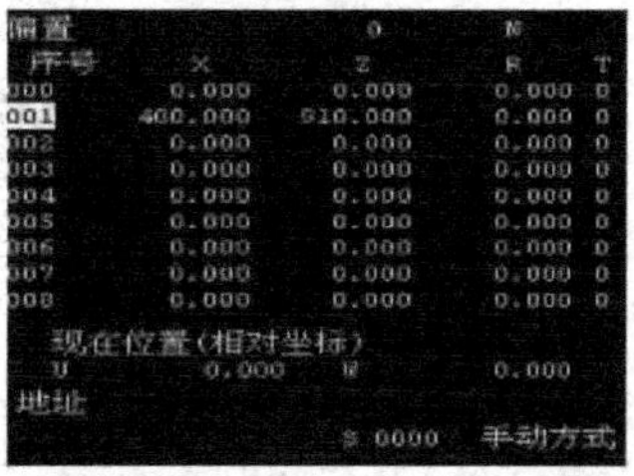

图 5.49　刀具偏置显示

课题 9　数据的设置和保存

一、数据的设置

1. 设置界面(一)的设置

(1)按[录入]键，进入录入操作方式，按[设置 SET]键，进入设置界面。

(2)按[⇧]键、或[⇩]键，移动光标至需要设置的项目上。

(3)按要求和下列说明，键入 1 或 0。

①奇偶校验。未用。

②ISO 代码。通讯时选用的代码，设置为 1，表示 ISO 码；设置为 0，表示为 EIA 码，用通用编程器时，用 ISO 码。

③英制编程。设置为 1，表示指令单位是英寸；设置为 0，表示指令单位是毫米。

④自动序号。设置为 1，表示编程时自动插入顺序号；设置为 0，表示编程时不能自动插入顺序号。

(4)按[输入 IN]键，设置完毕。

2. 设置界面(二)的设置

(1)按[设置 SET]键，进入开关设置界面，按键[⇧]键、或[⇩]键，移动光标至需要设置的项目上。

(2)按[D_L]键和[W]键，切换开关页面，按[W]键，"√"左移；按[D_L]键，"√"右移。只有在参数开关打开时,才能修改参数;只有在程序开关打开时,才能编辑程序。

3. 图形界面的设置

(1)按键,进入录入操作方式。

(2)按键,进入图形界面,按键、或键,显示图形参数界面。

(3)按键、或键,移动光标至需要设置的项目上。

(4)键入相应的参数值。

(5)按键,设置完毕。

4. 系统参数、诊断参数的设置

(1)系统参数的设置。设置系统参数的步骤如下:

①按“设置界面(二)”的设置步骤,将参数开关打开。

②按键,进入录入操作方式。

③按键,进入参数界面,按键、或键,切换显示需设置的参数所在页面。

④按键键、或键,移动光标至需要设置的项目上,或按地址键、参数号及键。

⑤输入新的参数值。

⑥按键,参数值被输入并显示在屏幕上。

(2)诊断参数的设置。设置过程与系统参数一样。

二、数据的保存

1. 系统内存

系统内存用于存放程序、偏置量、系统参数以及诊断参数,广数980系统的内存分为:系统ROM区(N0)、RAM区和N1,N2,N3,N4电子盘区。

(1)ROM是只读存储器。存放永久性系统初始化数据。

(2)RAM是可读写存储器。在系统工作时使用,在RAM区,可以进行修改、程序的编辑、偏置输入以及参数的设置等。

(3)N1。按用户配置设置数据。

(4)N2。存放伺服型标准数据。适配DA98、DA98A、四工位电动刀架、2挡自动换挡主轴控制。

(5)N3。存放步进型标准数据。适配DF3A、DY3、四工位电动刀架、2挡自动换挡主轴控制。

(6)N4。存放CNC空载演示用标准数据。

2. 存盘操作

(1)ROM区存盘操作。ROM区存盘操作的方法如下:

①同时按住数字键及键,接通系统电源。

②待LCD中央出现“取盘”,按“Reset”键,确认;按“Can”键,取消。字样提示后,松开

按键。

③按键结束。此时系统初始数据被写入 RAM 区，系统程序区、偏置区数据被清除，参数区被设置为初始值。

(2)电子盘存盘操作。电子盘存盘操作的方法如下：

①按键，进入编辑操作方式。

②按 程序 PRG 键，进入程序显示页面。

③依次按地址键 N 、根据需要，按数字键 1 (或 2 、或 3 、或 4)。

④按 存盘 STO 键，状态显示出现"存盘"字样，当"存盘"字样消失，存盘完成。当前程序、偏置、系统参数、诊断参数等数据被存入该电子盘。

3. 读盘操作

(1)同时按住数字键 1 (或 2 或 3 或 4)及 输入 IN 键，接通系统电源。

(2)待 LCD 中央出现"取盘"，按"Reset"键，确认，按"Can"键，取消。字样提示后，松开按键。

(3)按键结束。此时 RAM 区中的程序、偏置、系统参数和诊断参数被读入 N1 盘。

项目 6　GSK980 系统零件加工实例

项目内容

(1)常见轴类零件的加工;
(2)常见套类零件的加工。

项目目的

(1)熟悉 GSK980 系统编程指令的综合应用;
(2)掌握 GSK980 系统轴类零件外端面、外型面的编程步骤;
(3)掌握 GSK980 系统套类内型面的编程步骤。

项目实施过程

任务 1　轴类零件的车削

课题 1　端面、外圆的车削(一)

一、图样及要求

用 GSK980 系统,加工如图 6.1 所示的零件。

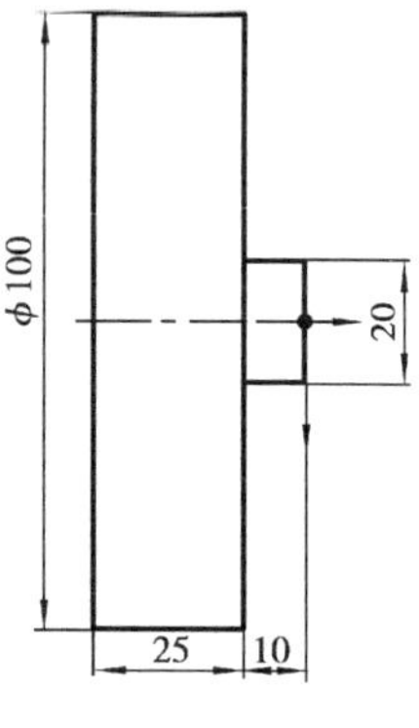

图 6.1

待加工材料为 $\phi100 \times 35$ 的 45 钢半成品材料。

二、工艺分析

1. 零件分析

观察要加工的零件,需要加工的对象是要在直径为 100、长度为 35 的半成品材料上,切削加工成直径为 20,长度为 10 的小圆台阶,在直径方向上要切削的切削量为 40(半径);零件径向加工量远远大于横向加工量,因此采用加工端面的方法加工该零件,即沿 X 轴横向加工。

2. 需要的车刀

加工该零件,选用 90°端面车刀进行加工。

3. 工艺分析

(1)加工时,使用三爪自定心卡盘装夹工件,装夹长度为 20 mm。

(2)将工件坐标原点,设置在工件前端面中心点上。

(3)粗车切削时,Z 向和 X 向(半径量)预留 0.2 mm 的精车余量,即粗车时,Z 向车削至 9.8 mm,X 向车削至 20.4 mm。

(4)粗车完成后进行精车,车削掉预留的精车余量。

4.选择切削用量

(1)最大进刀深度为2.5 mm。

(2)粗车进给速度为70 mm/min,精车进给速度为50 mm/min。

(3)粗车转速为600 r/min,精车转速为800 r/min。

5.加工路线及坐标点计算

(1)工件粗加工顺序。设加工起点为(X104,Z2)点,该工件的粗加工顺序,如图6.2所示。

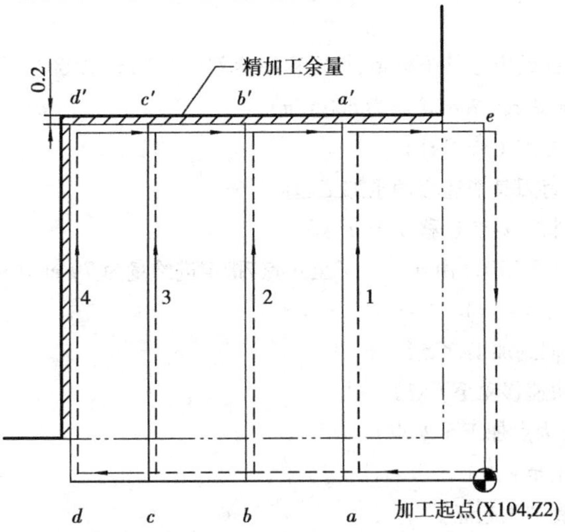

图6.2　工件粗加工顺序

①从加工起点出发,快速进刀至 a 点,由 a 点切削至 a' 点,再切削至 e 点。

②切削完成后,由 e 点返回加工起点,进行下一次切削。

③选择最大进刀深度为2.5 mm,粗车预留0.2 mm切削余量。

④各加工点坐标分别为:a(104, −2.5),a'(20.4, −2.5),b(104, −5),b'(20.4, −5),c(104, −7.5),c'(20.4, −7.5),d(104, −9.8),d'(20.4, −9.8),e(20.4,2)。

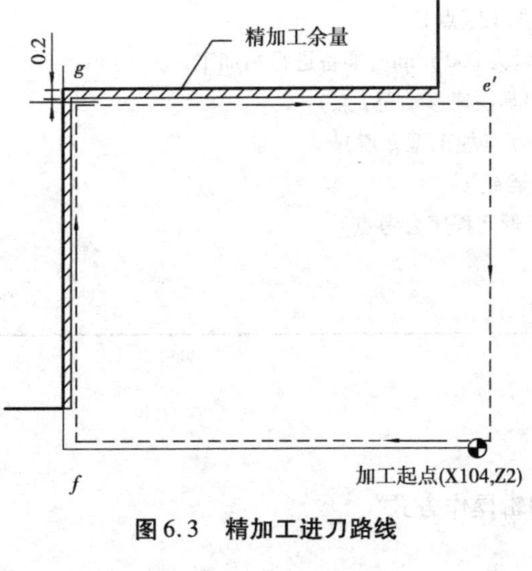

图6.3　精加工进刀路线

(2)精加工进刀路线。精加工进刀路线,如图 6.3 所示。

①从加工起点出发,快速进刀至 f 点,由 f 点切削至 g 点,再切削至 e 点。

②切削完成后,由 e' 点返回程序参考点,完成工件加工。

③各加工点坐标分别为: $f(104,-10)$, $g(20,-10)$, $e'(20,2)$。

三、编制加工程序

程序见表 6.1 所示。

表 6.1　图 6.1 所示零件的粗、精加工程序

```
O0001;(程序名)
N010 G50 X150 Z100;(设定工件坐标系,设定程序参考点为 X150 Z100)
N020 M03 S600;(主轴正转,指定转速为 600 r/min)
N030 T0101;(使用 1 号刀 1 号刀补)
N040 G00 X104 Z2;(将刀具快速移动至加工起点)
N050 X104 Z-2.5;(将刀具快速移动至 a 点)
N060 G01 X20.4 Z-2.5 F70;(由 a 点加工至 a′点,指定进给量为 70 mm/min)
N070 Z2;(由 a′点加工至 e 点)
N080 G00 X104 Z2;(回到加工起点)
N090 Z-5;(将刀具快速移动至 b 点)
N100 G01 X20.4;(由 b 点加工至 b′点)
N110 Z2;(由 b′点加工至 e 点)
N120 G00 X104;(回到加工起点)
N130 Z-7.5;(将刀具快速移动至 c 点)
N140 G01 X20.4;(由 c 点加工至 c′点)
N150 Z2;(由 c′点加工至 e 点)
N160 G00 X104;(回到加工起点)
N170 Z-9.8;(将刀具快速移动至 d 点)
N180 G01 X20.4;(由 d 点加工至 d′点)
N190 Z2;(由 d′点加工至 e 点)
N200 G00 X104;(回到加工起点)
N210 S800;(指定进给量为 800 r/min,准备进行精加工)
N220 G00 Z-10;(将刀具快速移动至 f 点)
N230 G01 X20 F50;(由 f 点加工至 g 点)
N240 Z2;(由 g 点加工至 e′点)
N250 G00 X150 Z100;(返回程序参考点)
N260 M5 S0;(停主轴)
N270 M30;(程序结束)
```

四、加工操作

1. 输入程序

(1)按键,进入编辑操作方式。

（2）按程序PRG键，进入程序页面。

（3）按键或键，选择程序显示方式，页面显示，如图 6.4 所示。

（4）按地址键 0，键入地址 0 闪烁，页面显示，如图 6.5 所示。

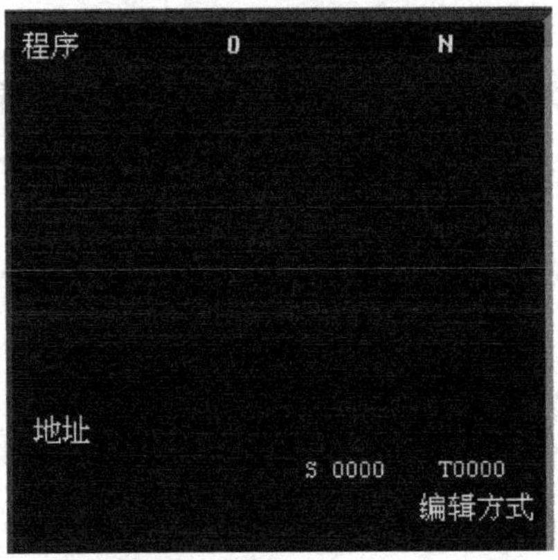

图 6.4　程序页面

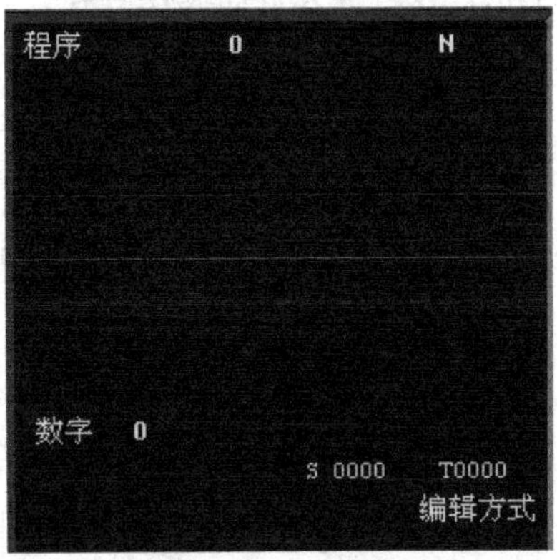

图 6.5　地址键显示

（5）依次键入数字键 0、0、0、1，页面显示，如图 6.6 所示。

（6）按EOB键，建立新程序，页面显示，如图 6.7 所示。

（7）完成任务程序的输入，按照上面编写的程序逐字输入，即可完成任务程序的编辑。

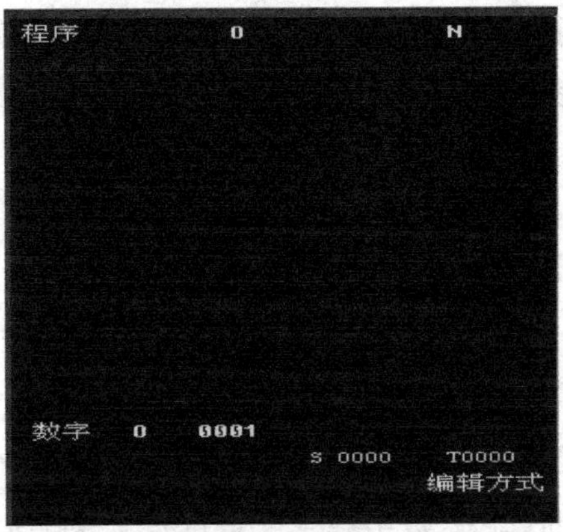

图 6.6　建立新程序

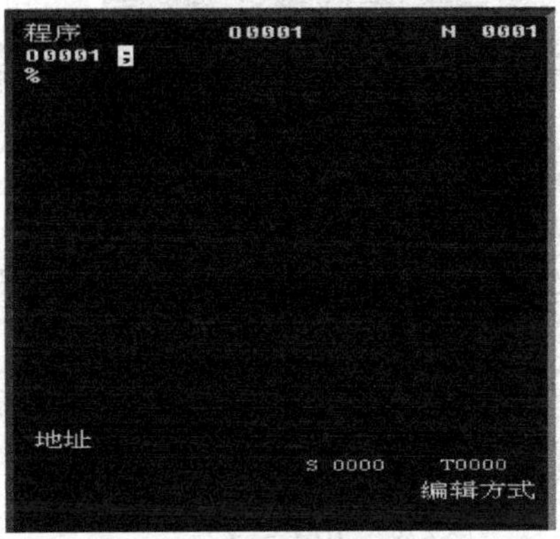

图 6.7　新程序页面

2. 程序的校验

（1）按设置SET键，进入图形界面。

（2）按键或键，进入图形显示页面。

（3）按键，进入录入操作方式。

（4）按↑键或↓键，移动光标，对图形参数中的“座标选择”、“*X* 最大值”、“*Z* 最大值”、“*X* 最小值”、“*Z* 最小值”进入设置。以“*X* 最大值”进入设置，说明图形参数设置的方法：

①按↑键、或↓键，移动光标，至参数“*X* 最大值”前（毛坯实际尺寸为 100 mm，输入的数值设置为 100 mm）。

②依次键入1键、0键、键,再按输入IN键。

按上述方法步骤,设置其他数据。

(5)按键或键,进入图形轨迹,显示页面。

(6)按键,进入自动操作方式。

(7)按MST键、键、键,使状态指示区中的辅助功能锁住灯键MST、机床锁住灯键及空运行指示灯键亮,进入辅助功能锁住、机床锁住及空运行状态。

(8)按S键开始作图,按键自动运行程序,可通过显示图形轨迹检验程序的正确性。

3. 对刀

(1)按键,进入手动操作方式,沿 *X*,*Z* 轴,移动刀具,使刀具至换刀安全位置。

(2)按键,进入录入操作方式。

(3)按程序PRG键,进入程序页面,通过键、或键,进入 MDI 方式,依次按地址键T、数字键0、1、0、0,再按T键,执行换刀,并把刀具偏置清零。

(4)按键,进入手动操作方式,沿 *X*,*Z* 轴移动刀具,使刀具靠近工件,选择手动移动倍率或使用"手轮/单步"操作,作微量移动两轴,移动刀具,恰好接触对刀点,复位相对坐标(*U*,*W*),使其坐标清零。

图 6.8　刀偏页面

(5)按刀补OFT键,进入刀偏页面显示方式,按键或键,移动光标,选择基准刀对应的偏置号 001 号,按键,进入录入操作方式,如图 6.8 所示。

(6)按地址键X、数字键0、再按输入IN,使基准刀 *X* 向的偏置量为零。

(7)按地址键Z、数字键0、再按输入IN键,使基准刀 *Z* 向的偏置量为零。

(8)按程序PRG键及键或键,切换至程序录入页面。

(9)键入地址键G、数字键5、0键及输入IN键,按同样的方法输入 X100、Z0,并按键运行,完成工件坐标系与基准刀的设定。

(10)对刀完成后,将刀具移动至 X150,Z100 的位置。

4. 自动加工

(1)按键,进入自动方式。

(2)关闭状态指示区中的辅助功能锁住灯键MST、机床锁住灯键及空运行指示灯键。

(3)按键自动开始加工。

5. 检测

加工完成后,测量工件尺寸,如与实际零件尺寸有偏差,可修改刀偏值至零件尺寸在公差范围之内。

课题 2　端面、外圆的车削(二)

一、图样及要求

用 GSK980 系统,加工如图 6.9 所示的零件。

待加工材料为 $\phi100\times35$ 的 45 钢半成品材料。

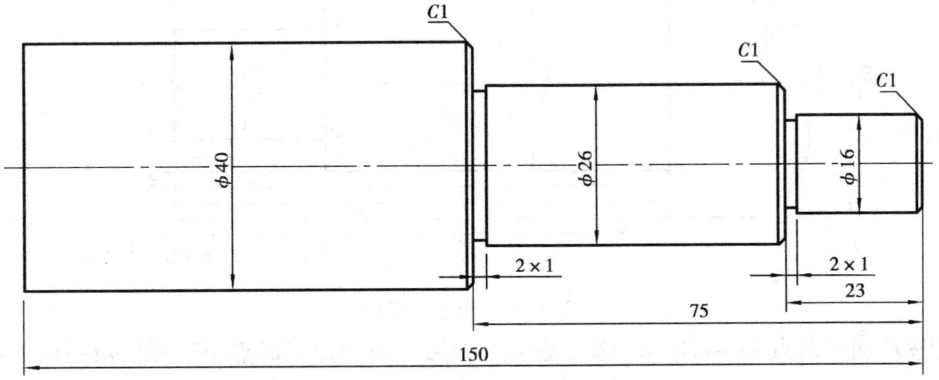

图 6.9

二、工艺分析

1. 零件分析

观察要加工的零件,要加工的对象是要在直径 40、长度 150 的半成品材料上,切削外圆台阶。

2. 需要的车刀

加工该零件需要车削外圆和切槽,在刀具选择时可选用:90°外圆车刀和 2 mm 刀宽的切槽刀。装夹时按使用顺序安装:

① 90°外圆车刀,安装在 1 号刀位,使用 1 号刀补。

② 2 mm 刀宽的切槽刀,安装在 2 号刀位,使用 2 号刀补。

3. 工艺分析

(1)加工时,使用三爪自定心卡盘装夹工件,装夹长度为 70 mm。

(2)将工件坐标原点设置到前端面中心点上。

(3)加工顺序为:

①粗车 $\phi26$ 外圆,预留 0.2 mm 的精加工余量(半径量)。

②粗车 $\phi20$ 外圆,预留 0.2 mm 的精加工余量(半径量)。

③精车,并在精车时倒角。

④切削 $\phi20$ 外圆处的槽。

⑤切削 $\phi26$ 外圆处的槽。

4. 选择切削用量

(1)选择最大进刀深度为 2.5 mm。

(2)车削外圆时,粗车进给速度为 100 mm/min,精车进给速度为 50 mm/min。

(3)粗车转速为 600 r/min,精车进给速度为 800 r/min。

(4)切槽时进给速度为 10 mm/min,转速为 300 r/min。

5. 加工路线及坐标点的计算

(1)设加工起点为(X42,Z2)点,工件的粗加工顺序,如图 6.10 所示。

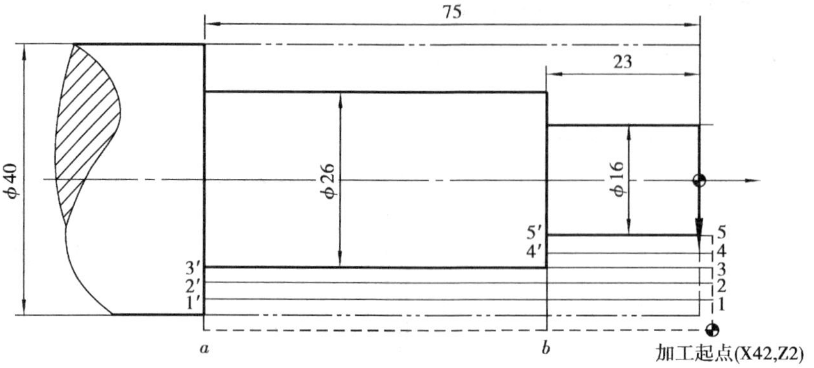

图 6.10　粗加工顺序

①按从加工起点→1→1′→a→加工起点→2→2′→a→加工起点→3→3′→a→加工起点→4→4′→b→加工起点→5→5′→b→加工起点的顺序,分 5 次进给。

②其刀位坐标分别为:1(35,2);1′(35,－75);2(30,2);2′(30,－75);3(26.4,2);3′(26.4,－75);4(21.4,2);4′(21.4,－23);5(16.4,2);5′(16.4,－23)。

(2)精加工顺序,如图 6.11 所示。

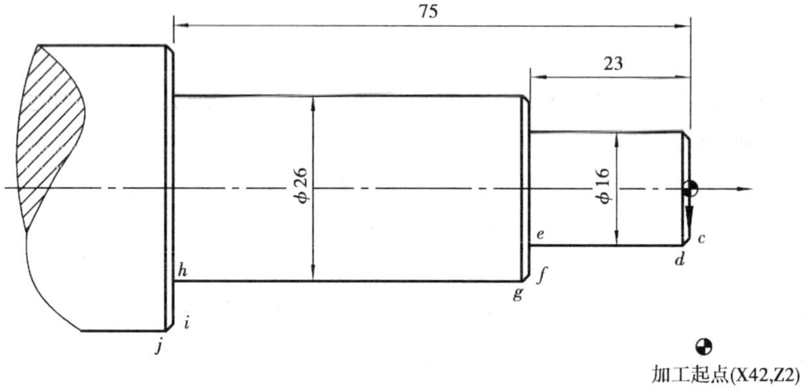

图 6.11　精加工顺序

①按从起刀点→c→d→e→f→g→h→i→j→起刀点的顺序,一次进给完成。

②刀位坐标分别为:c(14,0);d(16,－1);e(16,－23);f(24,－23);g(26,－24);h(26,－75);i(38,－75);j(40,－76)。

(3)切槽时,使用刀宽为 2 mm 切槽刀,以左刀尖为基准对刀。其切削过程如图 6.12 所示。

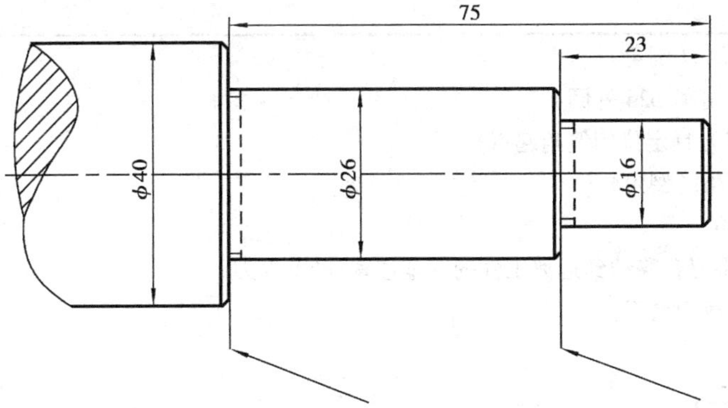

图6.12 切槽切削过程

①将切槽刀快速移动至(16，-23)上方某一点，如:(17，-23)点，然后切削第一个槽，第一个槽的终点位置为(14，-23)。

②切削完成后，沿X正方向，退出至安全位置。

③退刀完毕后，将切槽刀快速移动至(26，-75)上方某一点，如:(27，-75)，按第一个槽的切削顺序完成第二个槽的切削。

④第二个槽的切削终点为(24，-75)。

三、编制加工程序

程序见表6.2。

表6.2 图6.9所示零件的粗、精加工程序

```
O0002;
N010 G50 X100 Z100;
N020 M03 S600;
N030 T0101;
N040 G00 X42 Z2;(将刀具快速移动至加工起点)
N050 G90 X35 Z-75 F100;(加工1→1′)
N060 G90 X30 Z-75;(加工2→2′)
N070 X26.4 Z-75;(加工3→3′)
N080 X21.4 Z-23;(加工4→4′)
N090 X16.4 Z-23;(加工5→5′)
N100 G00 X14 Z2;(将刀具定位到倒角起点前,准备倒角)
N110 S800;
N120 G01 X14 Z0;(将刀具定位到倒角起点)
N130 X16 Z-1 F50;(倒角)
N140 X16 Z-23;(精车φ16外圆)
N150 X24;(将刀具定位到倒角起点)
```

续表

N160 X26 Z-24;(倒角)
N170 Z-75;(精车 φ26 外圆)
N180 X38;(将刀具定位到倒角起点)
N190 X40 Z-76;(倒角)
N200 G00 X100;
N210 Z100;(将刀台移动到远离工件的安全位置;准备换刀)
N220 T0202;(换切槽刀)
N250 S300;
N240 G00 Z-23;
N250 X17;(将切槽刀移动至第一个槽加工位置上方)
N260 G01 X14 F10;(切削第一个槽)
N270 G00 X27;(退刀)
N280 Z-75;(将切槽刀移动至第二个槽加工位置上方)
N290 G01 X24 F10;(切削第二个槽)
N300 G00 X100;
N310 Z100;(返回程序参考点)
N320 T0101;
hN330 M30;

四、加工操作

加工操作与“端面、外圆的车削(一)”的加工操作类似。

【自己动手 6.1】

编程完成如图 6.13 所示零件的车削加工,工件毛坯为 φ90×110 的 45 钢材料。

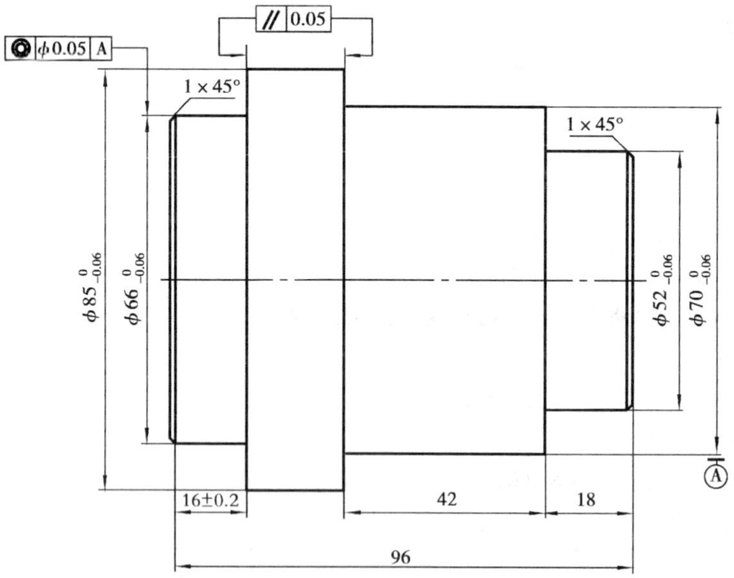

图 6.13　棒类零件

课题3　圆锥零件的车削

一、图样及要求

用GSK980系统，加工如图6.14所示的零件。待加工材料为$\phi50\times100$的45钢半成品材料。

二、工艺分析

1. 零件分析

观察要加工的零件，需要在外径为50的棒料上车削出锥度，车削锥度的方法有三种，如图6.15所示。

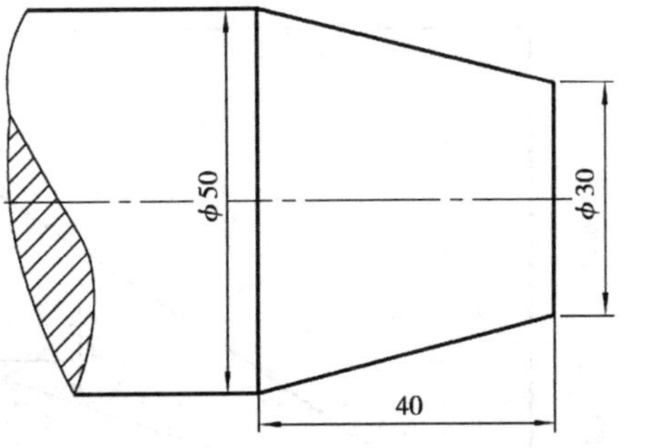

图6.14　圆锥零件

(1)第一种方法。车削时的走刀路线成直角三角形，它适用于车削大、小两端直径之差较小的圆锥面。其走刀顺序为：1→切削终点→0′→2→切削终点→0′→3→切削终点→0′→4→切削终点→0′。

(2)第二种方法。车削时的走刀路线按平行车锥法进行，即和锥体母线平行循环车削，这种方法适合车削大小两端直径之差较大的圆锥。其走刀顺序为：1→1′→0′→2→2′→0′→3→3′→0′→4→4′→0′。

(3)第三种方法。车削时走刀路线成矩形，先在工件表面车削出小台阶，最后沿锥体母线走刀，完成锥度加工，粗车切削循环G71指令即按这种进刀方式车削。其走刀顺序为：1→1′→1″→0′→2→2′→2″→0′→3→3′→3″→0′→4→4′→0′。

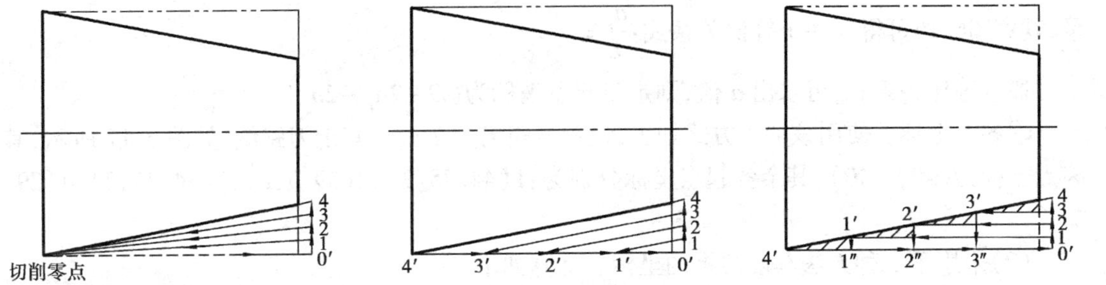

图6.15　锥度车削的方法

2. 需要的车刀

该零件选用90°外圆车刀加工。

3. 工艺分析

(1)加工时，使用三爪自定心卡盘装夹工件，装夹工件露出卡盘50 mm。

(2)将工件坐标原点设置到前端面中心点上，加工圆锥。

4. 选择切削用量

(1)选择最大进刀深度为2.5 mm。

(2)粗车进给速度为100 mm/min，精车进给速度为50 mm/min。

(3)粗车转速为600 r/min，精车进给速度为800 r/min。

5. 加工路线及坐标点计算

(1)采用第一种方法车削圆锥的坐标。计算如下：

①预留距离。车削时为了避免打刀，在切削刀具快速移动至工件端面时，预留 1 ~ 2 mm 的距离，保证加工安全。在车削锥度计算起始坐标时，应注意考虑预留的距离，起始坐标的计算，如图 6.16 所示。

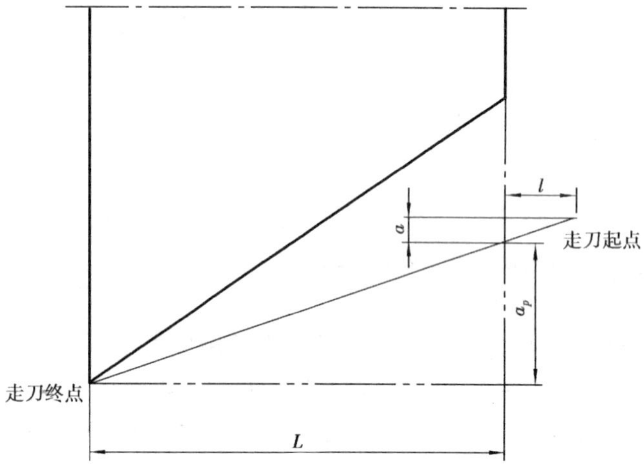

图 6.16 预留距离计算公式推导图

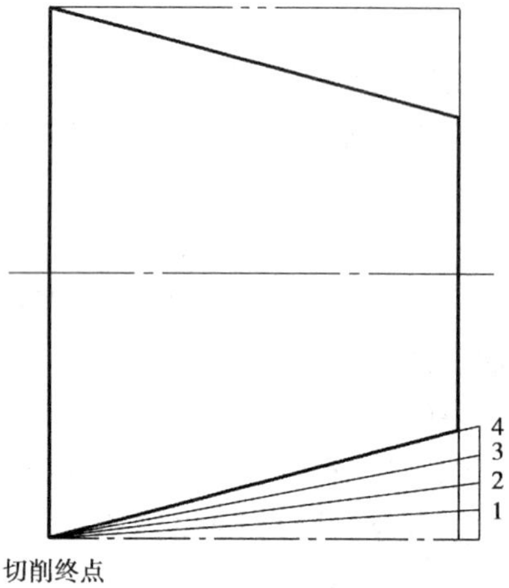

图 6.17 走刀路线

②计算 a 的值。走刀终点坐标是固定的一点，其坐标为(D, $-L$)，D 为锥度大端直径，L 为锥度长度。如图 6.16 所示，a_p是选择的切削用量，也是已知量，l 是预留的距离，也是已知量，观察图6.16可得到一个等比关系式：$\frac{a_p}{L}=\frac{a}{l}$。

通过等比关系式，可求出 a 值，则走刀起点坐标为($D-2a_p-2a, l$)。

③各点坐标。使用该加工方式加工，设预留距离为 2 mm，其走刀路线，如图 6.17 所示，其终点坐标为(50，−40)，其余各起点坐标分别为：1(44.75,2)，2(39.5,2)，3(34.25,2)，4(29，2)。

(2)采用第二种方法车削圆锥的坐标。计算如下：

①坐标的计算公式，如图 6.18 所示，可得到等比关系式：$\frac{(D-d)/2}{L}=\frac{a_p}{l'}=\frac{a}{l}$。

②通过等比关系式，可求出 a 和 l'的值，则走刀起点的坐标为：($D-2a_p-2a, l$)，走刀终点的坐标为：(D, $-(L-l')$)。

③各点坐标。使用该加工方式加工，设预留距离为 2 mm，其走刀路线如图 6.19 所示。其加工坐标分别为：1(44.75,2)，1′(50，−8.5)，2(39.5,2)，2′(50，−18.85)，3(34.25,2)，3′(50，−29.35)，4(29,2)，4′(50，−40)。

(3)采用第三种方法进行圆锥车削。粗车切削循环 G71 指令，即按这种进刀方式车削，其坐标值计算由系统自动完成。这里就不作详细讲解。有兴趣的读者可自行计算。

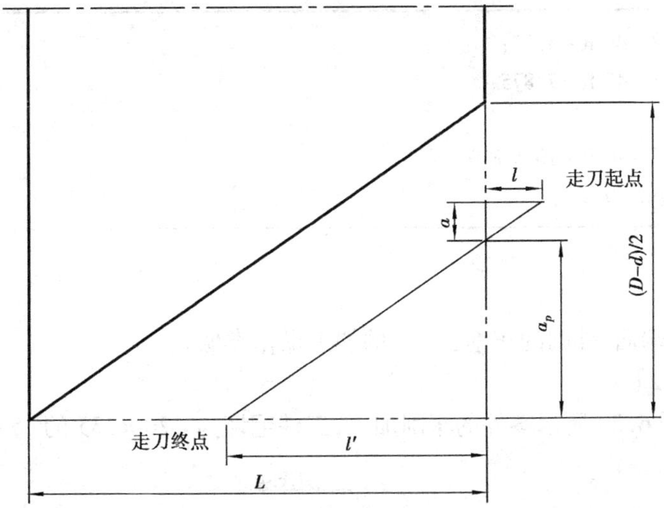

图6.18 坐标的计算公式推导图

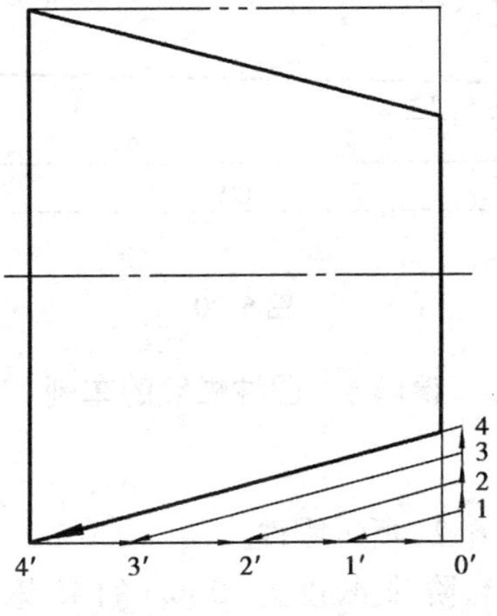

图6.19 走刀路线

三、编制加工程序

采用第一种加工方法，程序见表6.3。

表6.3 图6.14所示零件，采用第一种加工方法的加工程序

```
O0003;
N010 G50 X100 Z100;
N020 M03 S600;
N030 T0101;
N040 G00 X52 Z2;
N050 G90 X50 Z-40 R-2.625 F100;
```

续表

```
N060 G90 X50 Z-40 R-5.25;
N070 G90 X50 Z-40 R-7.875;
N080 S800;
N090 G90 X50 Z-40 R-10.5 F50;
N100 G00 X100 Z100
```

四、加工操作

加工操作与"端面、外圆的车削(一)"的加工操作类似。

【自己动手 6.2】

编程完成如图 6.20 所示零件的车削加工,工件毛坯为 $\phi20\times135$ 的 45 钢材料。

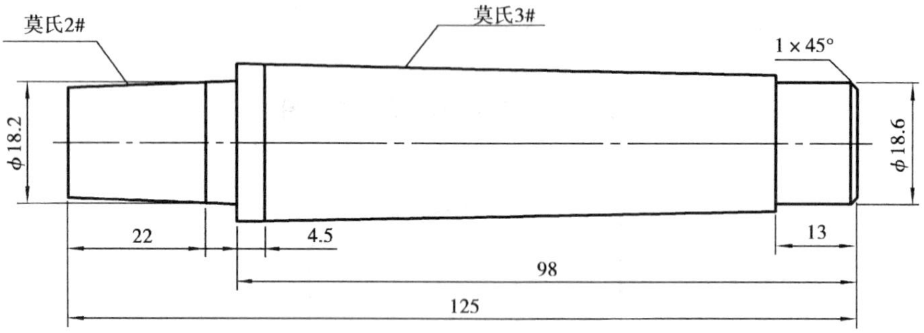

图 6.20

课题 4　圆柱螺纹的车削

一、图样及要求

用 GSK980 系统,加工如图 6.21 所示零件。

待加工材料为 $\phi34$、$\phi36$ 的台阶轴,长度为 70 mm 的 45 钢半成品材料。

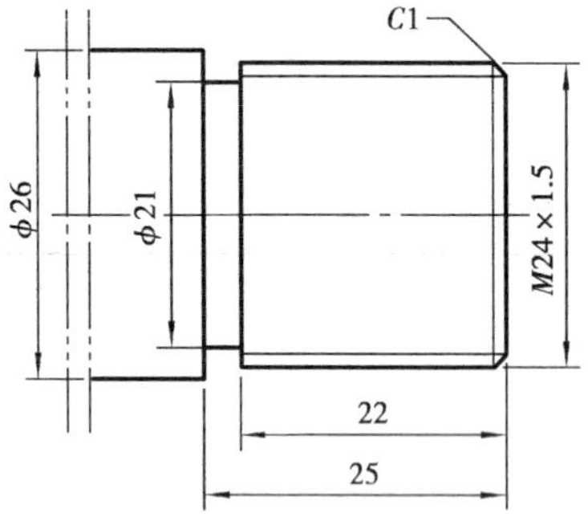

图 6.21

二、工艺分析

1. 需要的车刀

该零件选择 60°外圆车刀加工。

2. 工艺分析

(1)加工时,使用三爪自定心卡盘装夹工件,装夹工件露出卡盘 35 mm。

(2)将工件坐标原点设置到前端面中心点上,加工螺纹。

3. 选择切削用量

螺纹车削加工为成型车削,且切削进给量较大,刀具强度较差,一般要分次进给加工。在加工时,可以参考表 6.4,选择切削量。

表6.4 螺纹参数

米制螺纹								
螺 距		1	1.5	2	2.5	3	3.5	4
牙深(半径量)		0.649	0.974	1.299	1.624	1.949	2.273	2.598
切削次数及吃刀量(直径量)	1次	0.7	0.8	0.9	1.0	1.2	1.5	1.5
	2次	0.4	0.6	0.6	0.7	0.7	0.7	0.8
	3次	0.2	0.4	0.6	0.6	0.6	0.6	0.6
	4次		0.16	0.4	0.4	0.4	0.6	0.6
	5次			0.1	0.4	0.4	0.4	0.4
	6次				0.15	0.4	0.4	0.4
	7次					0.2	0.2	0.4
	8次						0.15	0.3
	9次							0.2
英制螺纹								
牙/in		24	18	16	14	12	10	8
牙深(半径量)		0.678	0.904	1.016	1.162	1.355	1.626	2.033
切削次数及吃刀量(直径量)	1次	0.8	0.8	0.8	0.8	0.9	1.0	1.2
	2次	0.4	0.6	0.6	0.6	0.6	0.7	0.7
	3次	0.16	0.3	0.5	0.5	0.6	0.6	0.6
	4次		0.11	0.14	0.3	0.4	0.4	0.5
	5次				0.13	0.2	0.4	0.5
	6次						0.16	0.4
	7次							0.17

4.加工路线及坐标点计算

(1)计算螺纹小径：$d' = d - 2 \times 0.6495P = (24 - 2 \times 0.6495 \times 1.5)\,\text{mm} = 22.0515\,\text{mm}$。

(2)加工该螺纹要进刀4次，查表选取加工该螺纹的进刀量：

①第一次进刀量(直径)为0.8；

②第二次进刀量(直径)为0.6；

③第三次进刀量(直径)为0.4；

④第四次进刀量(直径)为0.16。

(3)加工时为消除伺服滞后造成的螺距误差，预留升速进刀段(空刀导入量)δ_1为1倍螺距，取1.5 mm；降速退刀段δ_2为1倍螺距，取1.5 mm。

(4)加工路线为：$0 \to 1 \to 1' \to 0' \to 0 \to 2 \to 2' \to 0' \to 0 \to 3 \to 3' \to 0' \to 0 \to 4 \to 4' \to 0' \to 0$，如图6.22所示。

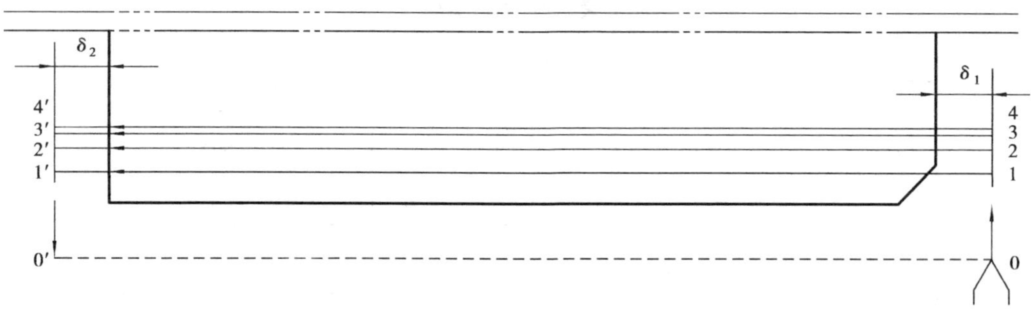

图 6.22　加工路线

(5)其坐标点分别为:1(23.2,1.5),1′(23.2,-23.5),2(22.6,1.5),2′(22.6,-23.5),3(22.2,1.5),3′(22.2,-23.5),4(22.04,1.5),4′(22.04,-23.5)。

三、编制加工程序

程序见表 6.5 所示。

表 6.5　图 6.21 所示零件的加工程序

```
O0004;
N010 G50 X100 Z100;
N020 M03 S600;
N030 T0101;
N040 G00 X26 Z1.5;
N050 G00 X23.2;(将刀具移动到 1 点)
N060 G32 Z-23.5 F1.5;
N070 G00 X26;(退刀至 0′点)
N080 Z1.5;(退刀至 0 点)
N090 X22.6;(将刀具移动到 2 点)
N100 G32 Z-23.5 F1.5;(加工螺纹至 2′点)
N110 G00 X26;(退刀至 0′点)
N120 Z1.5;(退刀至 0 点)
N130 X22.2;(加工螺纹至 3 点)
N140 G32 Z-23.5 F1.5;(加工螺纹至 3′点)
N150 G00 X26;(退刀至 0′点)
N160 Z1.5;(退刀至 0 点)
N170 X22.04;(加工螺纹至 4 点)
N180 G32 Z-23.5 F1.5;(加工螺纹至 4′点)
N190 G00 X100;
N200 Z100;(退刀至程序参考点)
N210 M30;
```

四、加工操作

加工操作与“端面、外圆的车削(一)”的加工操作类似。

课题 5　圆锥螺纹的车削

一、图样及要求

用 GSK980 系统，加工如图 6.23 所示零件。

待加工材料为已加工好锥度和已切好槽的半成品材料，长度为 70 mm。

二、工艺分析

1. 需要的车刀

选取 60°外圆车刀。

2. 工艺分析

（1）使用三爪自定心卡盘装夹工件，装夹工件露出卡盘 55 mm。

（2）将工件坐标原点设置到前端面中心点上，加工螺纹。

3. 加工路线及坐标点计算

（1）计算锥螺纹小端小径。$d_1' = d_1 - 2 \times 0.62P = (30 - 2 \times 0.62 \times 2)$ mm $= 27.52$ mm。

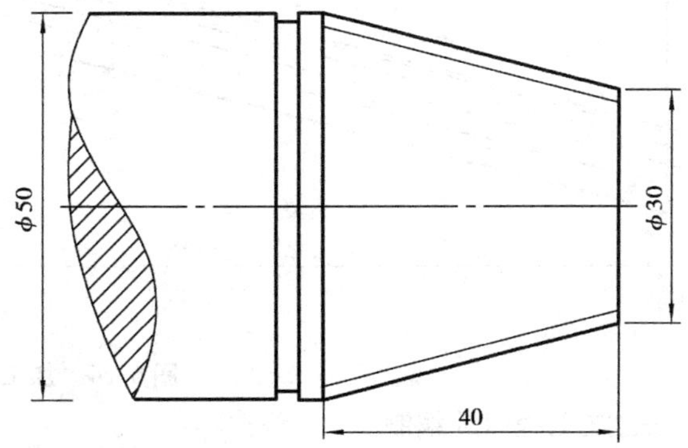

图 6.23

（2）计算锥螺纹大端小径。$d_2' = d_2 - 2 \times 0.6495P = (50 - 2 \times 0.6495 \times 2)$ mm $= 47.402$ mm。

（3）加工该螺纹要进刀 5 次，查表选取：

①第一次进刀量（直径）为 0.9；

②第二次进刀量（直径）为 0.6；

③第三次进刀量（直径）为 0.6；

④第四次进刀量（直径）为 0.4；

⑤第五次进刀量（直径）为 0.1。

（4）加工时为消除伺服滞后造成的螺距误差，预留升速进刀段（空刀导入量）δ_1 为 1 倍螺距，取 2 mm；降速退刀段 δ_2 为 1 倍螺距，取 2 mm；其加工路线轨迹为：

（5）加工路线为：0→1→1′→0′→0→2→2′→0′→0→3→3′→0′→0→4→4′→0′→0→5→5′→0′→0，如图 6.24 所示。

（6）点的坐标点分别为：1（24.14，2），1′（49.14，−42），2（25.91，2），2′（47.91，−42），3（24.67，2），3′（46.67，−42），4（23.85，2），4′（45.64，−42），5（23.64，2），5′（45.64，−42）。

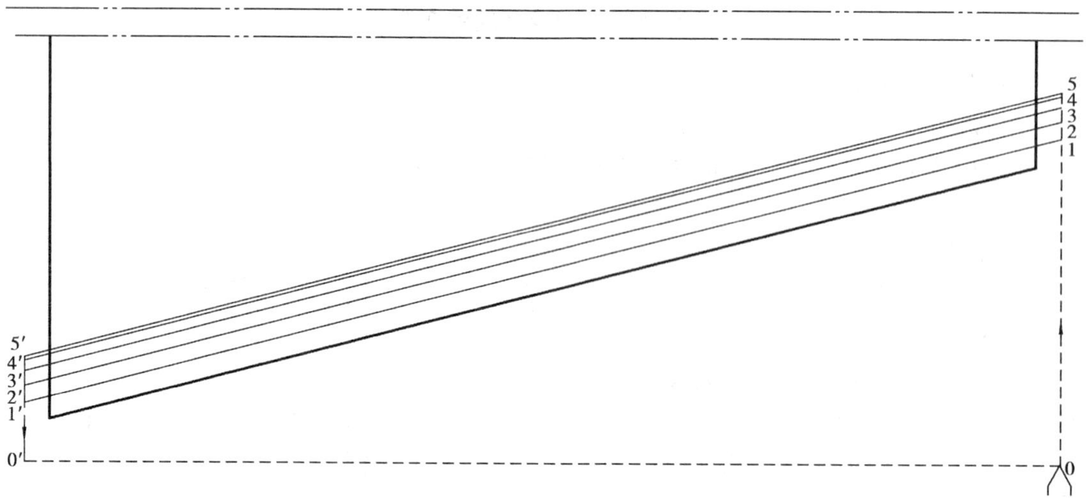

图 6.24 加工路线

三、加工程序的编制

程序见表 6.6 所示。

表 6.6 图 6.23 所示零件的加工程序

```
O0004;
N010 G50 X100 Z100;
N020 M03 S600;
N030 T0101;
N040 G00 X52 Z2;(将刀具移动至 0 点)
N050 G92 X49.14 Z-42 R-12.5 F2;(第一次进刀加工螺纹)
N060 G92 X47.91 Z-42 R-11 F2;(第二次进刀加工螺纹)
N070 G92 X46.67 Z-42 R-11 F2;(第三次进刀加工螺纹)
N080 G92 X45.64 Z-42 R-10.895 F2;(第四次进刀加工螺纹)
N090 G92 X45.64 Z-42 R-11 F2;(第五次进刀加工螺纹)
N100 G00 X100 Z100;
N110 M30;
```

四、加工操作

加工操作与“端面、外圆的车削(一)”的加工操作类似。

【自己动手 6.3】

编程完成如图 6.25 所示零件的车削加工,工件毛坯为 $\phi30\times110$ 的 45 钢材料。

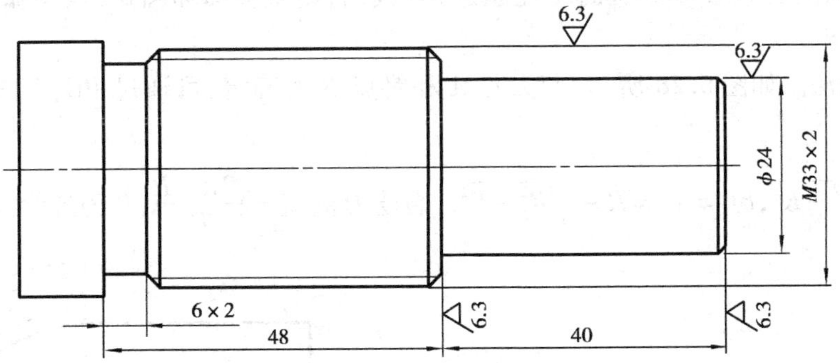

图6.25

课题6 特型面的车削

一、图样及要求

用GSK980系统,加工如图6.26所示的零件。材料为$\phi45\times150$的棒料。

二、工艺分析

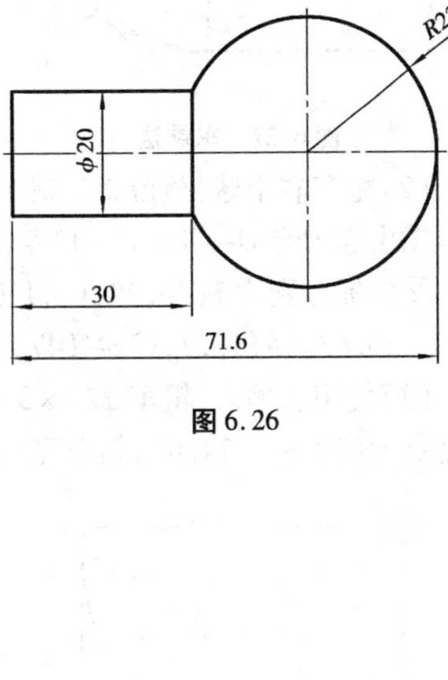

图6.26

1. 需要的车刀

90°外圆车刀,3 mm切槽刀,90°反偏刀,圆弧车刀。

2. 工艺分析

(1)用三爪自定心卡盘装夹工件,装夹工件露出75 mm;

(2)使用90°外圆车刀,粗车右半圆球;

(3)使用切槽刀,粗车$\phi20\times30$处外圆,$\phi20$直径留0.3余量;

(4)精车$\phi20\times30$处;

(5)使用90°反偏刀,粗车左半球;

(6)换用圆弧车刀,精车圆球;

(7)使用切槽刀,将工件切下。

3. 选择切削用量

(1)选择最大进刀深度为2.5 mm。

(2)车削外圆时,粗车进给速度为100 mm/min,精车圆球进给速度为50 mm/min。

(3)粗车转速为600 r/min,精车进给速度为800 r/min。

(4)切槽时的进给速度、精车槽底时的进给速度为10 mm/min,转速为300 r/min。

4. 加工路线及坐标点计算

(1)车削方法。车削圆弧时,不可能用一刀就把圆弧车削好,因为一刀车削吃刀量较大,容易打刀。车削圆弧时,有两种方法可选:一种是车锥法,即先车一个圆锥,再车圆弧;第二种是同心圆法,即用不同半径的圆来车削,最终将所需圆弧车出来。其计算方法如下:

①车锥法。车锥法要注意选取圆锥的起点和终点,如果确定不好,则可能损伤要加工的圆弧表面,也有可能留下较大的加工余量。确定方法,如图6.27所示,$AC=BC=0.586R$(R为

AB 相切圆弧的圆心);在车圆锥时不能超过 AB 线,否则就会损坏圆弧,当圆弧不大时,可取 $AC = BC = 0.5R$。

②同心圆法。如图 6.28 所示,起刀点 A 和终点 B 的确定,可通过 BC,AC 来确定:$R1 = OA = OB$,故:

$BD = \sqrt{R_1^2 - R^2}$,$BC = AC = R - \sqrt{R_1^2 - R^2}$。背吃刀量 $a_p = \frac{\sqrt{2}R - R}{P}$($P$ 为进给次数)。

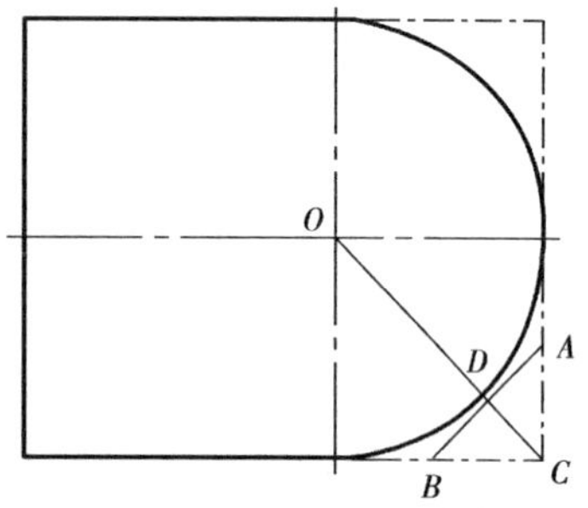

图 6.27　车锥法

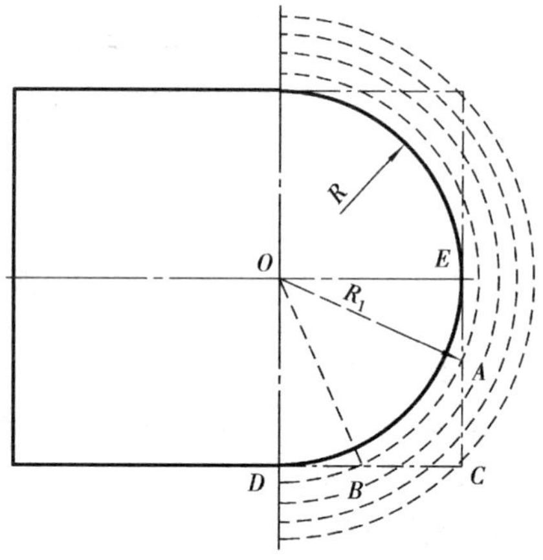

图 6.28　同心圆法

(2)粗车右半球,预留 0.3 精车余量。采用车锥法车削,其加工过程,如图 6.29 所示。

①由起刀点 $O \to 1 \to 1' \to 1'' \to O \to 2 \to 2' \to 2'' \to O \to 3 \to 3' \to 3'' \to O \to 4 \to 4' \to 4'' \to O$。

②坐标分别为 1(38.29,1),1′(47,-3.36),2(31.22,1),2′(47,-6.89),3(24.14,1),3′(47,-10.43),4(17.7,1),4′(47,-19.36)。

(3)使用切槽刀,粗车 $\phi20 \times 30$ 处外圆,使用 G75 切槽循环,循环起点为(46,-44.6),切削终点为(30.3,-74.6),粗车完成后,采用切槽刀,精车车削 $\phi20 \times 30$ 处外圆。

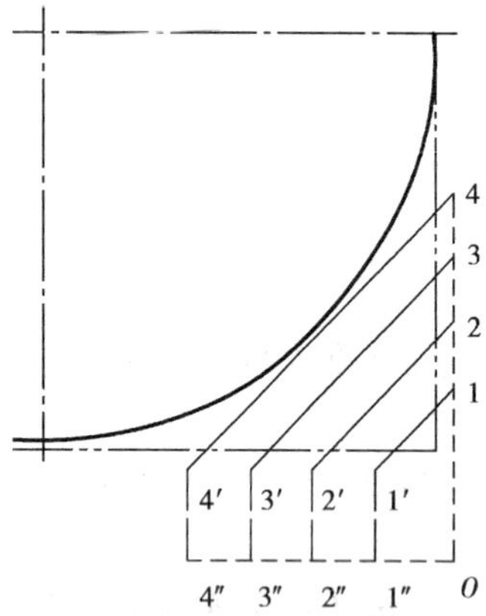

图 6.29　车锥法加工过程

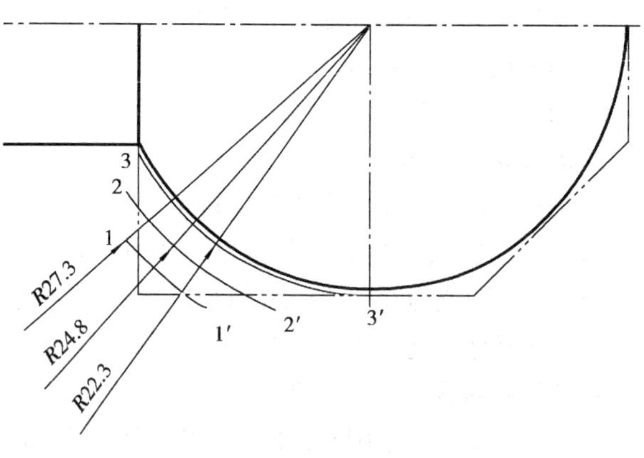

图 6.30　同心圆法加工过程

(4)粗车右半球,预留 0.3 精车余量。采用同心圆法车削。其加工过程,如图 6.30 所示。其坐标分别为 1(35.84,-42.6),1′(47,-35.89),2(27.63,-42.6),2′(47,-29.92),3(21.29,-41.6),3′(44.6,-22)。

三、编制加工程序

1.程序

程序见表6.7。

表6.7 图6.26所示零件的加工程序

```
O0005;
N010 G50 X100 Z100;
N020 S600 M3;
N030 T0101;(使用90°外圆车刀,使用1号刀补)
N040 G0 X48 Z1;(定点到O点)
N050 G90 X47 Z-3.36 R-4.335 F100;(加工1—1′)
N060 G90 X47 Z-6.89 R-7.89;(加工2—2′)
N070 G90 X47 Z-10.43 R-11.43;(加工3—3′)
N080 G90 X47 Z-19.36 R-14.65;(加工4—4′)
N090 G0 X100 Z100;
N100 T0202;(使用3 mm切槽刀,使用2号刀补)
N110 G0 X46 Z-44.6;
N120 S300;
N130 G75 R0.5;
N140 G75 X30.3 Z-74.6 P500 Q250 F10;(粗加工φ20×30处)
N150 G0 Z-44.6;
N160 X46;
N170 G01 X45 F10;
N180 Z-71.6;(N150~N180段精加工φ20×30处)
N190 G0 X100;
N200 Z100;
N210 T0303;(使用90°反偏刀,使用3号刀补)
N220 S600;
N230 G0 X47 Z-42.6;
N240 X35.84;
N250 G3 X47 Z-35.89 R27.3 F100;(车削R27.3圆弧)
N260 G0 Z-42.6;
N270 X27.63;
N280 G3 X47 Z-29.92 R24.8;(车削R24.8圆弧)
N290 G0 Z-41.6;
N300 G1 X21.29;
N310 G3 X44.6 Z-22 R22.3;(车削R22.3圆弧)
N320 G0 X100;
```

续表

```
N330 Z100;
N340 T0404;(使用圆弧车刀,使用4号刀补)
N350 S800;
N360 G0 X0 Z1;
N370 G1 Z0 F50;
N380 G2 X20 Z-41.6 R22 F50;(精加工圆球)
N390 G0 X100;
N400 Z100;
N410 T0202;(使用3 mm切槽刀,使用2号刀补)
N420 S300;
N430 G0 Z-74.6;
N440 X21;
N450 G75 R0.5;
N460 G75 X0 Z-74.6 P500 Q500 F10;(切断工件)
N470 G0 X100 Z100;
N480 T0101;
N490 M30;
```

提示

- G75用于加工径向(*X*向)环形槽或圆柱面,其指令格式为:

G75 R (e)

G75 X (U) Z (W) P (Δi) Q (Δk) R (Δd) F。

(1)e。为每次径向(*X*向)进刀后的径向退刀量(单位:mm)。

(2)X(U)。切削终点*X*轴的绝对坐标值(或切削终点相对于切削起点*X*轴的相对坐标值)。

(3)Z(W)。切削终点*Z*轴的绝对坐标值(或切削终点相对于切削起点*Z*轴的相对坐标值)。

(4)Δi。径向进刀时,*X*轴断续进刀的进刀量(单位:0.001 mm,半径值)。

(5)Δk。单次径向切削循环的轴向(*Z*轴)进刀量(单位:0.001 mm)。

(6)Δd。切削至径向切削终点后,轴向的退刀量(单位:mm),省略Z(W)和Q(Δk)时,默认往正方向退刀。

2.加工轨迹

加工轨迹,如图6.31所示。

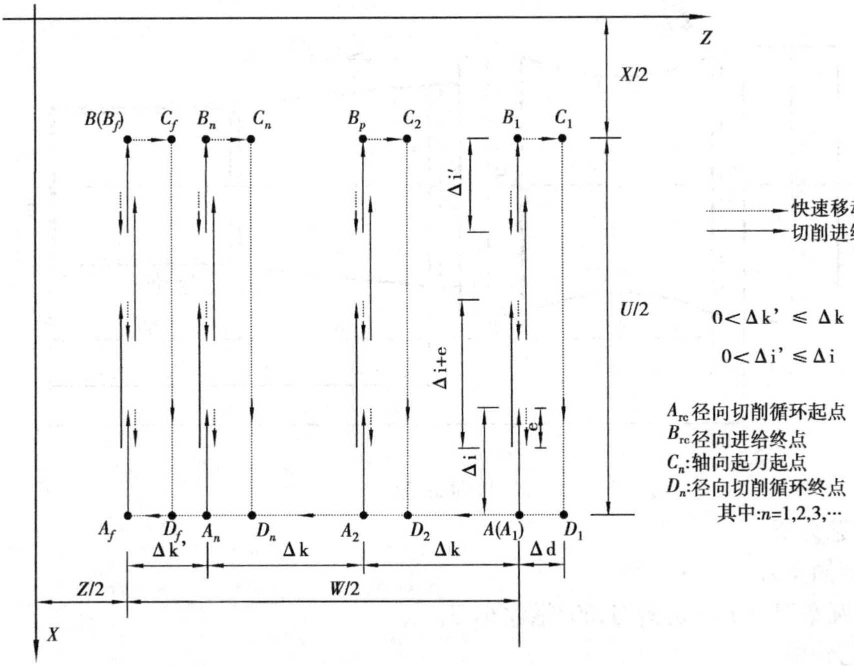

图6.31 加工轨迹

四、加工操作

加工操作与"端面、外圆的车削(一)"的加工操作类似。

【自己动手6.4】

编程完成如图6.32所示零件的车削加工,工件毛坯为 $\phi 40 \times 140$ 的45钢材料。

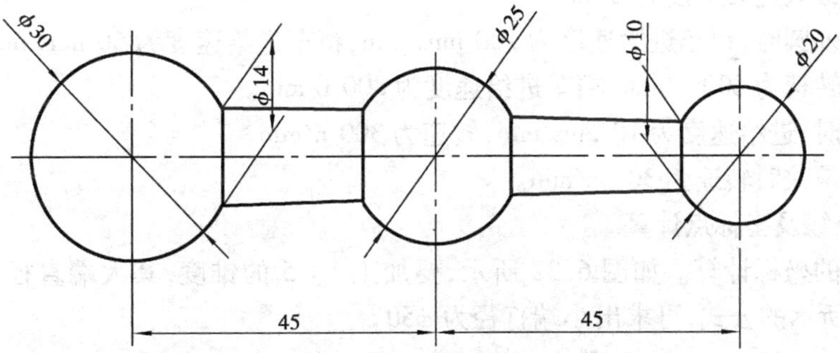

图6.32

课题7 复杂零件的车削

一、图样及要求

用GSK980系统,加工如图6.33所示零件(未注倒角为 $C1$)。

材料为 $\phi 85 \times 250$ 的棒料。

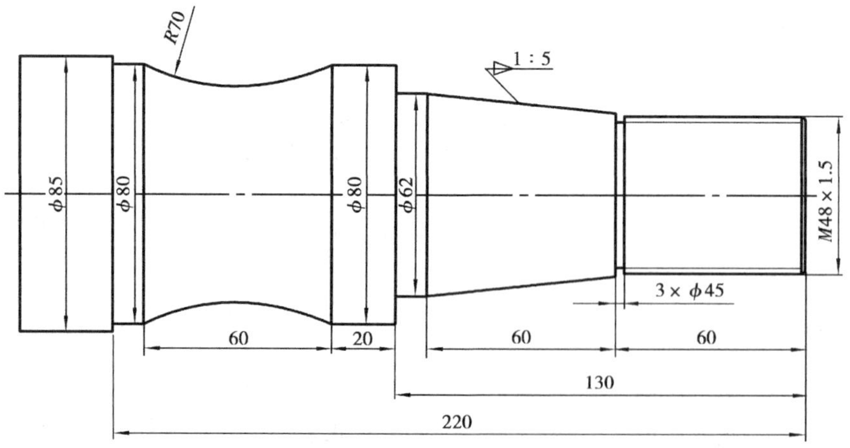

图 6.33

二、工艺分析

1. 需要的车刀

90°外圆车刀,3 mm 切槽刀,60°螺纹车刀。

2. 工艺分析

(1)用三爪自定心卡盘装夹工件,装夹工件露出 220 mm。

(2)使用 90°外圆车刀,粗车外形轮廓,预留 0.2 mm 精加工余量。

(3)使用 90°外圆车刀,精车外形轮廓。

(4)使用 3 mm 切槽刀,切 3×ϕ45 的槽。

(5)使用 60°螺纹车刀,车削螺纹。

3. 选择切削用量

(1)选择最大进刀深度为 2 mm。

(2)车削外圆时,粗车进给速度为 100 mm/min,精车进给速度为 50 mm/min。

(3)粗车转速为 600 r/min,精车进给速度为 800 r/min。

(4)切槽时,进给速度为 10 mm/min,转速为 300 r/min。

(5)车削螺纹时转速为 300 r/min。

4. 加工路线及坐标点计算

(1)锥度的坐标计算。如图 6.32 所示,要加工 1∶5 的锥度,其大端直径为 ϕ62,长度为 60;根据如下所示的公式,可求出小端直径为 ϕ50。

$$锥度比=\frac{D-d}{H}$$

(2)加工坐标点的计算。加工该零件采用 G73 封闭切削循环指令加工,因此只需计算出零件轮廓上各个点的坐标值,要求的坐标,如图 6.34 所示。

各个坐标点的值分别为:A(46,0),B(48,-2),C(48,-60),D(50,-60),E(62,-120),F(62,-130),G(80,-130),H(80,-150),I(80,-210),J(80,-220)。

(3)螺纹加工坐标点的计算。加工该螺纹要进刀 4 次,查表选取:

①第一次进刀量(直径)为 0.8;

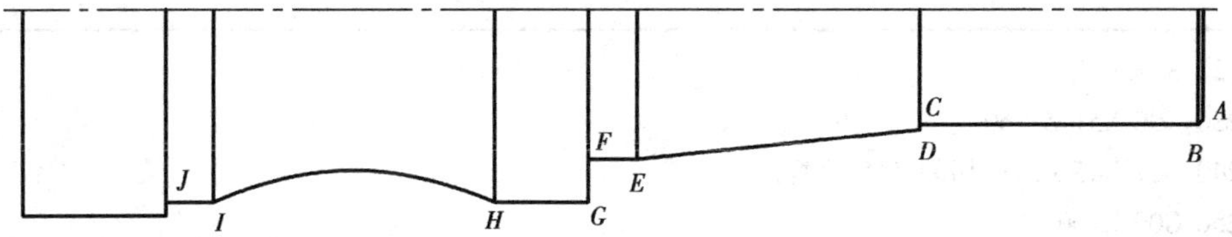

图 6.34

②第二次进刀量(直径)为 0.6;

③第三次进刀量(直径)为 0.4;

④第四次进刀量(直径)为 0.16。

加工时,为消除伺服滞后造成的螺距误差,预留升速进刀段(空刀导入量)δ_1为 1 倍螺距,取 1.5 mm;降速退刀段δ_2为 1 倍螺距,取 1.5 mm。其坐标计算方法见"课题4　圆柱螺纹的车削"。

三、编制加工程序

1. 程序

程序见表 6.8。

表 6.8　图 6.33 所示零件的加工程序

```
O0006;
N010 G50 X100 Z100;
N020 M03 S600;
N030 T0101;(使用用 90°外圆车刀,用 1 号刀补)
N040 G00 X86 Z1;
N050 G73 U0.5 W0.5 R0.016;
N060 G73 P070 Q180 U0.2 W0.2 F100 S600;
N070 G00 X46 Z1;
N080 S800;
N090 G01 Z0 F50;(将刀具移动到 A 点)
N100 X48 Z-2;(加工到 B 点)
N110 Z-60;(加工到 C 点)
N120 X50; (加工到 D 点)
N130 X62 Z-120;(加工到 E 点)
N140 Z-130;(加工到 F 点)
N150 X80;(加工到 G 点)
N160 Z-150;(加工到 H 点)
N170 G02 X80 Z-210 R70; (加工到 I 点)
N180 G01 Z-220; (加工 J 点)
N190 G70 P070 Q180;(执行精加工循环)
N200 G00 X100 Z100;
N210 T0202;(使用 3 mm 切槽刀,用 2 号刀补)
```

续表

```
N220 S300;
N230 G00 X51 Z-60;
N240 G01 X45 F10;(切削φ45的槽)
N250 G00 X100;
N260 Z100;
N270 T0303;(使用螺纹车刀,用3号刀补)
N280 G00 X49 Z1.5;
N290 G92 X47.2 Z-58.5 F1.5;
N300 G92 X46.6 Z-58.5 F1.5;
N310 G92 X46.2 Z-58.5 F1.5;
N320 G92 X46.04 Z-58.5 F1.5;
N330 G00 X100 Z100;
N340 T0101;
N350 M30;
```

提示

• G73 指令是系统根据精车余量、退刀量、切削次数等数据,自动计算粗车偏移量、粗车的单次进刀量和粗车轨迹,每次切削的轨迹都是精车轨迹的偏移,适合用于成型毛坯的粗车。其指令格式,见表6.9。

(1)Δi。*X* 轴粗车退刀量(单位:mm,半径值)。

(2)Δk。*Z* 轴粗车退刀量(单位:mm)。

(3)d。切削的次数(单位:千次),r0.05 表示5次切削完成封闭切削循环。

(4)ns。精车轨迹的第一个程序段的程序段号。

(5)nf。精车轨迹的最后一个程序段的程序段号。

(6)Δu。*X* 轴的精加工余量(单位:mm)。

(7)Δw。*Z* 轴的精加工余量(单位:mm)。

表6.9 G73 指令格式

```
G73 U (Δi) W (Δk) R (d) F S T;
G73 P(ns) Q(nf) U (Δu) W (Δw);
N(ns)…………;
……………………;
…………………F;
…………………S;
…………………T;
……………………;
```

2. 加工轨迹

加工轨迹，如图 6.35 所示。

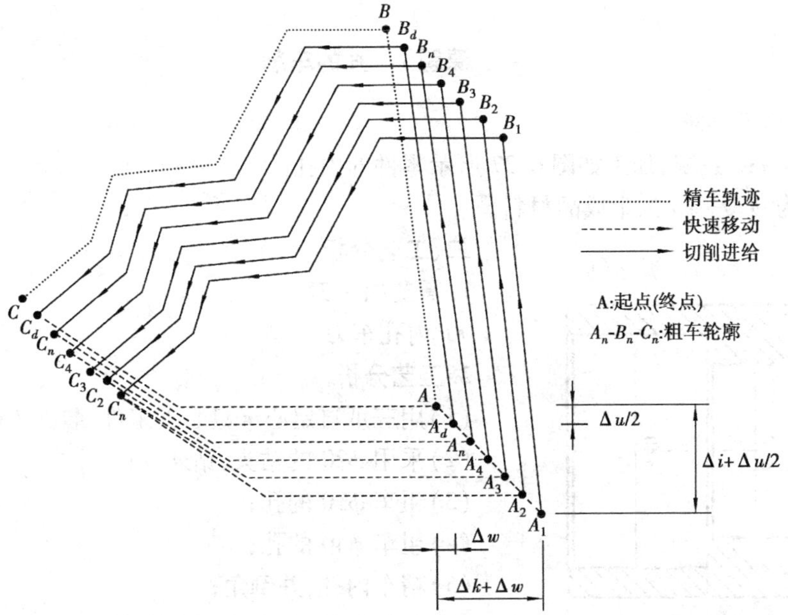

图 6.35　加工轨迹图

Δu，Δw 反应了粗车的坐标偏移和切入方向，按 Δu，Δw 的符号，有四种不同的组合，如图 6.36 所示：图中 $A\rightarrow B\rightarrow C$ 为精车轮廓，$A'\rightarrow B'\rightarrow C'$为粗车轮廓。

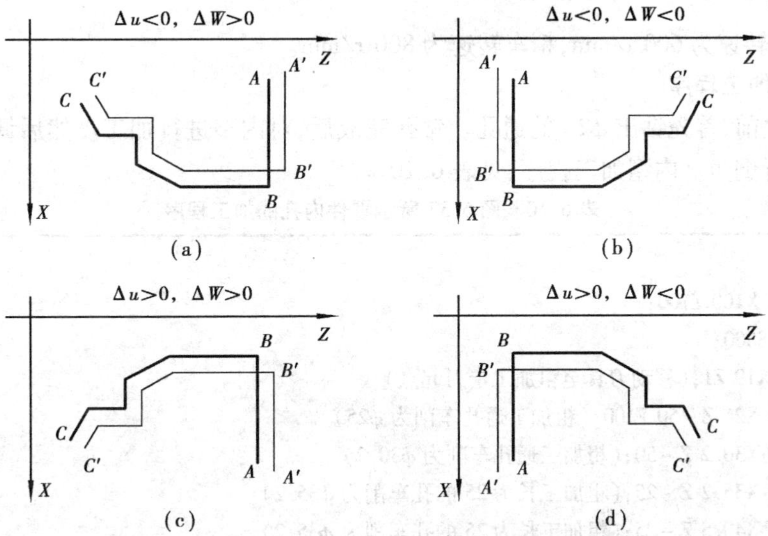

图 6.36　车削时不同的坐标偏移和切入方向

四、加工操作

加工操作与“端面、外圆的车削(一)”的加工操作类似。

任务2　套类零件的车削

课题1　孔的车削

一、图样及要求

用 GSK980 系统,加工如图 6.37 所示零件的内孔。

材料为 $\phi50\times45$ 的半成品材料。

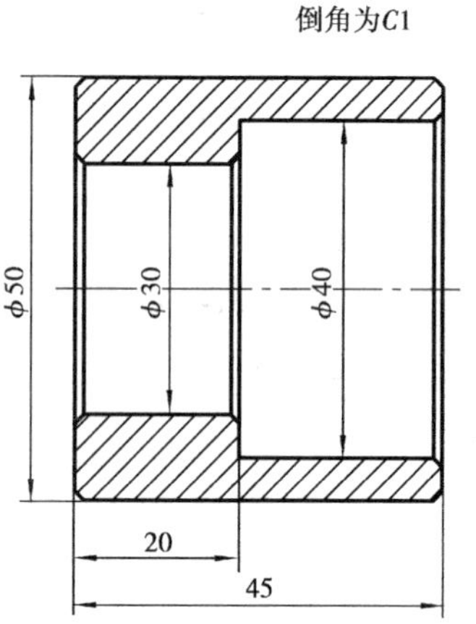

图 6.37

二、工艺分析

1. 需要的车刀

90°内孔车刀。

2. 工艺分析

(1)用三爪自定心卡盘装夹工件,装夹工件露出 25 mm;

(2)采用 $\phi20$ 的钻头,钻通孔;

(3)粗车 $\phi30$ 的孔;

(4)粗车 $\phi40$ 的孔;

(5)精车内孔,并倒角;

(6)调头装夹,对左端面内孔倒角。

3. 选择切削用量

(1)选择最大进刀深度为 2.5 mm。

(2)粗车进给速度为 100 mm/min,精车进给速度为50 mm/min。

(3)粗车转速为 600 r/min,精车转速为 800 r/min。

三、编制加工程序

在加工之前,首先钻出 $\phi20$ 的通孔。钻孔完成后,对内型进行加工。然后调头装夹,对另一端孔口进行倒角。内型加工程序,见表 6.10。

表 6.10　图 6.37 所示零件内孔的加工程序

```
O0007;
N010 G50 X100 Z100;
N020 M3 S600;
N030 G0 X19 Z1;(移动刀具至粗加工走刀起点)
N040 G90 X25 Z-50 F100;(粗加工通孔车削为 φ25)
N050 G90 X30.2 Z-50;(粗加工通孔车削为 φ30.2)
N060 G90 X35.2 Z-25;(粗加工长为 25 的孔车削为 φ35.2)
N070 G90 X40.5 Z-25;(粗加工长为 25 的孔车削为 φ35.2)
N080 G0 X36 Z1;(将刀具移动至精加工走刀起点)
```

续表

```
N090 S800;
N100 G1 X40 Z-1 F50;(精加工,倒端面上内孔C1倒角)
N110 Z-25;(精加工长为25的孔)
N120 X28;(走向倒角起点,准备倒孔中C1倒角)
N130 X30 Z-26;(倒角)
N140 Z-50;(精加工φ30内孔)
N150 G0 X25;(退刀)
N160 Z100;
N170 X100;
N180 M30;
```

四、加工操作

加工操作与"端面、外圆的车削(一)"的加工操作类似。

【自己动手6.5】

编程完成如图6.38所示零件的车削加工,工件毛坯为$\phi50\times45$的棒料。

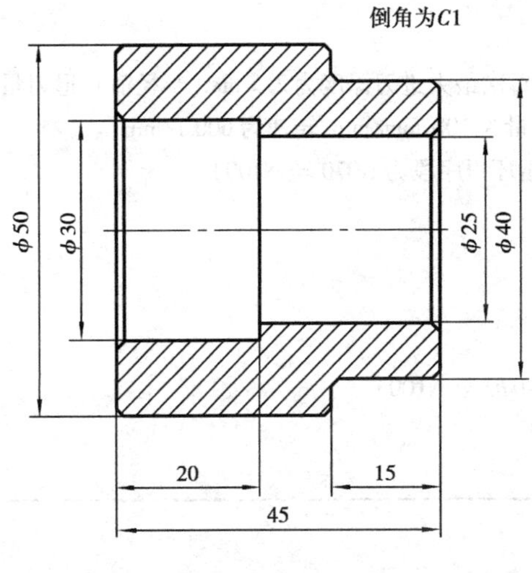

图6.38

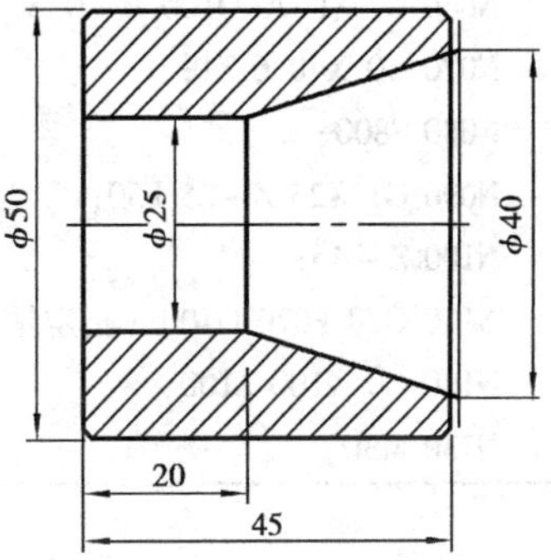

图6.39

课题2　内圆锥的车削

一、图样及要求

用GSK980系统,加工如图6.39所示零件的内孔;材料为$\phi50\times45$的半成品材料。

二、工艺分析

1.需要的车刀

90°内孔车刀。

2.工艺分析

(1)用三爪自定心卡盘装夹工件,装夹工件露出25 mm。

(2)采用 ϕ20 的钻钻通孔。

(3)粗车 ϕ25 的孔。

(4)粗车 ϕ4 锥孔。

(5)精车内孔,并倒角。

3. 选择切削用量

(1)选择最大进刀深度为 2.5 mm。

(2)粗车进给速度为 100 mm/min,精车进给速度为 50 mm/min。

(3)粗车转速为 600 r/min,精车转速为 800 r/min。

三、编制加工程序

1. 程序

在加工之前,首先钻出 ϕ20 的通孔;钻孔完成后,对内型进行加工。内型加工程序,见表 6.11 所示。

表 6.11　图 6.39 所示零件内孔的加工程序

```
O0008;
N010 G50 X100 Z100;
N020 M3 S600;
N030 T0101;
N040 G0 X19 Z1;
N050 G71 U2.5 R0.5 F100 S600;(指定粗车循环时每次最大进刀深度为 2.5 mm(半径值),退刀量为
                           0.5 mm,粗车进刀量为 100 mm/min,转速为 600 r/min)
N060 G71 P070 Q100 U-0.2 W0.1;(指定粗加工循环程序段为 N070 至 N100)
N070 G0 X40.6 Z1;
N080 S800;
N090 G1 X25 Z-25 F50;
N100 Z-46;
N110 G70 P070 Q100;(指定精加工循环程序段为 N070 至 N100)
N120 G0 X100 Z100;
N130 M30;
```

提示

• G71 指令是系统根据精车余量、进给量、退刀量数据自动计算粗车轨迹,沿与 Z 轴平行的方向切削,通过多次进刀→切削→退刀的切削循环完成工件的粗加工;本指令适合用于非成型毛坯(棒料)的成型粗车。其指令格式,见表 6.12 所示。

(1)Δd。X 轴粗车每次进刀量(单位:mm,半径值)。

(2)e。粗车时 X 轴的单次退刀量(单位:mm,半径值),退刀方向与进刀方向相反。

(3)ns。精车轨迹的第一个程序段的程序段号退刀。

(4)nf。精车轨迹的最后一个程序段的程序段号。

(5)Δu。X 轴的精加工余量(单位:mm)。

(6)Δw。Z 轴的精加工余量(单位:mm)。

表6.12 G71指令格式

```
G71 U (Δd) R(e) F S T;
G71 P(ns) Q(nf) U (Δu) W (Δw);
N(ns)…………;
……………………;
………………F;
………………S;
………………T;
…………………
```

2. 加工轨迹

其加工轨迹,如图6.40所示。

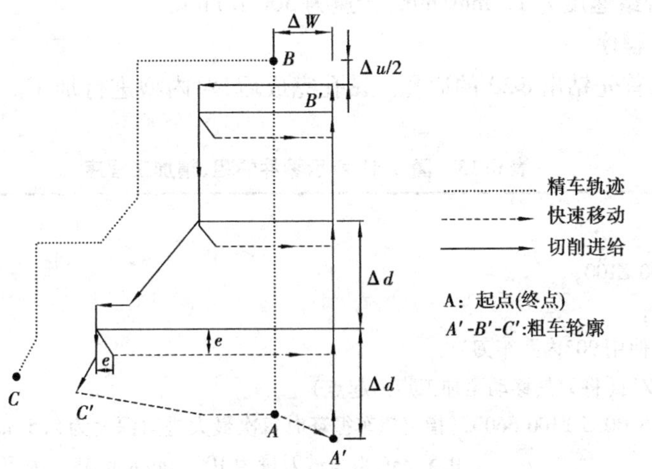

图6.40 加工轨迹图

四、加工操作

加工操作与“端面、外圆的车削(一)”的加工操作类似。

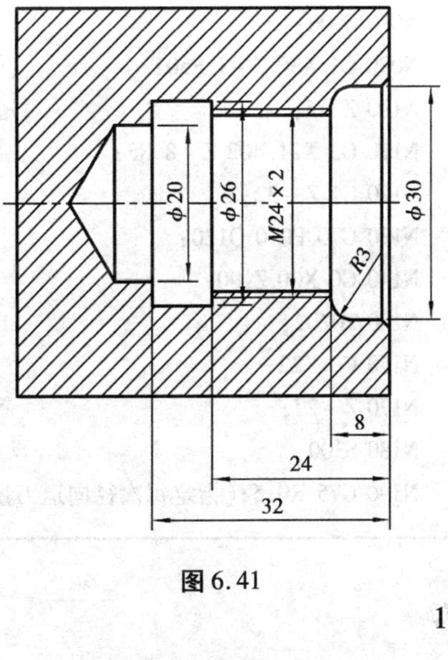

图6.41

课题3 内螺纹的车削

一、图样及要求

用GSK980系统,加工如图6.41所示零件的内孔。

(未注倒角为$C1$)材料为$\phi50\times50$的半成品材料。

二、工艺分析

1. 需要的车刀

90°内孔车刀,3 mm刀宽的内孔切槽刀,60°内孔螺纹刀。

2. 工艺分析

(1)用三爪自定心卡盘装夹工件,装夹工件露出25 mm。

(2)采用ϕ20的钻钻一个长度大于35的盲孔。

(3)粗车孔。

(4)精车内孔,并倒角。

(5)切削ϕ26的内孔槽。

(6)切削M24×2螺纹。

3. 选择切削用量

(1)选择最大进刀深度为2.5 mm。

(2)粗车进给速度为100 mm/min,精车进给速度为50 mm/min。

(3)粗车转速为600 r/min,精车转速为800 r/min。

(4)切槽时进给速度为10 mm/min,转速为300 r/min。

三、编制加工程序

在加工之前,首先钻出ϕ20的通孔。钻孔完成后,对内型进行加工。内型加工的程序,见表6.13。

表6.13 图6.41所示零件的粗、精加工程序

```
O0009;
N010 G50 X100 Z100;
N020 M3 S600;
N030 T0101;(使用90°内孔车刀)
N040 G0 X19 Z1;(将刀具移动至加工走刀起点)
N050 G71 U2.5 R0.5 F100 S600;(指定粗车循环时每次最大进刀深度为2.5 mm(半径值),退刀量为
                              0.5 mm,粗车进刀量为100 mm/min,转速为600 r/min)
N060 G71 P070 Q120 U-0.2 W0.1;
N070 G0 X26 Z1;
N080 S800;
N090 G1 X30 Z-1 F50;
N100 Z-5;
N110 G3 X21.402 Z-8 R3;
N120 G1 Z-32;
N130 G70 P070 Q120;
N140 G0 X00 Z100;
N150 T0202;
N160 G0 X22;
N170 Z-27;
N180 S300;
N190 G75 R0.5;(指定每次径向退刀量为0.5)
```

续表

N200 G75 X26 Z－32 P500 Q250 F10；(指定切槽加工终点为X26，Z－32；*X*向每次进刀5 mm，*Z*向每次进刀2.5 mm)
N210 G0 Z100；
N220 X100；
N230 T0303；
N240 S600；
N250 G0 X20；
N260 Z－6；
N270 G92 X22.302 Z－26 F2；(第一次切削螺纹)
N280 X22.902 Z－26；(第二次切削螺纹)
N290 X23.502 Z－26；(第三次切削螺纹)
N300 X23.902 Z－26；(第四次切削螺纹)
N310 X24 Z－26；(第五次切削螺纹)
N320 G0 Z100；
N330 X100；
N340 T0101；
N350 M30；

四、加工操作

加工操作与"端面、外圆的车削(一)"的加工操作类似。

【自己动手6.6】

编程完成如图6.42所示零件内孔的车削加工，工件毛坯为$\phi55\times50$的棒料。

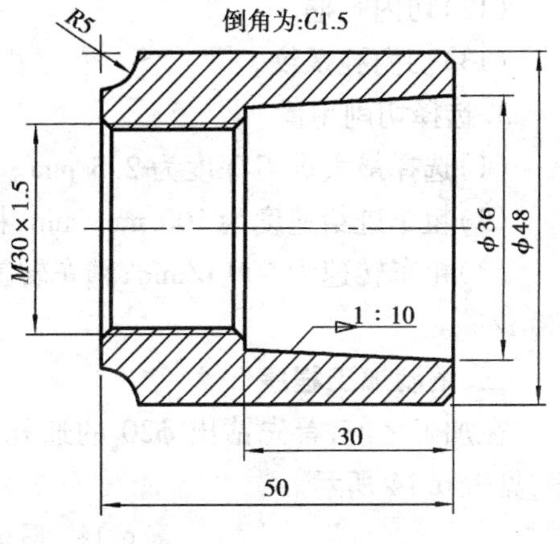

图6.42

课题4　复杂零件的车削

一、图样及要求

用GSK980系统，加工如图6.43所示零件。材料为已半精加工至$\phi50\times53$的棒料。

二、工艺分析

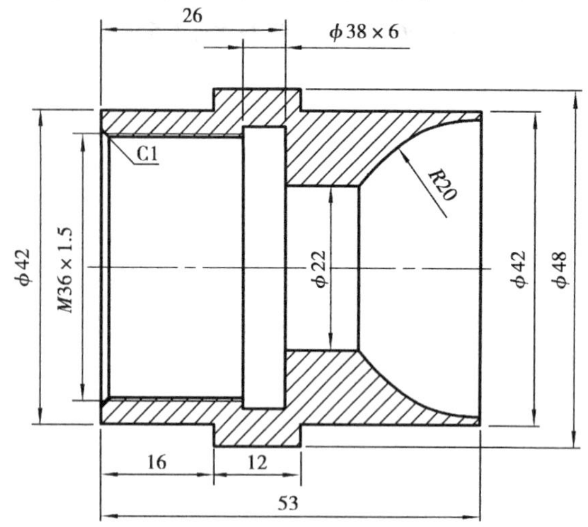

图 6.43

1. 需要的车刀

90°外圆车刀,90°内孔车刀,3 mm 刀宽的内孔切槽刀,60°内孔螺纹刀,φ20 麻花钻。

2. 工艺分析

(1)用三爪自定心卡盘装夹工件,装夹工件露出 27 mm。

(2)用 φ20 的钻钻通孔。

(3)粗车工件右端 φ42 至长度 25 处。

(4)粗车内孔 R20 和 φ22。

(5)精车内孔 R20 和 φ22。

(6)精车工件右端 φ42 至长度 25 处。

(7)调头装夹,工件露出 30 mm。

(8)粗车 φ42 和 φ48。

(9)精车 φ42 和 φ48。

(10)粗车内孔。

(11)精车内孔。

(12)切内孔槽。

(13)切内孔螺纹。

3. 选择切削用量

(1)选择最大进刀深度为 2.5 mm。

(2)粗车进给速度为 100 mm/min,精车进给速度为 50 mm/min。

(3)粗车转速为 600 r/min,精车转速为 800 r/min;切槽时进给速度为 10 mm/min,转速为 300 r/min。

三、编制加工程序

在加工之前,首先钻出 φ20 的通孔。钻孔完成后,对零件进行加工;零件右端的加工程序,见表 6.14 所示。

表 6.14　图 6.43 所示零件右端的加工程序

```
O0010;
N010 G50 X100 Z100;
N020 M3 S600;
N030 T0101;
N040 G0 X51 Z1;
N050 G90 X45 Z-25 F100;
N060 X42.2 Z-25;
N070 G0 X100 Z100;
```

续表

```
N080 T0202;
N090 G0 X19 Z1;
N100 G71 U2.5 R0.5 F100 S600;
N110 G71 P120 Q160 U-0.2 W0.1;
N120 G0 X40 Z1;
N130 S800;
N140 G1 Z0 F50;
N150 G3 X22 Z-16.7 R20 F50;
N160 G1 X22 Z-27;
N170 G70 P120 Q160;
N180 G0 X100 Z100;
N190 T0101;
N200 GO X42 Z1;
N210 G1 Z-25 F50;
N220 GO X100;
N230 Z100;
N240 M30;
```

零件右端加工完成后调头装夹加工零件左端,零件左端加工程序如下:

```
O0010;
N010 G50 X100 Z100;
N020 M3 S600;
N030 T0101;
N040 G0 X51 Z1;
N050 G90 X48.5 Z-28 F100;
N060 X43.5 Z-16;
N070 X42.2 Z-16;
N080 G0 X100 Z100;
N090 T0202;
N100 G0 X19 Z1;
N110 G71 U2.5 W0.5 F100 S600;
N120 G71 P130 Q160 U-0.2 W0.1;
N130 G0 X32.052 Z1;
N140 S800;
N150 G1 X34.052 Z-1 F50;
N160 Z-26;
N170 G70 P130 Q160;
N180 G0 X100 Z100;
```

续表

```
N190 T0303;
N200 GO X30;
N210 Z-23;
N220 S300;
N230 G75 R0.5;
N240 G75 X38 Z-26 P500 Q250 F10;
N250 Z100;
N260 X100;
N270 T0404;
N280 GO X34 Z1.5;
N290 G92 X34.852 Z-21.5 F1.5;
N300 X35.452 Z-21.5;
N310 X35.852 Z-21.5;
N320 X36 Z-21.5;
N330 G0 X100 Z100;
N340 M30;
```

四、加工操作

加工操作与"端面、外圆的车削(一)"的加工操作类似。

【自己动手 6.7】

编程完成如图 6.44 所示零件的车削加工,工件毛坯为 ϕ55 ×50 的棒料。

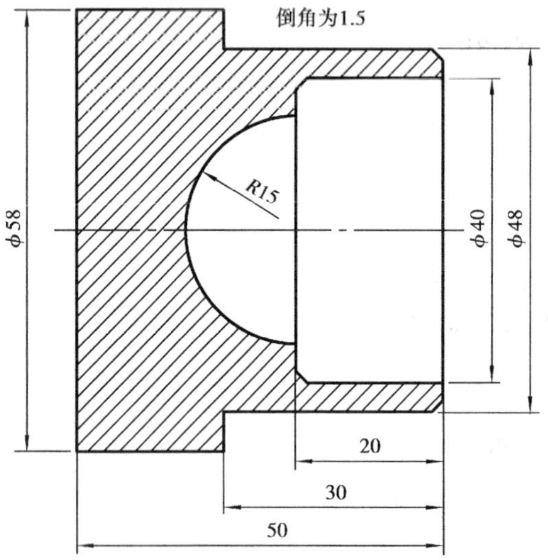

图 6.44

项目7　华中 HNC-21T 数控车削系统介绍

项目内容

(1)华中 HNC-21T 数控系统的基本编程指令和编程方法。

(2)华中 HNC-21T 数控车床的基本操作方法。

(3)用华中 HNC-21T 数控车床,加工中等复杂零件的方法。

项目目的

(1)理解华中 HNC-21T 的程序结构。

(2)熟悉常用的准备功能代码、辅助功能代码的应用方法。

(3)掌握固定循环指令及外(内)径复合循环 G71 指令的编程方法。

(4)了解其他复合循环指令的编程方法。

(5)掌握华中 HNC-21T 数控车床的基本操作。

任务1　华中 HNC-21T 编程与操作基础

课题1　认识华中 HNC-21T 编程指令

一、"世纪星"系列数控简介

HNC-21/22T 是武汉华中数控股份有限公司开发的数控系统,采用先进的开放式体系结构,内置嵌入式工业 PC,采用国际标准 G 代码编程,与各种流行的 CAD/CAM 自动编程系统兼容,具有直线插补、圆弧插补、螺纹切削、刀具补偿、宏程序、恒线速切削等功能。集成进给轴接口、主轴接口、手持单元接口、内嵌式 PLC 接口于一体,采用电子盘程序存储方式以及软驱、DNC、以太网等程序交换功能,具有性价比高、易于使用、可靠性高的特点。

限于篇幅,本书只对华中 HNC-21T 的基本编程和基本操作进行介绍,其他内容请参阅华中 HNC-21T 的编程和操作说明书。

二、程序

1. 程序的一般结构

一个零件的程序,必须包括起始符和结束符。一个零件的程序,按程序段的输入顺序执行,而不按程序段号的顺序执行,但书写程序时,建议按升序书写程序段号。

华中世纪星数控装置 HNC-21T 的程序结构为:

(1)程序起始符。%(或 O)符,后跟程序号。

(2)程序结束。M02 或 M30。

(3)注释符。括号( )内或分号,后面的内容为注释文字。

2.程序的文件名

CNC 装置可以装入许多程序文件,以磁盘文件的方式读写。文件名格式为(有别于 DOS 等其他文件名):

O××××(地址 O 后面必须有四位数字或字母)。

系统通过调用文件名,来调用程序,进行加工或编辑。

三、准备、辅助功能一览表

华中 HNC-21T 准备功能一览表,见表 7.1。

表 7.1 准备功能指令一览表

G 代码	组	功 能	格 式
G00	01	快速定位	G00 X _ Z _
G01√		直线插补	G01 X _ Z _
G02		顺圆插补	G02 X _ Z _ I _ K _ R _
G03		逆圆插补	G03 X _ Z _ I _ K_ R _
G04	00	暂停	G04 P _
G20	08	英寸输入	G20
G21√		毫米输入	G21
G28	00	返回到参考点	G28 X _ Z _
G29		由参考点返回	G29 X _ Z _
G32	01	螺纹切削	G32 X _ Z _ R _ E _ P _ F _
G36√	16	直径编程	G36
G37	16	半径编程	G37
G40√	09	刀尖半径补偿取消	G40
G41		左刀补	G41 D
G42		右刀补	G42 D
G53	00	直接机床坐标系编程	
G54√ ~ G59	11	坐标系选择	
G71		外径/内径车削复合循环	G71U(Δd)R(r)P(ns)Q(nf)X(Δx)Z(Δz) F(f)S(s) T(t) G71U(Δd)R(r)P(ns)Q(nf)E(e)F(f)S(s) T(t)

续表

G72	06	端面车削复合循环	G72W(Δd)R(r)P(ns)Q(nf)X(Δx)Z(Δz)F(f)S(s)T(t)
G73		闭环车削复合循环	G73U(ΔI) W(ΔK) R(r)P(ns)Q(nf)X(Δx)Z(Δz)F(f)S(s)T(t)
G76		螺纹切削复合循环	G76C(c)R(r)E(e)A(a)X(x)Z(z)I(i)K(k)U(d) V(Δdmin)Q(Δd)P(p)F(L)
G80√	01	内/外径车削固定循环	G80X _ Z _ I _F _
G81		端面车削固定循环	G81X _ Z _ F _
G82		螺纹切削固定循环	G82X _ Z _ I _ R _ E _ C _ P _ F _
G90	13	绝对值编程	G90
G91		增量值编程	G91
G92	00	工件坐标系设定	G92 X _ Z _
G94√	14	每分钟进给	G94
G95		每转进给	G95
G96		恒线速度有效	G96 S
G97		取消恒线速度	G97 S

提示

- 00 组中的 G 代码是非模态的,其他组的 G 代码是模态的。
- 有"√"标记者,为开机缺省值。

华中 HNC-21T 辅助功能一览表,见表 7.2。

表 7.2 辅助功能一览表

代 码	模 态	功能说明	代 码	模 态	功能说明
M00	非模态	程序停止	M03	模态	主轴正转起动
M02	非模态	程序结束	M04	模态	主轴反转起动
M30	非模态	程序结束并返回到程序起点	M05	模态	主轴停止转动
			M06	非模态	换刀
M98	非模态	调用子程序	M07	模态	切削液打开
M99	非模态	子程序结束	M09	模态	切削液停止

四、S,F,T 代码

1. 主轴功能(S)

主轴功能 S 控制主轴转速,其后的数值表示主轴转速,单位为转/每分钟(r/min)。采用恒线速度功能时,S 指定切削线速度,其后的数值单位为 m/min。(G96 恒线速度有效、G97 取消恒线速度)。

S 是模态指令,S 功能只有在主轴速度可调节时,才有效。由 S 所得到的编程,主轴转速可以借助机床控制面板上的主轴倍率开关,进行修调。

2. 进给速度(F)

F 指令,表示工件被加工时,刀具相对于工件的合成进给速度,F 的单位取决于 G94(分进给 mm/min)或 G95(转进给 mm/r)。

当工作在 G01、G02 或 G03 方式下,编程的 F 值一直有效,直到被新的 F 值所取代。

工作在 G00 方式下,快速定位的速度是各轴的最高速度,与所编 F 无关。

借助机床控制面板上的倍率按键,F 可在一定范围内进行倍率修调。

当执行攻丝循环 G76、G82,螺纹切削 G32 时,倍率开关失效,进给倍率固定在 100%。

提示

- 当使用每转进给量方式时,必须在主轴上安装一个位置编码器。
- 直径编程时,*X* 轴方向的进给速度为:半径的变化量/分、半径的变化量/转。

3. 刀具功能(T)

T 代码用于选刀,其后的 4 位数字,分别表示选择的刀具号和刀具补偿号。T 代码与刀具的关系是由机床制造厂规定的,请参考机床厂家的说明书。执行 T 指令,转动转塔刀架,选用指定的刀具。

当一个程序段同时包含 T 代码与刀具移动指令时:先执行 T 代码指令,后执行刀具移动指令。T 指令同时调入刀补寄存器中的补偿值。

五、各种数控系统在功能代码上的差异简述

不同数控系统,在功能代码上,在编程原理方面基本相同,在代码格式上,有很多相同或相似的地方。这样就可以举一反三地学习多种数控系统。但是,各种数控系统肯定也有不相同的地方,在接触了多种数控车系统后,要特别注意以下问题。

不同系统之间数控功能代码混用,导致错误。忽视各种系统代码初始状态的差别,导致意外错误。不同数控系统在操作方面也有差别。

【自己动手 7.1】

(1)请对照华中 HNC-21T 与广数 GSK980T,看看它们在准备功能指令代码及格式方面有哪些不同。

(2)比较华中 HNC-21T 系统 M02 指令与 M30 指令的异同。

课题 2　华中 HNC-21T 的基本操作

一、操作面板简介

华中数控 HNC-21T 操作面板布局,如图 7.1 所示。

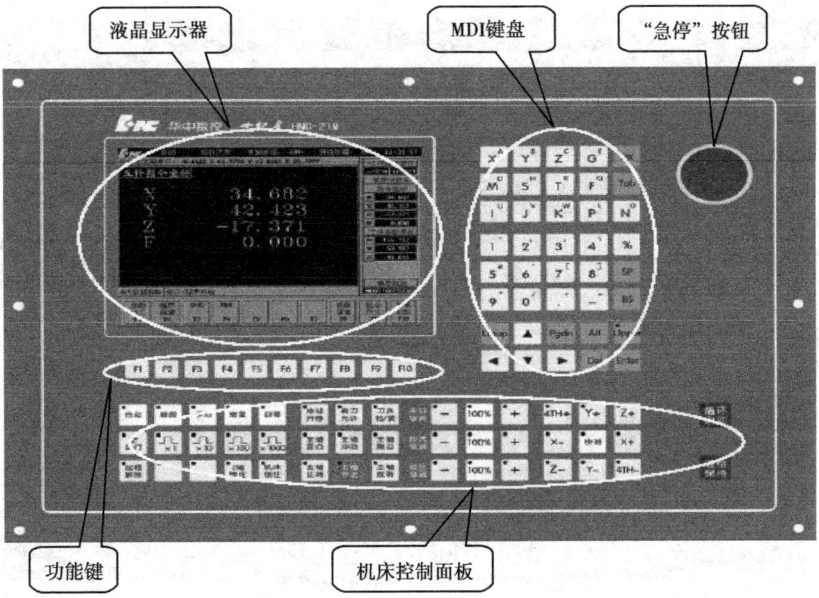

图 7.1　HNC-21T 操作面板

二、功能按钮和按键介绍

1. 显示功能区

用于显示汉字菜单、系统状态、故障诊断及加工轨迹仿真。

2. MDI 键盘

用于加工程序的编制、参数的输入、系统管理的操作。

3. 功能软键

F1 ~ F10 十个功能键,用于切换显示菜单。

4. 机床控制面板

用于手动控制机床的动作或加工过程。

5. 手持单元

MPG 手持单元由手摇脉冲发生器、坐标轴选择开关组成,用于手摇方式增量进给坐标轴。

三、HNC-21T 车床软件操作界面

HNC-21T 车床软件操作界面如图 7.2 所示,由图形显示窗口 1、菜单命令条 2、运行程序索引 3、选定坐标系下的坐标值 4、工件坐标零点 5、倍率修调 6、辅助机能 7、当前加工程序行 8 和当前加工方式 9 等几大部分组成。

四、HNC-21T 车床功能菜单及开机与关机操作

1. 功能菜单

系统功能的操作,主要使用菜单命令条中的功能键 F1 ~ F10 来进行,菜单采用层次结构,即主菜单—子菜单结构。操作者可以通过菜单显示内容,选择操作。HNC-21T 的功能菜单结构,如表 7.3 所示。

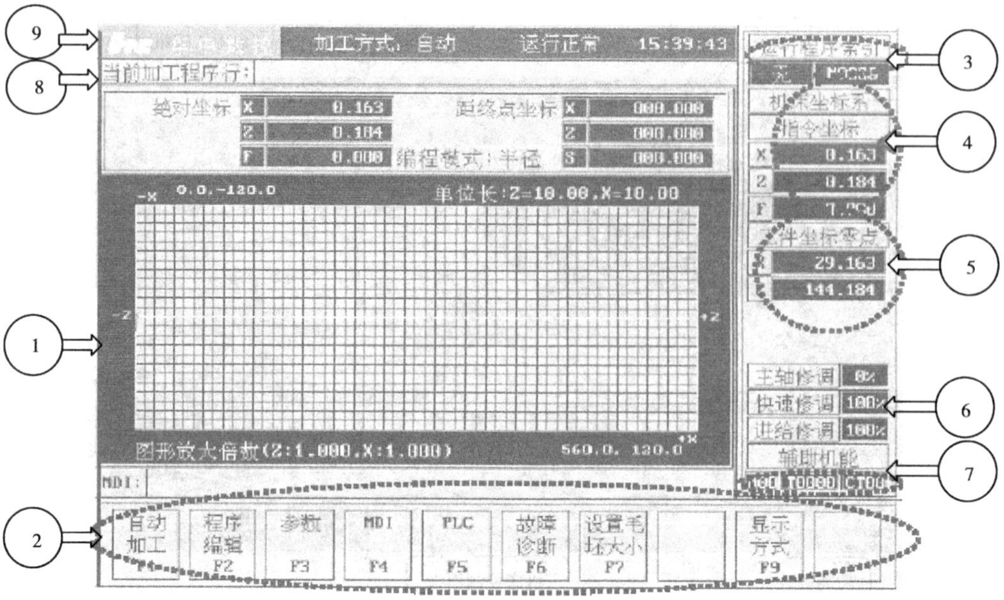

图 7.2　HNC-21T 车床软件操作界面

表 7.3　HNC-21T 的功能菜单结构

主菜单	F1	F2	F3	F4	F5	F6	F7	F8	F9	F10
自动加工 F1	程序选择	运行状态	程序校验	重新运行	保存断点	恢复断点	停止运行	重新运行	显示方式	返回
程序编辑 F2	文件管理	选择编辑程序	编辑当前程序	保存文件	文件另存为	删除一行	查找	继续查找替换	替换	返回
参数 F3	参数索引	修改口令	输入权限	串口通讯	置出厂值	恢复前值	备份参数	装入参数	显示方式	返回
MDI F4	刀库表	刀具表	坐标系	返回断点	重新对刀	MDI 运行	MDI 清除	对刀	显示方式	返回
PLC F5				状态显示					显示方式	返回
故障报警 F6		清除报警				报警显示	错误历史		显示方式	返回

2. 车床的开机与关机操作

(1)上电操作。操作步骤依次为:检查机床、按下“急停”按钮、机床上电、数控上电、检查通电是否正常。

(2)复位操作。旋起"急停"按钮,复位。

(3)返回机床参考点操作。按"回零"、"+X"键、"+Z"键。机床各轴回零后,建立起机床坐标系。

提示

• 在回零前,应确保回零轴,位于参考点的"负向侧",否则应通过手动来满足这个要求。

(4)急停操作。在车床运行中,若出现紧急情况,按下"急停"按钮,则 CNC 处于急停状态,全部电机停转,各轴停止移动。若解除急停,旋起"急停"按钮,CNC 进入复位状态。

提示

• 急停解除后,应重新进行返回机床参考点操作,以确保坐标位置的正确。

(5)关机操作。操作步骤依次为:按下"急停"按钮、断开数控电源、断开机床电源。

五、HNC-21T 车床手动操作

1. 机床手动操作的主要内容

(1)手动移动机床坐标轴。点动、增量手摇。

(2)手动控制主轴。启停、点动。

(3)机床锁住、刀位转换、卡盘松紧、冷却液启停;手动数据输入(MDI)运行。

2. 机床手动操作的组成

机床手动操作主要由手持单元和机床控制面板共同完成,车床控制面板,如图 7.3 所示。

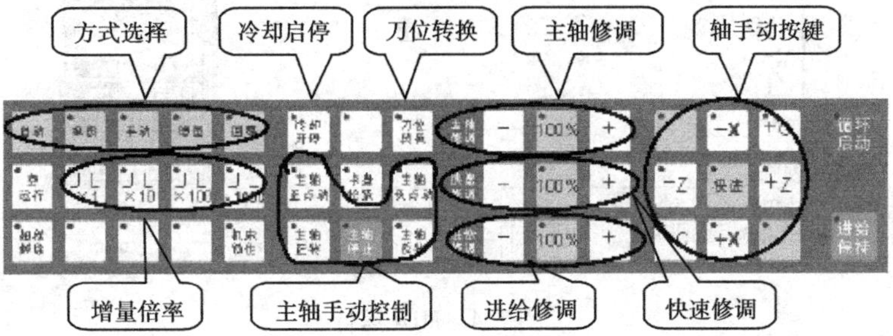

图 7.3 机床手动操作

六、车床控制面板简述

1. 方式选择

在方式选择区,可切换以下各种工作方式:

自动运行方式、单段执行方式、手动连续进给方式、增量手摇、回零五种工作方式。

2. 坐标轴移动

手动移动坐标轴操作,由手持单元和机床控制面板上的方式选择、轴手动、增量倍率、进给调修、快速调修等操作键来完成。可以实现以下功能:

(1)点动进给　按"手动"键,系统处于点动运行方式。

①按轴手动按键中的"+X"、"-X"、"+Z"、"-Z"按键,可以点动移动各坐标轴。

②按进给调修的相关按键,可以使点动进给。

③在点动时,若同时按下"快进"键,则产生相应轴的快进移动,其快进速度,也可以通过快速修调按键来改变。

(2)增量进给　按"增量"键,则可以通过操作轴手动按键或手持单元来实现增量进给。其增量值可以通过操作面板上的"X1"、"X10"、"X100"、"X1000"的这四个按键(分别对应"0.001 mm"、"0.01 mm"、"0.1 mm"、"1 mm"的增量值)来切换,或通过改变手持单元上的增量值,切换波段开关来实现。

3. 机床手动控制

当方式选择处于手动或增量状态时,可以操作主轴手动控制(正转、反转、停止、点动)、刀架转位、卡盘的松紧和冷却液启停等动作,操作主轴调修,可以使主轴倍率处于"100%",或每按一次,按5%的倍率增减改变。

七、手动数据输入(MDI)运行和加工程序输入

1. 手动数据输入(MDI)运行

在表7.3所示的功能菜单中,通过MDI(F4)、MDI运行(F6),进入如图7.4所示的MDI运行方式。

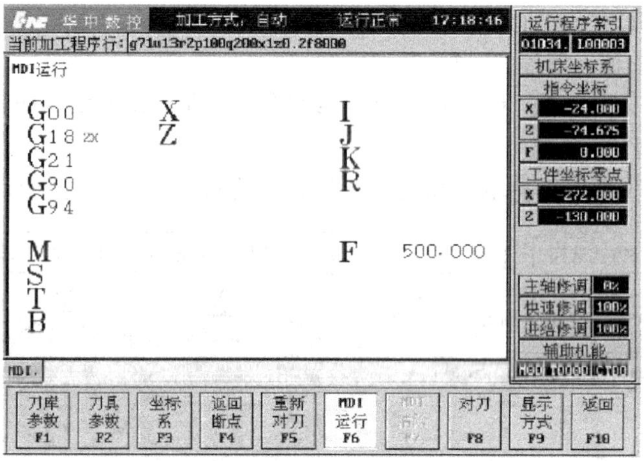

图7.4　MDI运行

用操作面板上的NC键盘,在图中的MDI输入框里,输入一个G代码指令段(如G00 X-100),按"Enter"键,屏幕显示输入的指令,再按"循环启动"按钮,则机床运行刚输入的一段G代码指令。

2. 加工程序的输入

新建一个文件进行编辑。

(1)操作软键,依次操作"主菜单"、"编辑程序F2"、"选择编辑程序F2"、"新建程序F3"。

(2)按"保存文件F4",弹出图7.5所示的对话框,用"Tab"、▲、▼、▶、◀和"Enter"键,选中想要进入的磁盘程序的路径。

(3)按"Tab"键,进入文件名输入栏,按"Enter"键,进入输入状态。

(4)输入一个当前目录中不存在的新文件名,如"O0020"。

(5)再按"Enter"键,系统将自动产生一个0字节的空文件。

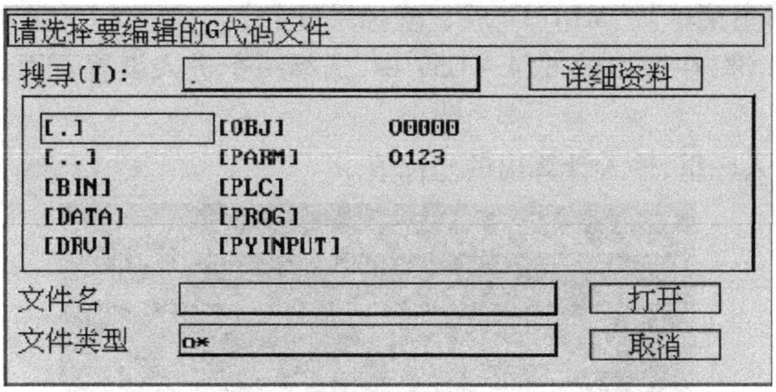

图 7.5　选择要编辑的零件程序

进入全屏幕程序编辑页面后，即可输入加工程序，如图 7.6 所示。

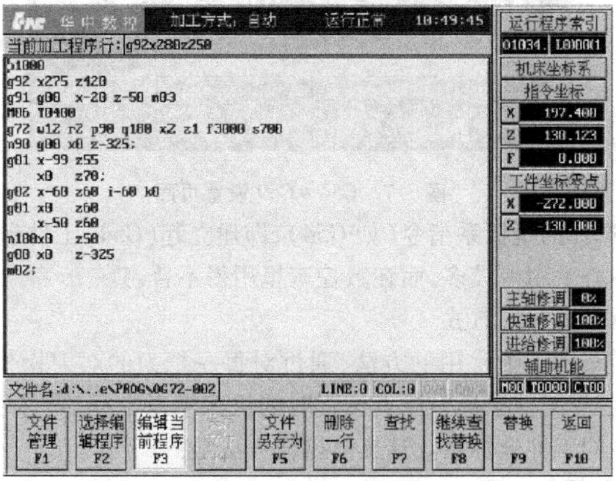

图 7.6　新建文件的全屏幕程序输入页面

华中 HNC-21T，采用全屏幕编辑程序，使用 MDI 键盘：字符键、DEL、BS（删除键）、Pgup、Pgdn（光标滚动键）、Upper（上档字符键）、Tab（切换键）、▲、▼、►、◄（光标移动键）和 Enter（回车键），对程序进行输入、删除、修改等编辑操作。

程序输入完毕后，按键“保存文件 F4”，新输入的程序即被存入磁盘。

用上述同样的方法，可以选择磁盘里已经存在的文件，进入编辑、保存。

八、建立工件坐标系

本书在项目 1 中，讲述的建立工件坐标系的三种方法，都适合华中 HNC-21T，具体内容可参见“项目 1”。

1. 用预置寄存 G92 指令方式

这种方法与广数 GSK928TC、GSK980T 中的 G50 指令用法相同。每次运行程序前，基准刀的刀位点必须位于 G92 指定的位置，这种方法容易发生操作失误，不常用。

2. 存储型零点偏置 G54 ~ G59 指令方式

这种方式的操作步骤如下：

（1）用手动方式，分别试切工件的外圆和端面，由此计算出工件坐标系原点在机床坐标系中的 X、Z 坐标值。

(2)依次操作“主菜单”、“MDI(F4)”、“坐标系(F4)”。

(3)按 F1 ~ F6 键,在列出的 G54 ~ G59 中,选择一个进入设置页面(如 G54),如图 7.7 所示。

(4)在 MDI 输入区里,输入计算出的坐标值。

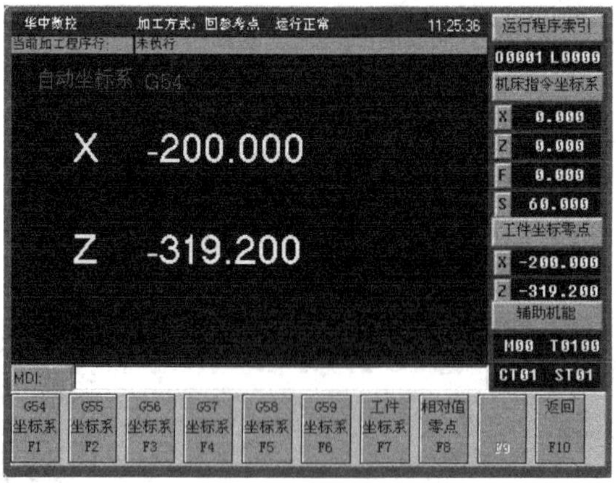

图 7.7 G54 ~ G59 设置页面

在程序中,调用选择的坐标系指令(如 G54),即建立起(G54)工件坐标系。这种方法通常在数控铣床及加工中心上用得较多,而在数控车里用得不普遍。

3. 用绝对型刀具位置补偿方式

这是一种在数控车加工中常用的方法,通过对每一把刀的对刀操作,数控系统可自动获得:当刀具的刀位点位于工件坐标系原点位置时的机床绝对坐标值,并以此作为刀偏值,建立起该把刀具相对独立的工件坐标系。其具体操作方法是:

(1)进行系统回零操作。

(2)用每一把车刀,分别试切工件外圆、端面,并分别记下测量值。

(3)进入数控系统的 MDI 方式、刀具偏置页面,在所需刀偏号的“试切直径”和“试切长度”位置,分别输入测量值,按“Enter”键,数控系统自动计算出每把刀具的刀位点相对于工件原点的机床绝对坐标。如图 7.8 所示。

图 7.8 刀位偏置页面

(4)在程序中,调用带有刀具位置补偿号的刀具功能指令(如 T0101)后,即建立起工件坐标系。

九、HNC-21T 车床的自动运行

在软件主菜单界面下,按 F1 键,进入程序运行子菜单,如图 7.9 所示。在程序运行子菜单下,可以装入检验并自动运行一个零件程序。

图 7.9　程序运行子菜单

1. 选择运行程序(F1)

(1)选择磁盘程序(含网络程序)。选择磁盘程序(含网络程序)的操作方法如下:

①在选择程序菜单中,按软键 F1。如图 7.10 所示。弹出如图 7.11 所示的对话框。

②操作“Tab”键、“▲、▼”键、“Enter”键等按键。

③选择磁盘分区目录和文件。

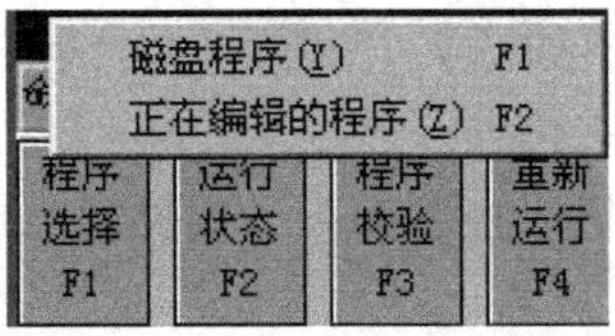

图 7.10　选择运行程序

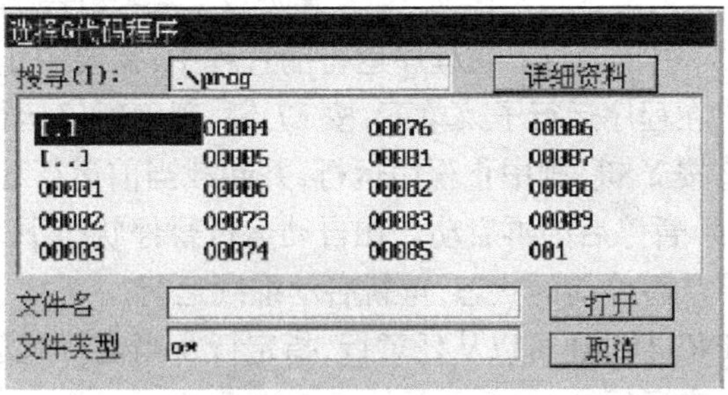

图 7.11　选择 G 代码程序对话框

(2)选择正在编辑的程序。其操作步骤如下:

在选择程序菜单中,按键 F2。如图 7.10 所示。按“Enter”键。如果编辑器有编辑程序,请调正在编辑的程序到运行缓冲区,否则,将提示没有编辑的程序。

2. 程序校验(F3)

程序校验用于对调入加工缓冲区的零件程序,进行校验并提示可能的错误,程序校验运行的操作步骤如下:

(1)调入加工程序,切换到自动运行方式后,在程序运行子菜单下,如图 7.9 所示,按 F3 键,进入校验运行,按循环启动,校验开始。

(2)若程序正确,校验完后,光标将返回到程序头,且软件操作界面的工作方式显示改回为自动。若程序有错,命令行将提示错误程序行。

提示

- 校验运行时,机床不动作。
- 为确保加工程序正确无误,请选择不同的图形显示方式,来观察校验运行的结果。

3. 启动、暂停中止、再启动

(1)启动自动运行。系统调入零件加工程序,经校验无误后,可正式启动运行。操作方

法是:

①按自动按键(指示灯亮),进入程序运行方式。

②按循环启动按键(指示灯亮),机床开始自动运行调入的零件加工程序。

(2)暂停运行。在程序运行的过程中,需要暂停运行,可按下述步骤操作:

①在程序运行子菜单下,如图 7.9 所示,按 F7 键,程序暂停运行,并弹出如图 7.12 所示的对话框。

②按 N 键,则保留模态信息,保持暂停状态。

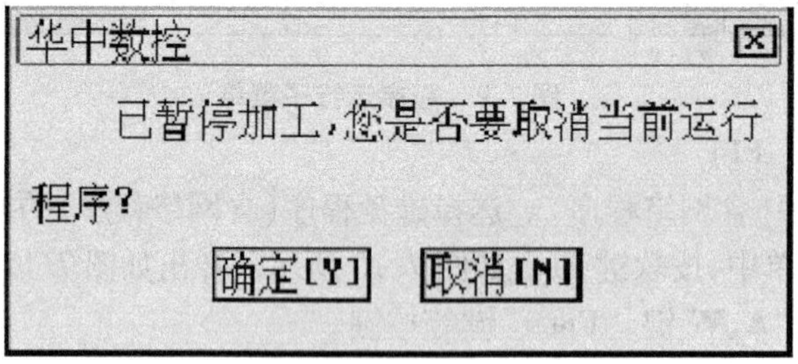

图 7.12　程序运行过程中停止运行

(3)中止运行。在程序运行的过程中,需要中止运行,可按下述步骤操作:

①在程序运行子菜单下,按 F7 键,程序暂停运行,并弹出如图 7.12 所示的对话框。

②按 Y 键,则中止程序运行,并卸载当前运行程序的模态信息。

(4)暂停后的再启动。在自动运行暂停状态下,按一下机床控制面板上的循环启动按键,系统将从暂停前的状态,重新启动继续运行。

HNC-21T 还可以从任意行、指定行及当前行起运行,可参阅华中 NHC-21T 的操作说明书。

4. 空运行

在自动方式下,按一下机床控制面板上的空运行按键,指示灯亮,CNC 处于空运行状态,程序中编制的进给速率被忽略,坐标轴以最大快移速度移动。空运行不能做实际切削,目的在于确认切削路径。程序在实际切削时,必须关闭此功能,否则可能会造成危险。此功能对螺纹切削无效。

5. 单段运行

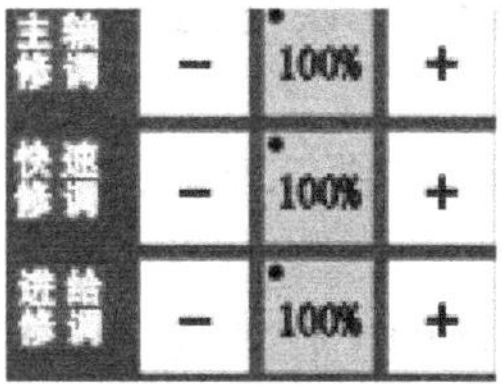

图 7.13　调修按键

按一下机床控制面板上的单段按键,指示灯亮,系统处于单段自动运行方式,程序控制将逐段执行。

按一下循环启动按键,运行一个程序段。机床运动轴减速停止,刀具主轴电机停止运行。再按一下循环启动按键,又执行下一程序段,执行完了,又再次停止。

华中 HNC-21T 在自动运行方式下,还具有加工断点保存与恢复功能,具体请参阅操作说明书。

在自动运行程序的过程中,还可以在操作面板上,操作如图7.13所示的按键,对进给速度、快移速度及主轴转速进行修调。

课题3　华中 HNC-21T 简单循环指令

一、华中 HNC-21T 数控车系统简单循环编程指令概述

华中 HNC-21T 数控车系统的编程指令与前面所学的数控车系统相比，大同小异，常用指令可以参照广数 GSK980T 系统。

华中 HNC-21T 有三类简单循环，分别是：

1. G80

内（外）径切削循环。

2. G81

端面切削循环。

3. G82

螺纹切削循环。

以上三个简单循环指令与广州数控 GSK980T 的固定循环指令 G90，G94，G92 内容基本相同，不同方面主要是字母代码的差异，只要学会了广州数控 GSK980T 的固定循环指令，就可以举一反三地理解华中 HNC-21TG80，G81，G82 的内容。

二、简单循环引例工艺分析

本引例用于配合华中 HNC-21T 数控车系统简单循环指令的学习。

1. 零件图及其分析

如图 7.14 所示带螺纹的轴类零件，该零件由圆柱面、圆锥面、直槽及螺纹构成，其中最大外径为 $\phi30$ mm，需加工成 $M20\times1.5$ mm 的普通螺纹，其材料为 Q235 钢。选择毛坯尺寸为 $\phi32$ mm 的圆棒料。

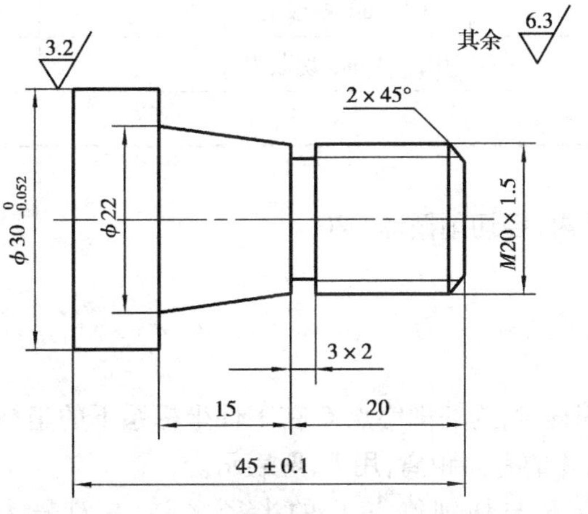

图 7.14　螺纹轴类工件图样

2. 工件的装夹方式及刀具

由于这个工件是一个实心工件，并且轴的长度不长，所以采用三爪卡盘夹紧工件，装夹长度为毛坯右端面距离卡爪端面 60 mm。

根据零件的加工要求，选用 93°偏刀、切断刀，60°螺纹车刀各一把。

3. 数控加工分析

(1)在编程方面。为方便编程,取工件的右端面中心为工件编程原点。本引例的粗车用简单循环指令来完成,即用 G80 指令完成圆锥面及螺纹大径的粗加工,用 G82 完成螺纹加工。

(2)在操作方面。需要进行多把刀具的对刀操作。

4. 制定数控加工工序卡

该零件的数控加工工序卡见表 7.4。

表 7.4　数控加工工序卡

工序简图		零件名称	螺纹轴	夹具名称	三爪卡盘
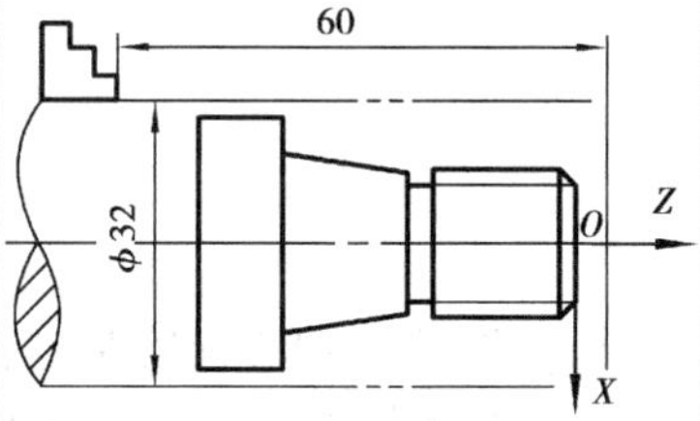		零件图号		毛坯材料	Q235 ϕ32 棒料
		工序名称	数控车	安装尺寸	60
		程序编号	O0020	机床	
		数量		数控系统	HNC-21T
		量具			
工步	工步内容	刀具名称及刀号	刀补值	主轴转速	进给速度
1	车平端面	T01　93°偏刀(粗)		S500	F0.15
2	粗车 M20 大径	同上		同上	F0.3
3	粗车圆锥尺寸	同上		同上	同上
4	车槽	T02　4 mm 切断刀		S300	F0.15
	精车外形尺寸	T03　93°偏刀(精)		S800	同上
5	车螺纹	T04　60°螺纹刀		S300	F1.5
6	切断	T02　4 mm 切断刀		同上	F0.1
备注					

三、圆柱(锥)面外(内)径切削循环 G80

1. 格式

G80 X __ Z __ I __ F __。

2. 解释

(1)X,Z。绝对值编程时,为切削终点 C 在工件坐标系下的坐标。增量值编程时,为切削终点 C 相对于循环起点 A 的有向距离,用 U,W 表示。

(2)I。为切削起点 B 与切削终点 C 的半径之差,其符号为差的符号(符号意义与 GSK928TC,GSK980 中的 G90 相关部分相同)。车圆柱面时,I 可省略。

3. 指令的轨迹动作

该指令执行如图 7.15 所示的 $A \to B \to C \to D \to A$ 的轨迹动作。

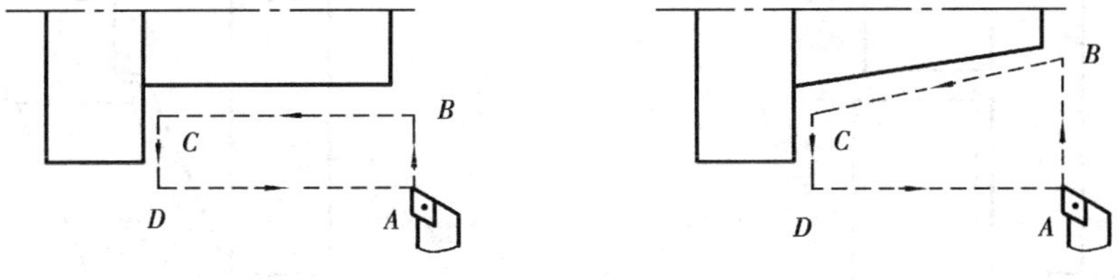

图7.15　G80 外圆、外锥切削过程

4.示例

用 G80 指令完成图7.16 所示外锥面的加工件(引例中的部分)的加工。其程序见表7.5。

表7.5　图7.16 所示外锥面的加工程序

```
O0011
N10 TO101
N20 G95 G00 X32 Z2 S600 M03
N30 G80 X29 Z-15 I-1 F0.3
N40 X26 Z-15 I-1
N50 X23 Z-15 I-1
N60 X22.3 Z-15 I-1
N70 X22 Z-15 I-1 F0.1
N80 X100 Z50
N80 M30
```

四、端面(圆锥面)切削循环 G81

端面切削循环 G81 与外(内)径切削循环 G80,这两个指令很类似,它们的不同点是:G80 是 *Z* 向走刀的固定循环,用于轴类工件的加工;而 G81 是 X 向走刀的固定循环,用于端面类工件的加工。

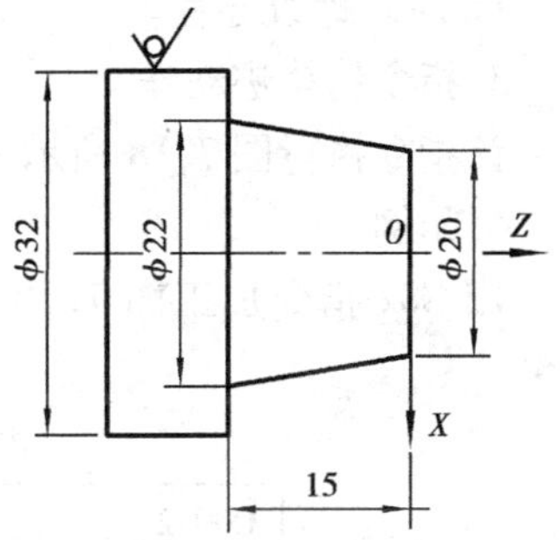

图7.16　外锥面工件

1.格式:

G81 X __ Z __ K __ F __。

2.解释

(1)*X*,*Z*。绝对值编程时,为切削终点 *C* 在工件坐标系下的坐标。增量值编程时,为切削终点 *C* 相对于循环起点 *A* 的有向距离,用 *U*,*W* 表示。

(2)*K*。为车圆锥面时,切削起点 *B* 相对于切削终点 *C* 的 *Z* 向有向距离(符号意义与 GSK928TC、GSK980 中的 G94 相关部分相同)。车端平面时,*K* 可省略。

3.指令的轨迹动作

该指令执行如图7.17 所示的 *A*→*B*→*C*→*D*→*A* 的轨迹动作。

五、圆柱(圆锥)螺纹切削循环 G82

1.格式

G82 X __ Z __ I __ R __ E __ C __ P __ F __。

图 7.17 端面(圆锥面)切削循环

2. 解释

(1)X,Z。绝对值编程时,为螺纹终点 C 在工件坐标系下的坐标。增量值编程时,为螺纹终点 C 相对于循环起点 A 的有向距离,用 U,W 表示。

(2)I。为车锥螺纹时,螺纹起点 B 与螺纹终点 C 的半径差。其符号为差的符号(符号意义与 GSK928TC、GSK980 中的 G92 相关部分相同)。车圆柱螺纹时,I 可省略。

(3)R,E。螺纹切削的退尾量,R,E 均为向量,R 为 Z 向回退量,E 为 X 向回退量。R,E 可以省略(如有退刀槽),表示不用回退功能。

(4)C。螺纹头数,为 0 或 1 时,切削单头螺纹(可省略)。

(5)P。单头螺纹切削时,为主轴基准脉冲处距离切削起始点的主轴转角(缺省值为0)。多头螺纹切削时,为相邻螺纹头的切削起始点之间对应的主轴转角。

(6)F。螺纹导程。

3. 指令的轨迹动作

该指令执行图 7.18 所示 $A \to B \to C \to D \to A$ 的循环动作。

4. 示例

用 G82 指令加工图 7.18 所示的螺纹工件。程序见表 7.6。

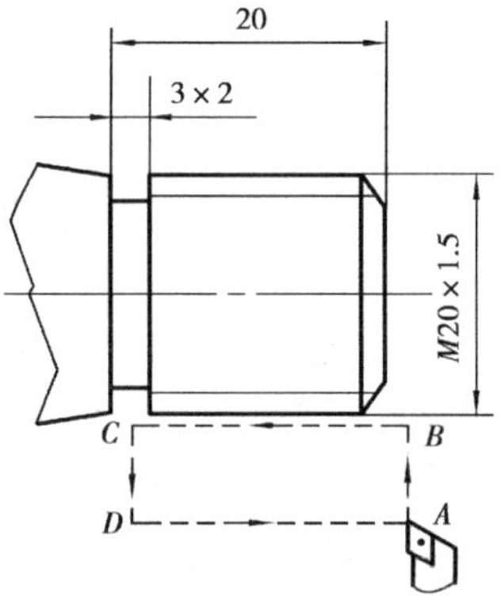

图 7.18 圆柱螺纹切削循环

表 7.6 图 7.18 所示圆柱螺纹的加工程序

```
O0012
……
N50 T0303                    ;60°螺纹车刀
N55 G00 X21 Z2 S350 M03
N60 G82 X19.2 Z-18 F1.5      ;G82 螺纹切削循环
N65 X18.6 Z-18
N70 X18.2 Z-18
N75 X18.04 Z-18
N80 G00 X100 Z50
N95 M30
```

课题4 技能训练 简单循环应用实训

一、实训目的

(1)能用基本编程指令和简单循环指令,编制零件加工程序。

(2)熟悉华中 HNC-21T 系统数控车床的常用操作方法。

(3)通过本课题的实习,熟悉完整实例的数控加工过程。

二、实训零件1

1.实训内容

按照表7.7所示提供的参考程序,在华中 HNC-21T 数控车床上,完成全部加工。

2.加工参考程序

如图7.14所示螺纹轴类零件的加工参考程序,见表7.7。

表7.7 引例零件数控车程序

程 序	注 释
O0010	程序名
T0101	换1号粗车刀,确定其坐标系
G90 G95 G97 S500 M03	设转进给,恒线速取消,主轴以500 r/min正转
G00 X34 Z0	到车端面起点
G01 X0 F0.15	车端面
G00 Z2	*Z*向退刀
X32	*X*向退刀并到达切圆柱面循环起点
G80 X29 Z-20 F0.3	切削圆柱面第一刀
X26 Z-20	第二刀
X23 Z-20	第三刀
X20.3 Z-20	第四刀
G00 X32 Z-19.5	到达切圆锥面循环起点
G80 X29 Z-35 I-1 F0.3	切圆锥面第一刀
X26 Z-35 I-1	第二刀
X23 Z-35 I-1	第三刀
X22.3 Z-35 I-1	第四刀
G00 X30.3 Z-34	到粗车ϕ30外圆起点
G01 Z-50	粗车ϕ30外圆
X33	*X*向退刀
G00 X100 Z50	回换刀点
T0202	换2号切刀,确定其坐标系

续表

程　序	注　释
G00 X21 Z-20	到达切槽起点
G01 X16 F0.1	切槽
X21 F0.5	*X* 向退出
G00 X100 Z50 G96 S80	回换刀点，启用恒线速功能，S80 m/min
T0303	换 3 号精车刀，确定其坐标系
G00 G42 X14 Z1	到倒角起点，刀尖圆弧半径右补偿
G01 X19.9 Z-2 F0.1	倒角
Z-20	精车 *M*20 大径
X22 Z-35	精车圆锥面
X29.097	到精车 ϕ30 外圆起点
Z-46	精车 ϕ30 外圆
X31	*X* 向退刀
G00 G40 X100 Z50	回换刀点，刀尖圆弧半径补偿取消
T0404	换 4 号螺纹刀，确定其坐标系
G00 X22 Z2 G97 S300	到达切螺纹循环起点，恒线速取消，S300 r/min
G82 X19.2 Z-18 F1.5	切螺纹第一刀
X18.6 Z-18	第二刀
X18.2 Z-18	第三刀
X18.04 Z-18	第四刀
G00 X100 Z50	回换刀点
T0202	换 2 号切刀，确定其坐标系
G00 X31 Z-49	到切断起点
G01 X0 F0.1	切断
G01 X31 F0.5	*X* 向退刀
G00 X100 Z50	回换刀点
M30	主轴停、主程序结束并复位

3. 上机操作步骤

(1)阅读示例中的全部工艺分析过程，充分理解表 7.7 中的加工程序。

(2)输入加工程序，并图形模拟通过。

(3)完成所有刀具的对刀操作，手动检查坐标系是否正确。

(4)完成工件的自动加工，测量工件是否合格。

(5)完成本次实训报告,并记录本次实训所遇到的问题。

三、实训零件2

1. 实训任务

仿照“课题3 华中 HNC-21T 简单循环指令”中的“二、简单循环引例工艺分析”,用华中HNC-21T 数控车,编制如图7.19 所示零件的加工程序,并上机运行程序,完成加工。

2. 实训零件图及要求

零件如图7.19 所示,毛坯为45 钢棒料。要求完成工件的全部加工。

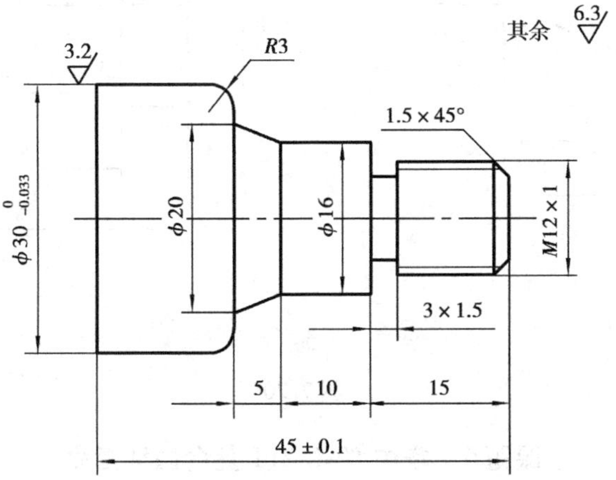

图7.19 实训零件图

3. 工件的装夹方式及刀具

由于工件是实心的,轴的长度不长,因此采用三爪卡盘夹紧工件。装夹长度为:毛坯右端面距离卡爪端面 70 mm。

根据零件的加工要求,选用93°粗车刀、93°精车刀、切断刀, 60°螺纹车刀各一把。

4. 数控加工分析

(1)在编程方面。为方便编程,取工件的右端面中心为工件编程坐标原点。考虑工件加工余量及工件复杂程度,应使用外径固定循环指令 G80 完成粗加工,用螺纹加工固定循环指令 G82 完成螺纹加工。

(2)在操作方面。需要进行多把刀具的对刀操作。

5. 实训内容

(1)完成加工零件的数控工艺分析过程,在实训报告上填写零件工序卡,包括所使用的机床数控系统、工序简图、加工工步、使用的刀具、切削用量参数等。

(2)完成零件的数控加工程序编制工作,并使用模拟软件调试通过。

(3)输入零件程序,并进行图形模拟通过。

(4)完成工件的对刀操作。

(5)完成工件的自动加工过程,并测量工件是否合格。

(6)完成本次实训报告,并记录本次实训所遇到的问题。

【自己动手7.2】

(1)请比较华中 HNC-21T 数控系统的 G80,G82 指令与广数 GSK928TC,980T 等数控系统的相应指令,在指令代码上、编程格式上有什么异同?

(2)G80,G82 指令格式中,地址 I 的正负号是如何确定的?

(3)请根据图 7.20(a)、7.20(b)所示的零件图,编写加工程序。(用简单循环指令)

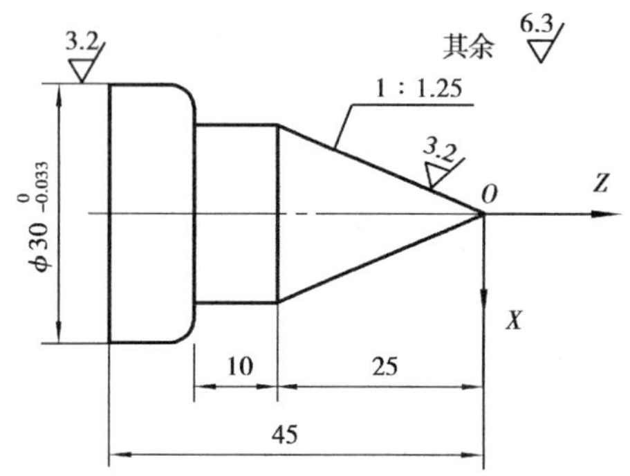

(a)

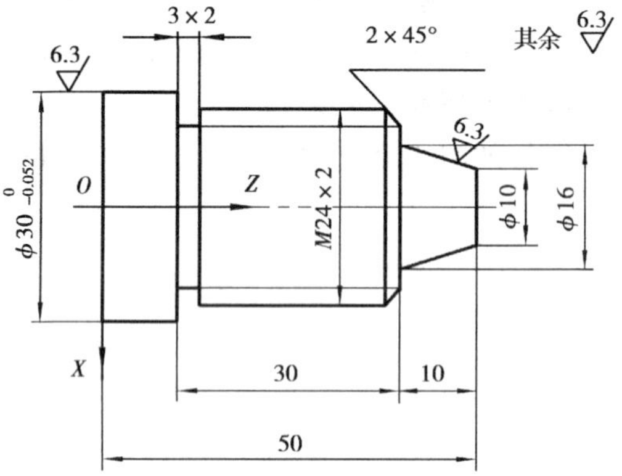

(b)

图 7.20

课题 5　华中 HNC-21T 复合循环指令

一、华中 HNC-21T 复合循环指令概述

华中 HNC-21T 有四个复合循环指令,分别是:

1. G71

内(外)径粗车复合循环。

2. G72

端面粗车复合循环。

3. G73

封闭轮廓复合循环。

4. G76

螺纹切削复合循环。

运用这组复合循环指令,只需指定精加工路线和粗加工的吃刀量,系统会自动计算粗加工路线和走刀次数。

以上四个循环指令与广州数控 GSK980T 的固定循环指令 G71,G72,G73,G76 的内容基本相同,不同方面主要是字母代码的差异,学会了广州数控 GSK980T 的固定循环指令,可以举一反三地理解华中 HNC-21T G71,G72,G73,G76 的内容。

需要注意的是:华中 HNC-21T 没有单独的 G70 精车循环指令,精车循环已经包括在 G71,G72 和 G73 中,执行完这三个指令,其粗车时预留的精加工余量要被车去。

二、复合循环指令引例

1. 零件图分析

如图 7.21 所示，是带螺纹的轴类零件，该零件由圆柱面、圆锥面、圆弧面、直槽及螺纹构成，其中最大外径为 $\phi42$ mm，需加工成 $M30\times02\text{-}5g/6g$ 的普通螺纹，其材料为 45 钢。选择毛坯尺寸为 $\phi45$ mm 的圆棒料。

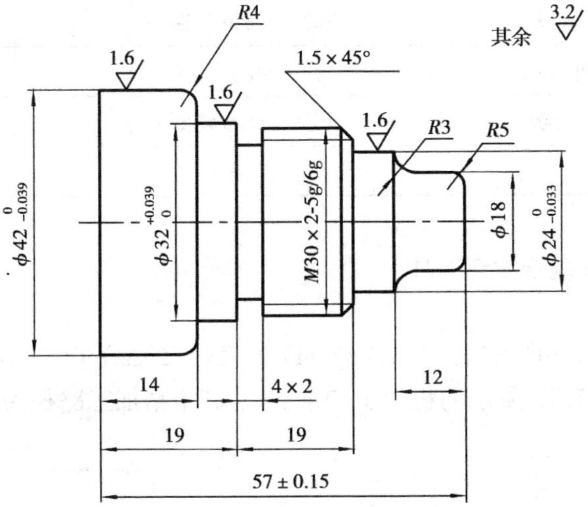

图 7.21　复合轴工件

2. 工件的装夹方式及刀具

由于工件是实心的，并且轴的长度不长，所以采用三爪卡盘夹紧工件，装夹长度为毛坯右端面距离卡爪端面 70 mm。

根据零件的加工要求，选用 93°偏刀、切断刀，60°螺纹车刀各一把。

3. 数控加工分析

(1) 在编程方面。为方便编程，取工件的右端面中心为工件编程原点。考虑工件加工余量，使用 G71 指令完成圆锥面及螺纹大径的粗、精加工，用 G76 完成螺纹加工。

(2) 在操作方面。需要进行多把刀具的对刀操作。

4. 制定数控加工工序卡

该零件的数控加工工序卡，见表 7.8。

表 7.8　数控加工工序卡

工序简图	零件名称	复合轴	夹具名称	三爪卡盘
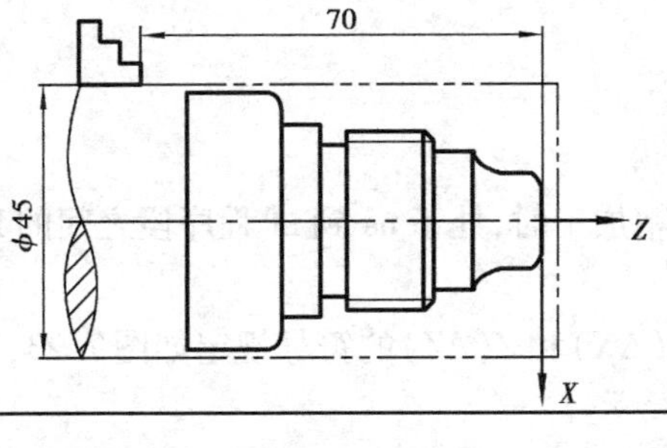	零件图号		毛坯材料	45 钢 $\phi45$ 棒料
	工序名称	数控车	安装尺寸	70
	程序编号	O0030	机床	
	数量		数控系统	HNC-21T
	量具			

续表

工步	工步内容	刀具名称及刀号	刀补值	主轴转速	进给速度
1	车平端面	T01　93°偏刀(粗)		S500	F0.15
2	粗车外形	同上		同上	F0.3
3	精车外形	T02		S800	F0.15
4	车槽	T03　4 mm 切断刀		S300	F0.15
5	车螺纹	T04 60°螺纹刀		S300	F2.0
6	切断	T03　4 mm 切断刀		同上	F0.1
备注					

三、内(外)径粗车复合循环 G71

1.无凹槽的加工

(1)格式。G71 U(Δd) R(r) P(ns) Q(nf) X(Δx) Z(Δz) F(f) S(s) T(t)。

该指令执行如图 7.22 所示的粗加工和精加工,其中精加工路径为 $A \to A' \to B$ 的轨迹。

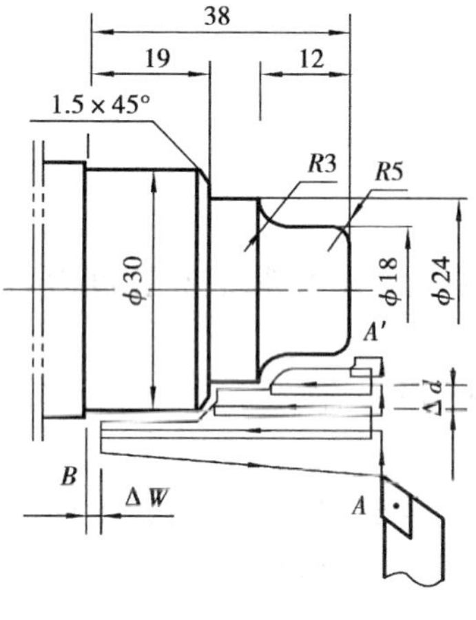

图 7.22　内、外径粗切复合循环

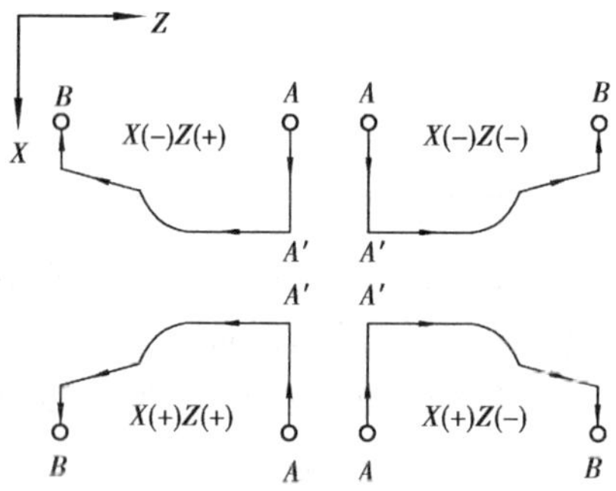

图 7.23　G71　X(ΔX)和 Z(ΔZ)的符号

(2)解释。解释如下:

①Δd。切削深度(每次切削量),指定时不加符号,方向由矢量 AA' 决定。

②r。每次退刀量。

③ns。精加工路径首段的顺序号。

④nf。精加工路径末段的顺序号。

⑤Δx。X 方向精加工余量。

⑥Δz。Z 方向精加工余量。

⑦f,s,t。粗加工时,G7 中编程的 F,S,T 有效,而精加工时,处于 ns 到 nf 程序段之间的 F,S,T 有效。

⑧G71 切削循环下,切削进给方向平行于 Z 轴,X(ΔX)和 Z(ΔZ)的符号规定如图 7.23,车外圆 ΔX 和正向走刀 ΔZ 均取正值,否则取负值。

(3)示例。工件如图 7.22 所示。

程序,见表 7.9 所示。

表 7.9 用内(外)径粗车复合循环指令 G71,编程加工图 7.22 所示工件的程序

O0014	
……	
N0050 T0202	;换粗车外圆车刀
N0060 G00 X32 Z2 G96 S80	;到达 G71 循环起点;恒线速控制,设切削速度 80 m/min
N0070 G71 U3 R1 P110 Q200 X0.5 Z0.3 F0.3	;G71 复合循环
N0080 G00 X100 Z50	;粗车后回换刀点
N0090 T0303	;换外圆精车刀
N0100 G00 X32 Z2	;回 G71 循环起点
N0110 G00 X8	;到精加工 *X* 向起点
N0120 G01 Z0 F0.15	;到精加工 *Z* 向起点
N0130 G03 X18 Z-5 R5	;车 *R*5 逆圆弧
N0140 G01 Z-9	;车 ϕ18 外圆
N0150 G02 X24 Z-12 R3	;车 *R*3 顺圆弧
N0160 G01 Z-19	;车 ϕ24 外圆
N0170 X26	;车小阶台
N0180 X30 Z-20.5	;倒角
N0190 Z-38	;车 ϕ30 外圆
N0200 X32	;*X* 向退出
N0210 G00 X100 Z50 G97 S300	;回换刀点;恒线速取消,设主轴转速 300 r/min
……	

提示

• 使用 G71(包括 G72,G73)粗车循环指令,可在粗车后,换精车刀精车,如上例中的 N0080—N0100 程序段,在 G71 循环中换刀时要注意:

换刀指令跟在 G71 程序段后,换刀前先到达换刀点换刀,以免碰撞,换刀后要返回 G71 的循环起点。换刀所涉及的程序段不能包括在精加工轨迹描述的程序段中(即不能包括在 ns—nf 程序段中)。

2. 有凹槽的加工

(1)格式。G71 U(Δd) R(r) P(ns) Q(nf) E(e) F(f) S(s) T(t)。

该指令执行如图 7.24 所示的粗加工和精加工,其中精加工路径为 *A*→*A*′→*B* 的轨迹。

(2)解释。解释如下:

①Δd。切削深度(每次切削量),指定时不加符号,方向由矢量 *AA*′决定。

②r。每次退刀量。

③ns,nf。与无凹槽加工时的意义完全相同。

④e。精加工余量,其为 X 方向的等高距离。外径切削时为正,内径切削时为负。

⑤F,s,t。与无凹槽加工时的意义完全相同。

(3)示例。工件如图 7.24 所示。

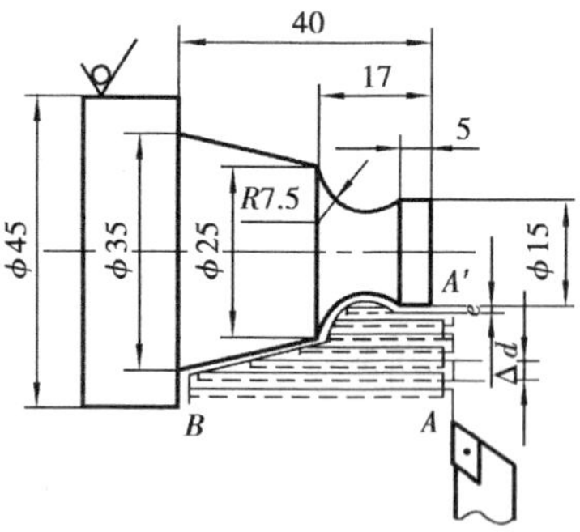

图 7.24 内(外)径粗车复合循环 G71

程序,见表 7.10。

表 7.10 用内(外)径粗车复合循环指令 G71,编程加工如图 7.24 所示工件的程序

```
O0015
T0101
G00 X46 Z0.5 S500 M03           ;到循环起点
G71 U3 R0.5 P1 Q2 E0.3 F80      ;外径粗车循环
N1   G00 X15 S800               ;精加工轨迹首段
     G01 Z - 5 F60
     G02 X25 Z-17 R7.5
     G01 X35 Z-40
N2   X46                        ;精加工轨迹末段
G00 X100 Z100
M30
```

提示

- G71 指令必须带有 P,Q 地址 ns,nf,且与精加工路径起、止顺序号相对应,否则不能进行该循环加工。
- ns 的程序段必须为 G00/G01 指令,即从 A 到 A′的动作必须是直线插补或点定位运动。
- 在顺序号为 ns 到顺序号为 nf 的程序段中,不应包含子程序。

四、端面粗车复合循环 G72

1. 格式

G72 W(Δd) R(r) P(ns) Q(nf) X(Δx) Z(Δ z) F(f) S(s) T(t)。

该循环与 G71 的区别仅在于,切削方向平行于 X 轴。该指令执行如图 7.25 所示的粗加工和精加工,其中精加工路径为 A→A′→B 的轨迹。

2. 解释

(1) Δd。切削深度(每次切削量),指定时不加符号,方向由矢量 *AA'* 决定。

(2) r。每次退刀量。

(3) ns,nf。与 G71 中 ns,nf 的意义完全相同。

(4) Δx。*X* 方向精加工余量。

(5) Δz。*Z* 方向精加工余量。

(6) f,s,t。与 G71 中 f,s,t 的意义完全相同。

(7) G72 切削循环下,切削进给方向平行于 *X* 轴,X(U)和 Z(W)的符号规定:车外端面,ΔX 取正值,正向走刀(由右向左走刀),ΔZ 取正值,否则取负值。

五、闭环车削复合循环 G73

1. 格式

G73 U(ΔI) W(ΔK) R(r) P(ns) Q(nf) X(Δx) Z(Δz) F(f) S(s) T(t)。

该功能在切削工件时,刀具轨迹为如图 7.26 所示的封闭回路,刀具逐渐进给,使封闭切削回路逐渐向零件最终形状靠近,最终切削成工件的形状,其精加工路径为 *A*→*A'*→*B*→*A*。

这种指令能对铸造、锻造等粗加工中已初步成形的工件进行高效率切削。

2. 解释

(1) ΔI *X* 轴方向的粗加工总余量。

(2) Δk *Z* 轴方向的粗加工总余量。

(3) r 粗切削次数。

(4) ns,nf。与 G71 中 ns,nf 的意义完全相同。

(5) F,s,t。与 G71 中 f,s,t 的意义完全相同。

提示

- ΔI 和 ΔK 表示粗加工时总的切削量,粗加工次数为 r,则每次 *X*,*Z* 方向的切削量为 ΔI/r,ΔK/r。按 G73 段中的 P 和 Q 指令值,实现循环加工,要注意:

Δx 和 ΔZ、ΔI 和 ΔK 的正负号。ΔX 和 ΔZ 的符号规定与 G71 相同,而 ΔI 的符号与 Δx 一致,ΔK 的符号与 ΔZ 一致。

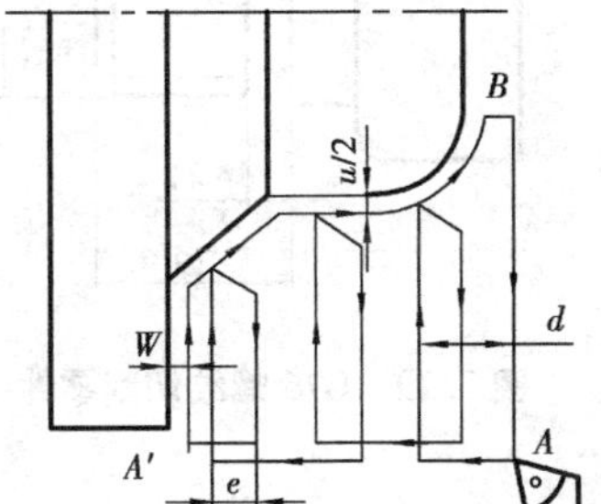

图 7.25 端面粗车复合循环 G72

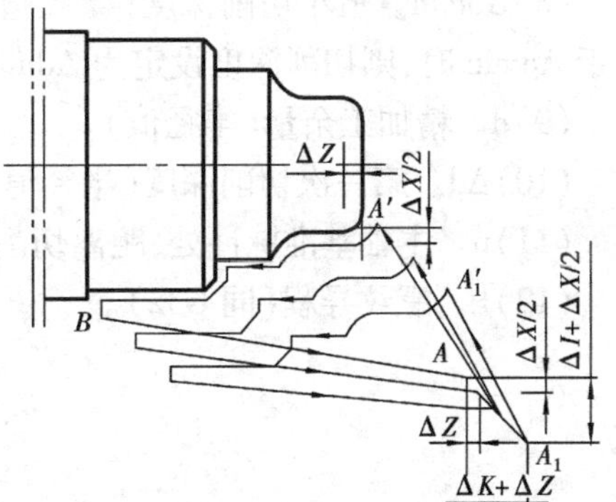

图 7.26 闭环车削复合循环 G73

六、螺纹切削复合循环 G76

1. 格式

G76 C(c) R(r) E(e) A(a) X(x) Z(z) I(i) K(k) U(d) V(Δdmin) Q(Δd) P(p) F(L)。

螺纹切削固定循环 G76，执行如图 7.27 所示的加工轨迹。其单边切削及参数如图 7.28 所示。

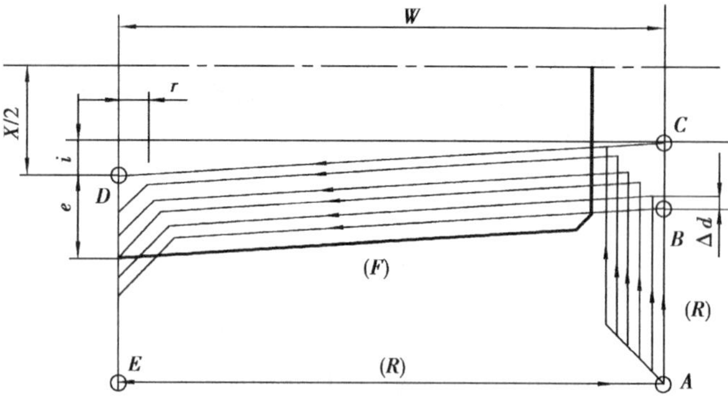

图 7.27　螺纹切削复合循环 G76

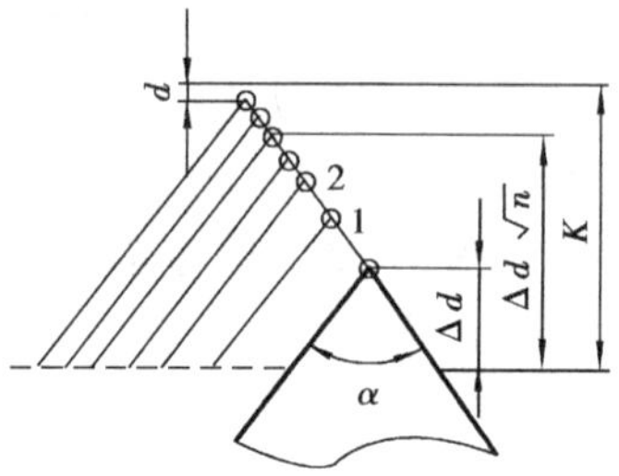

图 7.28　单边切削及参数

2. 解释

(1)c。精整次数(1 ~99),为模态值。

(2)r。螺纹 Z 向退尾长度(00 ~99),为模态值。

(3)e。螺纹 X 向退尾长度(00 ~99),为模态值。

(4)a。刀尖角度(二位数字),为模态值,在 80°、60°、55°、30°、29°和 0°六个角度中选一个。

(5)x,z。绝对值编程时,为有效螺纹终点 C 的坐标;增量值编程时,为有效螺纹终点 C 相对于循环起点 A 的有效距离。用 G91 指令定义为增量编程,用 G90 定义为绝对编程。

(6)i。螺纹两端的半径差,如 $i=0$,为直螺纹(圆柱螺纹)切削方式。

(7)k。螺纹高度,该值由 x 轴方向上的半径值指定。

(8)Δdmin。最小切削深度(半径值,当第 n 次切削深度小于 Δdmin 时,则切削深度设定为 Δdmin)。

(9)d。精加工余量(半径值)。

(10)Δd。第一次切削深度(半径值)。

(11)p。主轴基准脉冲处,距离切削起始点的主轴转角。

(12)L。螺纹导程(同 G32)。

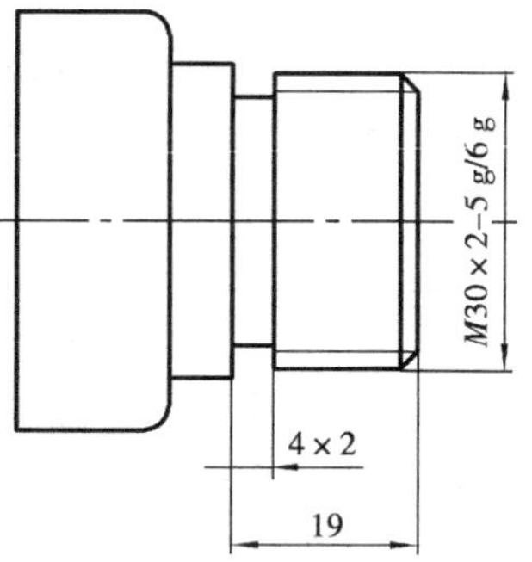

图 7.29　G76 螺纹切削零件

提示

- 按G76段中的X(x)和Z(z)指令实现循环加工,增量编程时,要注意u和w的正负号(由刀具轨迹AC和CD段的方向决定)。
- G76循环进行单边切削,减小了刀尖的受力。如图7.27所示,*C*到*D*点的切削速度由F代码指定,而其他轨迹均为快速进给。

3.示例

工件如图7.29所示。

程序,见表7.11所示。

表7.11 用G76指令,编程加工图7.29所示普通螺纹工件的程序

```
O0016
……
N0320 T0404            ;换四号螺纹刀,确定其坐标系
N0330 G00 X32 Z3   ;到达切螺纹循环起点
N0340 G76 C2A60 X27.402 Z-17 I0 K1.299 U0.1 V0.1 Q0.9 F2 ;切螺纹循环
N0350 G00 X100 Z50                                    ;回换刀点
……
```

课题6 技能训练 综合循环应用实训

一、实训目的

(1)会用复合循环指令编制零件加工程序。

(2)熟悉华中HNC-21T系统数控车床的常用操作方法。

(3)通过本课题的实习,熟悉完整实例的数控加工过程。

二、操作实训1

1.实训任务

在华中HNC-21T数控车床上,完成图7.21所示复合轴工件的全部加工。

2.实训内容

(1)阅读图7.21所示复合轴工件的全部工艺分析过程。

(2)完成零件的数控加工程序编制工作,并使用模拟软件调试通过。

(3)输入零件程序,并进行图形模拟通过。

(4)完成工件的对刀操作。

(5)完成工件的自动加工过程,并测量工件是否合格。

(6)完成本次实训报告,并记录本次实训所遇到的问题。

三、操作实训2

1.实训任务

仿照图7.21所示复合轴工件的分析过程等内容,用华中HNC-21T数控车,编制如图7.30所示零件的加工程序,并上机运行程序完成加工。

2. 实训零件图及要求

如图 7.30 所示，是带螺纹的轴类零件，该零件由圆柱面、圆弧面、球面、直槽及螺纹构成，其中最大外径为 ϕ42 mm，加工精度较高，并需加工 M30 ×2 mm的普通螺纹，其材料为 45 钢。选择毛坯尺寸为 ϕ45 mm 的圆棒料。

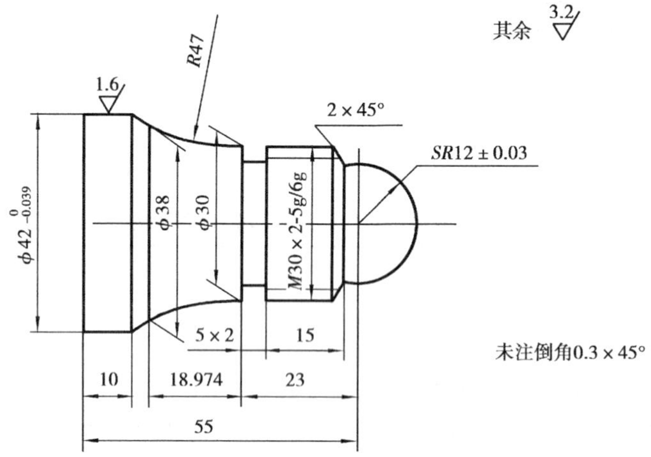

图 7.30 螺纹轴

3. 工件的装夹方式及刀具

由于工件是实心的，且轴的长度不长，所以采用三爪卡盘夹紧工件。

装夹长度为：毛坯右端面距离卡爪端面 85 mm。

根据零件的加工要求，选用 93°菱形粗车刀、93°菱形精车刀、切断刀，60°螺纹车刀各一把。

4. 数控加工分析

(1)在编程方面。为方便编程，取工件的半球球心为工件编程坐标原点，考虑工件加工余量及工件复杂程度，应使用外径粗车循环指令 G71 完成粗精加工。

(2)在操作方面。需要进行多把刀具的对刀操作。

5. 实训内容

(1)完成加工零件的数控工艺分析过程，在实训报告上填写零件精车工序卡，包括所使用的机床数控系统、工序简图、加工工步、使用的刀具、切削用量参数等。

(2)完成零件的数控加工程序编制工作，并使用模拟软件调试通过。

(3)输入零件程序，并进行图形模拟通过。

(4)完成工件的对刀操作。

(5)完成工件的自动加工过程，并测量工件是否合格。

(6)完成本次实训报告，并记录本次实训所遇到的问题。

【自己动手 7.3】

(1)请比较 G71 与 G73 指令在用途上的区别。

(2)内(外)径粗车复合循环 G71 无凹槽加工与有凹槽加工两种情况，它们在编程格式上有什么不同?

(3)在无凹槽加工G71格式中,对于表达精加工余量的程序字X(Δx)、Z(Δz),其中Δx与Δz的正负号是如何确定的?如果符号错了,会出现什么结果?

(4)如图7.31所示的轴套工件,请用G71指令,编写其加工程序。

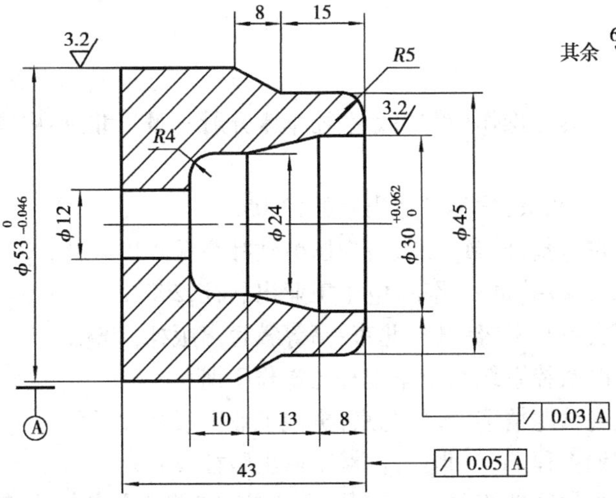

图7.31

(5)编写图7.32所示两个零件的加工程序。

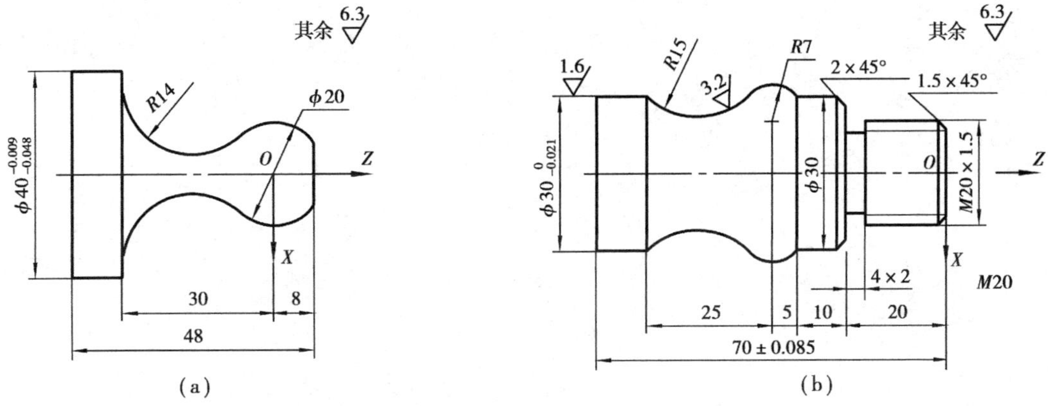

图7.32

参考文献

[1] 顾力平.数控机床编程与操作(第二版 数控车床分册)[M].北京:中国劳动社会保障出版社,2005.

[2] 关颖.数控车床[M].北京:化学工业出版社,2005.

[3] 周晓宏.数控加工技术基础[M].北京:中国劳动社会保障出版社,2003.

[4] 古文生.数控机床及应用[M].北京:电子工业出版社,2002.

[5] 孙伟伟.数控车工实习与考级[M].北京:高等教育出版社,2004.

[6] 华中(HNC-21/22T)数控系统数控车编程与操作手册.

[7] 袁锋.全国数控大赛试题精选[M].北京:机械工业出版社,2005.

[8] 袁锋.数控车床培训教程[M].北京:机械工业出版社,2005.

[9] 蒋增福.车工工艺与技能训练(第二版)[M].北京:高等教育出版社,2004.

[10] 广州数控 GSK980TA 车床数控系统产品说明书.

[11] 广州数控 GSK928TC 车床数控系统产品说明书.